本书是四川师范大学美育与美学研究中心基金项目
编号：17Z001　　李天道　中国古代人生美学研究

A Library of Academics by PHD Supervisors

博士生导师学术文库

中西人生美学跨文化视域比较

李天道　著

图书在版编目（CIP）数据

中西人生美学跨文化视域比较 / 李天道著 . -- 北京：中国书籍出版社，2020.1

ISBN 978-7-5068-7571-4

Ⅰ.①中… Ⅱ.①李… Ⅲ.①比较美学—中国、西方国家 Ⅳ.①B83

中国版本图书馆 CIP 数据核字（2019）第 276298 号

中西人生美学跨文化视域比较

李天道 著

责任编辑 毕 磊
责任印制 孙马飞 马 芝
封面设计 中联华文
出版发行 中国书籍出版社
地 址 北京市丰台区三路居路 97 号（邮编：100073）
电 话 （010）52257143（总编室） （010）52257140（发行部）
电子邮箱 eo@chinabp.com.cn
经 销 全国新华书店
印 刷 三河市华东印刷有限公司
开 本 710 毫米 ×1000 毫米
字 数 304 千字
印 张 18
版 次 2020 年 1 月第 1 版 2020 年 1 月第 1 次印刷
书 号 ISBN 978-7-5068-7571-4
定 价 95.00 元

目　录

CONTENTS

导论：中国古代人生美学的当代意义

当今世界，中国美学的走向已经成为美学界的热门话题。自20世纪90年代始，我国当代美学已进入历史性的大转型时期。这种转型，除了美学自身的因素之外，还在于当代人类人格和中国人格的跨世纪大转型。美学的当代形态与当代人的身心特点、人格状态的内在关联是十分密切的。21世纪的中国美学必须关注当代中国人的命运，关心人的精神，关心人的发展，必须着重研究人与自然、人与社会、人与自身之间的关系如何取得动态的和谐发展，帮助当代人学会从美学的角度去发现和开发自己，发现和开发生活。要实现当代美学的转型，就必须恢复美学曾经一度失落的人文品格和人文精神，而中国古代美学中蕴藏着极为丰富而瑰丽的人生底蕴，特别富有人文品格和人文精神，这是中国当代美学应该继承弘扬的思想资源，这就必须对中国古代美学进行重新审视，发掘、整理这一既属于中国文化、也属于世界文化的精神财富，揭示中华民族审美心理的奥秘；同时，在继承弘扬中创新和发展，以开拓新的领域，进入新的研究境界，为逐步建立具有民族特色的当代美学体系做出贡献。

20世纪以来，是中国社会大转变的世纪，也是中国文化大转变的世纪。在这一社会和文化大转变的时期中，中国美学走过了她艰难而辉煌的历程，作为中国美学的组成部分的中国古代美学研究，也经历了由草创、发展与兴盛的几个阶段。现今，我们有必要对中国古代美学研究进行历史的回顾，以便继往开来、熔古铸今，因为历史的经验值得重视。为了更好地继承、弘扬传统，发展、超越传统，就需要更进一步发掘、整理、认识和理解中国古代美学所独具的审美观念与范畴体系，以便把其中合理的、至今仍有强大生命力的东西，用现代眼光加以审视，把它们融入现代美学体系的结构之中。可以预料，中国古代美学的研究必将获得巨大的进步，在建构中国当代美学体系中，中国古代美学研究一定会做出自己重要的贡献。

一、中国美学研究的兴起

近年来，无论是东方还是西方，人们都在探索什么样的美学才能引导人们创造出更高级、更完善、更适合人类生存的美。随着对这一问题研究的深入，关于中国古代美学的人生意蕴及其现代意义的发掘，便越来越引人注意。中华民族在悠久的历史创造中，积累了丰富的审美经验、艺术创作实践经验和博大精深的美学思想。它与西方美学一样，是人类文化的瑰宝，是我们伟大的民族精神和智慧的结晶。

美学总是随着时代的发展而发展的。20世纪至今，随着西学东渐，美学已开始向现代形态转变。当代美学越来越强调对人的关注，强调对人的生存意义、人格价值和人生境界的探寻与追求，这就为美学自身的变革发展提出了更高的要求，也提供了更为充分的发展条件。在这一新的历史情况下，“传统美学与当代美学相互贯通”的原则就更加受到人们的重视。这也意味着，美学研究要坚持马克思主义、毛泽东思想、邓小平理论作为指导思想，用现代美学理论作为参照系和透视点，系统地分析、审视中国古代美学的人生意蕴，揭示中华民族审美心理的奥秘，由此来建立新的科学的美学体系。在这里，坚持是前提，没有坚持便失去了发展的基础；而如不变革，也会跟不上时代，谈不到发展。如果我们不重视对传统美学的人生意蕴的发掘与吸取，那么，美学研究就会失去活力，建立具有我国民族特色的现代美学体系也会成为空话。基于此，我们拟在回顾、考察21世纪国内学术界对中国古代美学的研究情况之下，通过对中国古代美学人生意蕴的研究和民族审美心态的剖析，描述传统审美观念所蕴含的人生内容及其对民族审美心态熔铸的深刻影响，揭示其现代意义，进而寻找出当代美学与传统美学相互贯通，以及重建的可能与必然。

说到中国古代美学，必须首先对其定位。在我们看来，美学传统应该有三个方面的内容：中国古代美学传统、近代美学传统、现代美学传统（马克思主义美学传统）。本书研究的主要是指中国古代美学传统。受特定的历史条件所限制，20世纪对中国古代美学的研究发端较早，但有很长一段时间发展缓慢，一直到80年代初，我国进入建设两大文明的新的历史时期，对中国古代美学的研究，才逐渐为人们所重视，也才有较为长足的进展。

1949年以前，可以看作20世纪中国古代美学研究的草创期。20世纪初，最早引进西方美学思想以研究和充实中国古代美学的应该是梁启超。就其总体而言，20世纪以来的中国美学始终都是在西方美学与中国古代美学的碰撞和融合之中不断建构起来的。像梁启超、王国维、蔡元培、鲁迅、邓以蛰、宗白华、朱光潜等美学大师，都是在西方美学的影响之下形成他们各自的美学思想体系的。

作为清末著名的资产阶级改良主义的思想家，梁启超于1920年春从欧洲考察回国以后，吸收西方美学思想，集中撰写了《中国韵文里头所表现的情感》《美术与科学》《美术与生活》《情圣杜甫》《屈原研究》《陶渊明》等有关文艺美学的重要论著，以表述他的美学思想。他继承中国古代美学重视人生并落实于人生的基本精神，在其《美术与生活》一文中强调指出："我确信'美'是人生一大要素，或者还是各种要素中之最要者，倘若在生活全内容中把'美'的成分抽出，恐怕便活得不自在，甚至活不成。"既然"美"存在于人生之中，是人类生活中不可或缺的最为重要的要素，那么美学研究的中心与审美观念的确立，就自然应该指向人生并落实于人生了。正由于此，所以梁启超认为，文艺审美创作应"诉人生苦痛，写人生黑暗"[①]；他认为，这样"也不能不说是美，因为美的作用，不外令自己或别人起快感。痛楚的刺激，也是快感之一。例如肤痒的人，用手抓到出血，越抓越痛快。像情感恁么热烈的杜工部，他的作品，固然是刺激性极强，近于哭叫人生目的那一路。主张人生艺术化的人，固然要谈他。但还要知道，他的哭声，是三板一眼的哭出来，节节含着真美，主张唯美艺术观的人，也非谈他不可"。

梁启超这种认为"美"是人生的一项重要内容、文艺审美创作是人生的需要的观点，无疑是正确的，也是对中国古代美学重视人生特性的继承与发扬。可以说，他所有的有关文艺审美创作的价值与作用的观点都是基于此而建构起来的。同时，梁启超还继承中国古代美学注重审美情感在文艺创作中的作用的思想，认为审美活动离不开情感的表现。在他看来，人的情感是"天下最神圣

① 梁启超:《情圣杜甫》,《饮冰室文集》卷三十八。

的”[1]。他说：“情感的性质是本能的，但他的力量，能引人到超本能的境界；情感的性质是现在的，但他的力量，能引人到超现在的境界。”这也就是说，情感的力量是非常大的，能激励人们为实现自己的审美理想而努力奋斗。故而，梁启超提出情感教育论，认为文艺审美作用应通过情感的表现来实现其审美教育作用。他说：“情感教育最大的利器，就是艺术。音乐、美术、文学这三件法宝，把‘情感秘密’的钥匙都掌住了。艺术的权威是把那霎时间便过去的情感捉住他，令他随时可以再现，是把艺术家自己‘个性’的情感，打进别人们的‘情阈’里头，在若干期间占领了‘他心’的位置。”[2]

情感对于文艺审美创作的重要意义，中国古代美学很早就有论述，汉代的毛苌就在其《诗序》中指出，诗歌创作是“情动于中而形于言”。后来陆机又在《文赋》中指出：“诗缘情而绮靡。”唐代的白居易在《与元九书》中说得更加明确：“感人心者，莫切乎声，莫先乎情，莫始乎言，莫深乎义。诗者，根情，苗言，华声，实义。”情感既是文艺审美创作的动力，也是文艺审美创作的核心。从这些论述中，我们不难发现梁启超对中国古代美学主情说的继承与发展。梁启超还非常注重情感的真实性。情感要具有强烈的艺术感染力，离不开真实性，《庄子 · 渔父》云：“真者，精诚之至也。不精不诚，不能动人。故强哭者虽悲不哀；强怒者虽严不威；强亲者虽笑不和。”真实是情感具有审美价值的基础。梁启超认为：“朝廷歌颂之作，无真性情可以发摅，本极难工。况郊庙诸歌，越发庄严，亦越发束缚。无论何时何人，当不能有很好的作品。”[3]在梁启超看来，文艺创作不仅要表现“真性情”，而且必须写真事。他说：“事实愈写得详，真情愈发得透，我们熟读他，可以理会得‘真即是美’的道理。”[4]狄德罗曾指出：“必须把事实如实地反映，而戏剧将会更真实，更感动人、更美。”[5]显然，梁启超的“真即是美”的观点就是对狄德罗思想的接受，并糅和了中国古代美学中的“情真”说。也正是从这种“真即是美”的思想出发，梁启超非常推崇中国古代美学的“言为心声”与“字为心画”的观点。他在《稷山论书诗序》中指出：“今西方审美家言，是尊线美，吾国楷法，线美之极轨也。又曰字为心画。美术之表现作者性格，绝无假借者，唯书为最，然

---

① 梁启超：《中国韵文里头所表现的情感》，《饮冰室文集》卷三十七。

② 梁启超：《中国韵文里头所表现的情感》，《饮冰室文集》卷三十七。

③ 梁启超：《中国之美文及其历史》，《饮冰室合集》专集第74册，北京：中华书局1941年。

④ 梁启超：《情圣杜甫》，《饮冰室文集》卷三十八。

⑤ 《论戏剧艺术》，《文艺理论译丛》第1册，北京：人民文学出版社1958年。

则书道之不能磨灭于天地间，又岂俟论哉。”继承中国古代美学审美境界论中的“美因人彰”、审美境界的创构必须“因心而得”的思想，梁启超认为：“境者，心造也。一切物境皆虚幻，唯心所造之境为真实。”① 我们知道，中国古代美学所标举的审美活动的最高境界是人的自得，自得其心，自得其性，自得其情。用庄子的话来说，就是“任其性命之情而已矣”②。任随其情之所由，让审美心灵在人的纯真本性中徜徉，则可以从中体验到生命的真谛与宇宙的微旨，达到与天性合一的宇宙之境。孟子说得最为明确：“尽其心者，知其性也，知其性，则知天也。”③ 人性乃人心之本性，本之于天，故人性与天性是合一的，人心与物心也是合一的，作为宇宙生命与美的本原的“气（道）”早就孕育在人的本心之中。即如熊十力所说：“本心亦云性智，是吾人与万物同具之本然。”④ 人能灵光独耀，迥脱根尘，便能体露真谛，臻于本心，真达生命的本原。同时，从中国古代美学家的论述中，我们也可以看出，在他们看来，审美应该是人自身的需要，只有人才能进行审美活动，也只有人才需要审美。王阳明曾经以岩中花树来说明自己所主张的“心即天”，即心是天地万物主宰的观点。这一道理对审美境界的构筑与审美活动的发生同样适用。他说：“你未看此花时，此花与汝同归于寂；你来看此花时，则此花颜色一时明白起来。便知此花不在你的心外。”⑤ 审美活动的开展与审美境界的创构离不开人的作用与人心的敞亮，离不开人的“心造”。在人的审美活动中，通过“心造”，有如“花颜色”因了人的“看”始“一时明白起来”一样，才能创构出隽永不朽的审美境界。

正是继承了传统美学万类由心、千里在掌、境由心造的思想，梁启超才强调“一切物境皆虚幻，唯心所造之境为真实”。他说：“同一月夜也，琼筵羽觞，清歌妙舞，秀帘半开，素手相携，则有余乐；劳人思妇，对影独坐，促织鸣壁，枫叶绕船，则有余悲。同一风雨也，三两知己，围炉茅屋，谈今道故，饮酒击剑，则有余兴；独客远行，马头郎当，峭寒侵肌，流潦妨毂，则有余闷。”⑥ 审美主体的心境不同，即使是“同一月夜”“同一风雨”，也会形成不同

① 梁启超：《自由书·唯心》，《饮冰室专集》卷二。

② 郭庆藩：《庄子集释》，北京：中华书局，2004年。

③ 焦循：《孟子正义》，北京：中华书局，1987年。

④ 熊十力：《新唯识论》，北京：中华书局1985年。

⑤ 王阳明：《传习录下》，北京：《王阳明全集》，上海：上海古籍出版社，1992年，第799页。

⑥ 梁启超：《饮冰室文集点校》，吴淞等点校，昆明：云南教育出版社，2001年，第2278页。

的审美感受与审美境界，或“余乐”，或“余兴”，或“余闷”。他还举古代诗词中的例子说：“‘桃花流水杳然去，别有天地非人间’与‘人面不知何处去，桃花依旧笑春风’，同一桃花也，而一为清净，一为爱恋，其境绝异。”[①]这正好说明了中国古代美学所强调的审美创作及其艺术意境的创构是“心合造化，言含万象”[②]“外师造化，中得心源”[③]。所谓“情用赏为美”[④]“美因人而彰”[⑤]“观则同于外，感则异于内”[⑥]，只有通过心灵体验，通过心灵之光的折射，以达到情景交融、心与造化合一的审美境界的艺术作品，才可能隽永不朽。在“心合造化”审美境界的创构过程中，“心”与“情”具有极为重要的作用。这也就是梁启超所强调的“唯心所造之境为真实”命题的美学意义之所在。

在中国近代中西文艺理论与美学思想的沟通交融史上，如果说梁启超多以政治家的姿态大声疾呼“革命”，具有开创之功的话，王国维则是以学者的气质潜心研究，实多独特的建树。他的文艺理论与美学思想，“可以说是近代中国社会痛苦裂变过程中的精神缩影，是中国传统的文艺理论向现代化、世界化的转折的里程碑”[⑦]。

只要回顾历史，就会发现，王国维于1904年发表的《〈红楼梦〉评论》，表现了强烈的以西格中的色彩，他把《红楼梦》作为论证西方美学思想的有效性的注脚，直接借用西方美学思想和文学的批评的刺激，以求改变中国传统批评的思维。而在他后来的重要论著《人间词话》中，则在相当程度上达到了中西美学与文学批评思维方法的融通，他“利用并翻新了国人比较能接受的传统批评与文体，所试图建构的是一套能同时超越传统与西方批评的新的批评理论”；他“所整理阐说的思想资料（包括一些批评概念和方法）是传统的，所采用的有些文体和评论语式也是传统的，然而对传统的阐释中已经融入了现代的眼光与方法，所构设的潜在理论体系更有赖于现代式的批评思维”，而他“所使用的基本批评话语可以说是新型的、独到的，有的已在相当程度上实现

① 见《诗学指南·流类手鉴》。
② 见《历代名画记》卷十。
③ 谢灵运：《从斤竹涧越岭溪行》。
④ 柳宗元：《邕州柳中丞作马退山茅亭记》。
⑤ 谢榛：《四溟诗话》卷三。
⑥ 黄霖：《近代文学批评史》第十章《王国维》，上海：上海古籍出版社，1993年。
⑦ 温儒敏：《中国现代文学批评史》第一章《王国维文学批评的现代性》，北京：北京大学出版社，1993年。

了传统批评的现代性转型”[①]。王国维是20世纪初运用西方康德、叔本华美学对中国古代美学进行研究和整理的又一重要人物，也是20世纪继承中国古代美学体验论的一个美学大师。他在强调运用西方思辨方法从事美学研究的同时，继承了中国古代美学体验论的优良传统，以考察和阐释中国古代诗词与戏剧美学思想，在理论上表现出一定的创新精神，这主要表现在他的“境界说”“出入说”和“代变说”的提出。

“境界说”是王国维体验论美学思想的理论核心，其中涉及中国古代美学体验论的很多基本观念。和梁启超的观点一致，王国维继承中国古代美学审美体验论中审美境界创构离不开主体心灵体验的观点，坚持认为美的生成与审美境界的创构，离不开主体的介入和主导作用。他在《人间词话·附录》中指出：“山谷云：‘天下清景，不择贤愚而与之，然吾特疑端为我辈设。’诚哉是言！抑岂独清景而已，一切境界，无不为诗人设。世无诗人，即无此种境界。夫境界之呈于吾心而见于外物者，皆须臾之物。唯诗人能以此须臾之物，镌诸不朽之文字，使读者自得之。遂觉诗人之言，字字为我心中所欲言，而又非我之所能自言。此大诗人之秘妙也。”这就是说，在他看来，以诗歌创作为代表的审美创作活动的发生与进行是“境界之呈于吾心”，所以，“一切境界无不为诗人设。世无诗人，即无此境界”。我们知道，中国古代美学所标举的最高审美境界是心与物的交融、造化与心灵的合一。这种审美境界的创构，既离不开“外物”，即自然万物与社会生活等所有审美活动发生的终极之源，必须以造化为师，师法自然，“从物出发”，同时，更需要主体心灵之光的照耀，必须“因心而得”，从而才能达到心物一体，意境浑融。

王国维还进一步分析了审美境界是怎样创构的。他说：“有造境，有写境，此理想与写实二派之所由分。然二者颇难分别。因大诗人所造之境，必合乎自然，所写之境，亦必邻于理想故也。”又说：“自然中之物，互相关系，互相制约，故不能有完全之美。然其写之于文学中也，必遗其美学限制之处，故虽写实家亦理想家也。又虽如何虚构之境，其材料必求之于自然，而其构造亦必从自然之法则，故虽理想家亦写实家也。”[②]这就是说，在他看来，艺术审美境界的创构有“写实”与“理想”两种方式，同时，两种境界的营构又是相互联系、相互制约，不能截然分开的，所以，尽管是“理想”也必然要“合乎自然”，

① 《人间词话》(二)，《王国维文学美学论著集》，太原：北岳文艺出版社，1987年。
② 《人间词话》(五)，《王国维文学美学论著集》，太原：北岳文艺出版社，1987年。

尽管是“写实”也必然“邻于理想”。不难看出，在这里，王国维是借鉴西方的美学观点来对中国古代美学固有的有关审美境界的构筑方式思想做出的理论概括。我们知道，在审美境界构筑方式上，中国美学主张外师造化，“寓目辄书”，即景入咏。强调直接的感受，由眼前作为审美对象的社会生活和自然景物触发情感，心为物动，从而进行心物、情景的交流。“思与境偕”“神与物游”，不脱离眼前的具体感性形态，心随物化，以创构鲜活、形象的审美境界。这种审美境界的营构方式，就有些近乎王国维所标举的“写实”。与此同时，中国古代美学还主张“心游玄想”、凭虚构象。这种审美境界的构筑方式是无中追有，蹈虚逐无，“规矩虚位”，抟虚成实。它要求审美主体超越对象和自身，以自我的生命飞动去“积思游沧海，冥搜入洞天”，于静游默识、沉思冥想中，去体验那些经常无意间积累于心理积淀层里的被“忽略”和“遗忘”的回忆表象，驱遣并促使它们跳出冷宫，让它们给审美境界创构带来意外的激情和意象，使审美创作活动达到一种豁然开朗、心解神领、赏心怡神的心境，以迎接兴会的到来。这种审美境界的营构方式又称虚构，也即王国维所谓的理想。但无论是外师造化、“写实”，还是抟虚成像、“理想”，中国古代美学所推崇的美与审美境界的创构都来自主客体关系的确立，来自“外师造化，中得心源”的审美体验活动，是作为审美主体的人与作为审美客体的自然万物相“遭”相“顾”，回旋合鸣，从而创构出来的。即如王国维在托名樊志厚的《人间词话乙稿序》中所指出的:“文学之事，其内足以摅己，而外足以感人者，意与境二者而已。上焉者意与境浑，其次或以境胜，或以意胜。苟缺其一，不足以言文学。原夫文学之所以有意境者，以其能观也。出于观我者，意余于境；而出于观物者，境多于意。然非物无以见我，而观我之时，又自有我在。故二者常互相错综，能有所偏重，而不能有所偏废也。”这里的“物”就是指“我”之外作为审美对象的客观存在的“自然及人生之事实”，而“我”则是指作为审美主体的以情感为主的人的整个主观精神世界。总之，在王国维看来，审美境界的创构中，“物”赋予审美主体所要表现的“情”与“意”以生动的形象，“我”则给作为审美对象的“物”以鲜活的生命。无论是小桥流水，还是长河落日，自然造化通过心物沟通共感后的审美表现与审美境界的创构都必须有待物我一统、意象一体、情景一交、主客一致的审美关系的建构。王国维还依据中国古代美学体验性的基本特征，指出境界有“大小”、有“深浅”，有“有我之境”、有“无我之境”，有“造境”、有“写境”等等。他说:

“有我之境，物皆著我之色彩。无我之境，不知何者为我，何者为物。此即主观诗与客观诗之所由分也。”[①] 在审美创作活动中，审美创作主体触景生情，寓情于景，使其创构的审美境界饱含着真实、强烈、深刻的情感，以动人心弦，沁人心脾，熏人欲醉。在这种审美境界中，情是血液和生命，景则是情的物质载体。以情写物，以情动人，这是中国古代美学所推崇的审美境界创构的一个层面。同时，中国古代美学非常重视对自然造化蓬勃生命力的显示。在中国古代美学看来，这种对于宇宙生命奥秘的探求与揭示，其目的是求得主体自身的超越与解脱，以及由此而带来的审美愉悦。因为，中国传统审美观念认为审美体验的意义在于通过对有限的现实时空的超越而获得一种永恒、无限的心灵自由与高蹈，所以，中国古代文艺审美创作对现实生活中任何感性事物的描写，其最终意义都不在于单纯再现这一感性事物自身，而是要从这一感性事物中显现出比它更深邃、更高远的生命意义。并且，这种无穷无尽的生命意义和审美意蕴必须潜藏在审美境界的内部结构中，形神兼备、情景相融、意象相交，于有限中蕴藉无限，于短暂中包容永恒。这是审美境界创构的第二层面，也是更高更深的一种层面。从其审美特性来看，前者“有我之境”感情浓重、强烈，如王国维所举的“泪眼问花花不语，乱红飞过秋千去”；后者“无我之境”意旨冲淡、高远，如王国维所列举的“寒波澹澹起，白鸟悠悠下”。

王国维还继承中国古代美学有关审美主体建构论方面的思想，极为重视审美主体的品德、品质和品格，认为伟大的诗人必须有高尚的人格，人格卑下者是不可能取得极高的审美创作成就的。他说：“三代以下之诗人，无过于屈子、渊明、子美、子瞻者。此四子者，若无文学之天才，其人格亦自是千古。故无高尚伟大之人格，而有高尚伟大之文学者，殆未之有也。”[②] 在他看来，文学审美创作主体既要有“内美”，又要有“修能”。“内美”即主体的品质修养、道德情操与气节尊严等人格精神，“修能”则是指审美创作的语言表达力等智能素质。在王国维看来，“内美”更为重要，应该“尤重内美”。故而，他认为，审美主体应加强自身修养。他说：“诗人对宇宙人生，须入乎其内，又须出乎其外。入乎其内，故有生气。出乎其外，故有高致。”[③] 审美创造离不开人类社

① 《人间词话》（三），《王国维文学美学论著集》，太原：北岳文艺出版社1 987年。

② 王国维：《文学小言（六）》，《中国近代文论选》（下），北京：人民文学出版社，1981年，第768页。

③ 《人间词话》（六〇），《王国维文学美学论著集》，太原：北岳文艺出版社，1987年。

会和天地自然。社会创造的事物与人类的精神行为和山川自然一起构成宇宙人生的美，审美创作主体只有走向社会和自然去亲自感受和体验，从宇宙人生中增加自己的审美实践经验，培养胸中的“奇节”，以山川风物、自然灵气来陶冶自己的品德情操，培育健康的审美情趣，丰富和扩展自己的审美能力，同时改变着与审美客体的关系，不断调整建构主体的审美心理结构，深化审美认识，以获得审美创作渊深之源泉，创作出的作品也才气韵生动。同时，王国维还特别指出，审美主体在建构自己的人格结构中，必须具有坚韧不拔、百折不挠的意志。他说：“古今之成大事业、大学问者，罔不经过三种境界，‘昨夜西风凋碧树，独上高楼，望尽天涯路’。此第一境也。‘衣带渐宽终不悔，为伊消得人憔悴’。此第二境也。‘众里寻他千百度，回头蓦见，那人正在，灯火阑珊处’。此第三境也。”[①] 强调审美创作的成功需要长期的艰苦的探求，要覃思苦虑，孜孜以求，千追百寻，始能一朝顿悟。

总的来说，正如人们所指出的，王国维是20世纪初中国学术界向西方学术吸收了一些真正营养的第一人。他曾潜心研究康德、叔本华、尼采等西方哲学家的哲学著作和美学著作，叔本华的学说对他影响尤深。并且他还以西方这些哲学家的美学思想作参照系以审视中国古代美学，对中国古代美学的“余味说”“滋味说”“兴象说”“神韵说”“情景交融说”等命题进行了高度的理论概括，并由此提出自己的“境界说”，发展了中国古代美学，给中国古代美学输入了新的营养。

作为中国现代美学的开拓者和奠基者之一的朱光潜对中国古代美学也做了大量的研究工作。他“沟通了西方美学和中国古代美学，沟通了旧的唯心主义美学与马克思主义美学，沟通了‘五四’以来中国现代美学与当代美学。他是中国美学史上一座横跨古今、沟通中外的‘桥梁’”[②]。朱光潜是本着浸透了中国古代美学精神的人格结构来研究美学的理论基础的，也正是这样，从而使他的美学思想既是对西方美学思想的吸取，又具有中国美学思想的灵魂。

朱光潜从小就接受了中国传统文化的教育，“读过而且大半背过四书五经、《古文观止》和《唐诗三百首》，看过《史记》和《通鉴辑览》，偷看过《西厢记》和《水浒》之类旧小说，学过写科举时代的策论时文”。这对他的美学研究产生了深远的影响。如他所提出的美是主观与客观统一的观点就是中西方美

---

① 《人间词话》(二六)，《王国维文学美学论著集》，太原：北岳文艺出版社，1987年。

② 阎国忠：《朱光潜美学思想研究》，沈阳：辽宁人民出版社，1987年，第3页。

学思想的交融与升华。在美是什么或者说怎样才能产生美的问题上，他依据克罗齐的“直觉说”、费肖尔的“移情说”和布洛的“心理距离说”，指出美产生、呈现于心物互因的关系上。他说：“美不仅在物，亦不仅在心，它在心与物的关系上面；但这种关系并不如康德和一般人所想象的，在物为刺激，在心为感受；它是心借物的形象来表现情趣。世间并没有天生自在、俯拾即是的美，凡是美都要经过心灵的创造。”[①] 在他看来，美是“情趣意象化或意象情趣化时心中所觉到的‘恰好’的快感”[②]；说得更具体一些，也就是说，“美不完全在外物，也不完全在人心，它是心物交媾后所产生的婴儿。美感起于形象的直觉。形象属物而却不完全属于物，因为无我即无由见出形象；直觉属我却不完全属于我，因为无物则直觉无从活动。美之中要有人情也要有物理，二者缺一都不能见出美”[③]。朱光潜这种美产生于心与物的交融的思想，在其美学代表作《文艺心理学》中也有表述。在该书中，朱光潜指出：“美是创造出来的。它是艺术的特质，自然中无所谓美……在觉自然为美时，自然就已告成表现情趣的意象，就已经是艺术品。……一切自然风景都可以作如是观。陶潜在‘悠然见南山’时，杜甫在见到‘造化钟神物，阴阳割昏晓’时，李白在觉得‘相看两不厌，唯有敬亭山’时，辛弃疾在想到‘我见青山多妩媚，料青山见我应如是’时，都觉得山美，但是在他们的心中所引起的意象和所表现的情趣都是特殊的。阿米儿（Amiel）说：‘一片自然风景就是一种心境’，唯其如此，它也就是一件艺术品。”我们知道，作为审美对象，宇宙万物为审美创作活动的发展和美的生成提供了必不可少的客观条件，但是，美的生成与审美境界的构筑毕竟需要主体的介入，审美境界是创构而成的，美毕竟是生成而不是预成的，因而，中国古代美学特别强调美的生成与审美境界的创构是既“禀造化之秀”，又“出于吾之一心”，强调作为审美主体的人的活动在美的生成与审美境界创构中占有主导的地位。柳宗元在《邕州柳中丞作马退山茅亭记》中说得好：“夫美不自美，因人而彰。兰亭也，不遭右军，则清湍修竹，芜没于空山矣。”美的生成离不开作为主体的“人”的作用及其心灵之光的照耀，美只存在于人的审美活动之中。清代叶燮曾留下这么一些名言，他说：“凡物之美者，

① 朱光潜：《朱光潜美学文集·作者自序》第一卷，上海：上海文艺出版社，1982年，第5页。

② 朱光潜：《朱光潜美学文集》第一卷，上海：上海文艺出版社，1982年，第153页。

③ 朱光潜：《朱光潜美学文集》第一卷，上海：上海文艺出版社，1982年，第485页。

盈天地间皆是也，然必待人之神明才慧而见。”[①]又说：“天地无心，而赋万事万物之形，朱君以有心赴之，而天地万事万物之情状皆随其手腕以出，无所不得者。”[②]天地万物是“无心”的，只有“因人”，通过“有心”的人的“舍取”，与“人之神明才慧”的作用和介入，其盈溢于整个天地自然间的“美”与“万事万物的情状”才能“见”“出”，而生成为美即艺术的审美意境。

不难看出，朱光潜的美学思想与中国古代美学是一脉相承，同时又熔铸了西方美学思想的。从朱光潜所提出的“形象直觉说”中，也可以看出他对中西方美学思想的沟通。他用“心理距离说”和“移情说”对克罗齐的“直觉说”进行了改良，以此建立了自己的“形象直觉说”，并运用这一观点对审美活动进行了分析和考察。他说：“无论是艺术或是自然，如果一件事物叫你觉得美，它一定能在你心眼中现出一种具体的境界，或是一幅新鲜的图画，而这种境界或图画必定在霎时中霸占住你的意识全部，使你聚精会神地观赏它、领略它，以至于把它以外一切事物都暂时忘去，这种经验就是形象的直觉。”[③]又说：“形象是直觉的对象，属于物；直觉是心知物的活动，属于我。在美感经验中所以接物者只是直觉，物所以呈现于心者只是形象。”强调审美活动的整个过程是一种直觉体验。他认为，这种直觉体验，蕴含着三个特征：①“无所为而为”的观照。②“物我两忘”的审美心态。是“用志不纷，乃凝于神”。③“物我同一”的审美境界。“物我两忘”的结果是物我同一。也就是说，这种“物我同一”的审美境界，在他看来，就是作为审美主体的“我和物的界限完全消失，我没入大自然，大自然也没入我，我和大自然打成一气，在一块伸展，在一块震颤”[④]。这是朱光潜中华人民共和国成立前美学思想的中心内容。这种思想看起来是受西方克罗齐美学思想的影响，但在其骨髓里却是与中国古代美学思想一脉相承的，更多的是来源于中国古代美学。或者换句话说，是引进西方美学思想对中国古代美学思想做出的新的阐释。

我们知道，中国美学是人生美学，具有极为鲜明和突出的重视人生并落实于人的特点。中国美学对人在天地间的地位、人的伦理道德精神、人的心灵世界、人的感情体验等方面的问题都有比较深入细致的分析和表述，并由此而形

---

① 叶燮:《已畦文集》卷九《集唐诗序》。

② 叶燮:《已畦文集》卷八《赤霞楼诗集序》。

③ 朱光潜:《朱光潜美学文集》，第一卷，上海：上海文艺出版社，1982年，13页。

④ 朱光潜:《朱光潜美学文集》第一卷，上海：上海文艺出版社，1982年，第18页。

成自己具有传统特色的思想体系。故而在“天人合一”、人与自然都由“气”所化育、同源同构的思想作用之下，中国古代美学强调人必须与天认同，认为在人与自然、本质与现象、主体与客体的浑然统一的世界中，人始终处于核心地位。在儒家“求仁得仁”审美观念的影响下，中国古代美学则极为重视审美主体结构中的人格因素，注重内心体验，着重心灵领悟；而道家所主张的闲云野鹤、无拘无束的生活情趣与宁静恬淡、清心寡欲的心理境界，则是中国古代美学所追求的超然宁静的审美态度；而“以天合天”，心物交融，最终以实现天人合一的审美境界更是中国古代美学的基本精神。可以说，中国古代美学的基本特征就是心源与造化、我与物之间的互相触发和互相感会。中国古代美学所标举的审美体验活动的整个过程就是内缘己心，外参群意，随大化氤氲流转，与宇宙生命息息相通，随着心中物、物中心的相互交织，最终趋于天地古今群体自我一体贯融，一脉相通，以实现心源与造化的大融合。而朱光潜的“直觉形象说”正体现了中国古代美学的这一根本特征。

我们需要特别指出的是，朱光潜先生的美学思想和文艺理论，是伴随他青年时代留学法国时的处女作《悲剧心理学》一起诞生的。这部书中的基本理论观念、主要概念范畴和思想体系都完全是西方的。但他在后来的《诗论》中，则放弃了那种视西方美学为放之四海而皆准的思维定式，并且力图从中国文学的实际状况出发，相当客观公正地融合中西，这就使这部论著更为靠近中国古代美学与文学理论的话语规则，从而避免了他在《悲剧心理学》中那种以西格中的美学与文论的话语模式。正如曹顺庆先生在《比较文学中国学派基本理论特征及其方法论体系初探》一文中指出的，朱先生的《诗论》是“融汇法的范例”，“书中将古今中外的各种文学理论融为一炉，纵横捭阖，妙手成春”。也正如温儒敏先生在《中国现代文学批评史》中所指出的，朱先生“做的是一种理论沟通工作，中西沟通，古今沟通，在沟通中博采众长，以多元的视点并从美学的高度重新阐释批评原理”。这是一次在融汇中西、沟通古今的基础之上，架构一种新的现代美学与文学理论形态的成功的尝试，是研究中国传统诗论与传统美学的成功之作。

宗白华是现代美学的先行者和开拓者之一，也是高扬中国古代美学体验论的美学大师之一。他为继承和发扬中国古代美学体验论做了大量的工作，丰富了中国古代美学体验论。

宗白华非常推崇体验论美学。他说：“美学的内容，不一定在于哲学的分析，逻辑的考察，也可以在于人物的趣谈、风度和行动，可以在于艺术家的实践所启示的美的体会与体验。”[①] 因而，他认为，不管是自然美还是艺术美，都离不开主体心录的映射、创造。在他看来，美既是主观的，又是客观的，是心与物的交融统一。他说：“美对于你的心，你的‘美感’是客观的对象和存在。”[②] 又说：“没有人，就感不到美，没有人，也画不出、表不出这美。……这就是‘美’！美是从‘人’流出来的，又是万物形象里节奏旋律的表现。”[③] 他认为，作为一个客观存在，是形式和内容的统一。美的形式所表现的内容是“生命的内核，是生命内部最深的动，是生动而有条理的生命情调”，是“深心的情调和律动”[④]，是人类心灵最深最秘处的“情调和律动”。在他看来，可以说，就中国古代美学而言，美就是艺术意境，或谓一种审美境界。因此，他指出，“意境是‘情’与‘景’（意象）的结晶品”[⑤]，是生命情调与自然景象、主观与客观的融合统一。同时，“世界是无穷无尽的，生命是无穷无尽的，艺术的境界也是无穷尽的”[⑥]。作为美的本质的生命的源泉与宇宙精神就是“道”，审美活动则是“观道”，是对“道”的体验。他说：“中国哲学是就‘生命本身’体悟‘道’的节奏。‘道’具象于生活、礼乐制度。道尤表象于‘艺’。灿烂的‘艺’赋予‘道’以形象和生命，‘道’给予‘艺’以深度和灵魂。”[⑦] 又说：“中国人对‘道’的体验，是‘于空寂处见流行，于流行处见空寂’，唯道集虚，体用不二，这构成中国人的生命情调和艺术意境的实相。”[⑧] 作为宇宙万物与美的生命本原的“道”精微而宏大，既无言又无象，难以把握，不能凭审美主体的感官把握到。它超越人的感性经验，同时又是一种混成的“物”，只能凭借审美主体的心灵体验，才能悟得。此即所谓“澄观一心而腾踔万象”[⑨]。所以宗白华指出：“中国艺术意境的创成，既须得屈原的缠绵悱恻，又须得庄子的超旷空灵。缠绵悱恻，才能一往情深，深入万物的核心，所谓‘得其环中’。超

① 宗白华：《美学与趣味性》，《艺境》，北京大学出版社，1987年，第359页。
② 宗白华：《美从何处寻？》，《艺境》，北京大学出版社，1987年，第219页。
③ 宗白华：《中国书法里的美学思想》，《艺境》，北京大学出版社，1987年，第285页。
④ 宗白华：《中西画法的渊源与基础》，《艺境》，北京大学出版社，1987年，第148、149页。
⑤ 宗白华：《中国艺术意境之诞生》，《艺境》，北京大学出版社，1987年，第152页。
⑥ 宗白华：《中国艺术意境之诞生》，《艺境》，北京大学出版社，1987年，第150页。
⑦ 宗白华：《中国艺术意境之诞生》，《艺境》，北京大学出版社，1987年，第159页。
⑧ 宗白华：《中国艺术意境之诞生》，《艺境》，北京大学出版社，1987年，第162页。
⑨ 如冠九：《都转心庵词序》，见江顺诒《词学集成》卷七。

旷空灵，才能如镜中花，水中月，羚羊挂角，无迹可寻，所谓‘超以象外’。”[①]在宗白华看来，审美体验是“纵身大化，与物推移”，是天人之际，往复合流，大化于胸，与物为春，是“神游太虚，超鸿鸿濛，以观万物之浩浩流衍”[②]。

总之，宗白华的美学思想是一种人生美学、体验美学，人生艺术化，艺术人生化，既是宗白华的人生观，也是宗白华的艺术观、美学观。他在《歌德之人生启示》一文中指出：“人生是什么？人生的真相如何？人生的意义何在？人生的目的是何？这些人生最重大、最中心的问题，不只是古来一切大宗教家、哲学家所殚精竭虑以求解答的。世界上第一流的大诗人凝神冥想，探入灵魂的幽邃，或纵身大化中，于一朵花中窥见天国，一滴露水参悟生命，然后用他们生花之笔，幻现层层世界，幕幕人生，归根也不外乎启示这生命的真相与意义。”他将人生艺术化，在他的著作中，体悟着宇宙的生命律动和人生的深邃哲理。他在《青年烦闷的解救法》中说，“这种艺术人生观就是把‘人生生活’当作一种‘艺术’看待，使他优美、丰富、有条理、有意义。”又在《新人生观问题的我见》中说，“就是积极地把我们人生的生活，当作一个高尚优美的艺术品似的创造，使他理想化、美化”。人生（生命）是宗白华美学思想体系的本体和灵魂，意境则是它的核心，而艺术人生化（生命化）的过程，乃是意境诞生和创构的过程。纵观宗白华的人生经历与美学思想，可以清楚看出，宗白华在继承中国古代美学体验论的基础上，融合了费希纳、康德、叔本华等人的哲学实验美学思想，包括柏格森的生命哲学，以歌德为人生启示的明灯，把体验论这一中国古代美学的精髓作为灵魂，建立了自己独特的美学思想体系，为创建真正具有科学意义和民族特色的中国美学做出了重要贡献。

综上所述，可以说，从20世纪初到1949年这段时期，王国维将康德的“完全无利害观念”“优美”“壮美”和叔本华的“艺术理念”说同中国古代美学体验论相融合，创立了著名的“境界”说，开创中国当代“体验论美学”的先河，并建立起中国式的美学话语形式。应该说，朱光潜先生的美学也主要是一种体验论的美学。1983年，86岁高龄的朱光潜先生在民盟中央举办的专题讲座中说，他“很早就接触到中国的诗画作品和诗画理论，受到这些中国古代美学影响比较深”[③]。在近代的美学中，他特别欣赏王国维先生的《人间词话》

① 宗白华：《中国艺术意境之诞生》，《艺境》，北京大学出版社，1987年，第156页。

② 宗白华：《中国诗画中所表现的空间意识》，《艺境》，北京大学出版社，1987年，第218页。

③《略谈维柯对美学界的影响》，见《美学和中国美术史》，北京：知识出版社，1984年，第5页。

中所标举的“有我之境”和“无我之境”。他认为王国维先生的美学思想对他的影响很大，他说他自己“在美学上的发展是以王国维的《人间词话》为基础的”。也就是说，朱光潜先生有意循着体验论美学走下去。虽然后来由于种种原因，朱光潜先生放弃了体验论美学而转向了“观念论的美学”。但我们从他晚年告诫后学“美学必须要有心理学”的话语中仍然可以感受到这位美学老人对体验论美学的追忆之心。甚至我们还可以从朱自清先生序朱光潜《文艺心理学》一文中所说的“他不想在这里建立自己的系统”中体验到朱光潜先生原初的美学主旨。差不多就在朱光潜先生放弃体验论美学转向观念论美学之时，宗白华继承着王国维的传统，试图让中国美学研究回到赫尔德的“美学”去（关于这一点，可以从宗白华附录在他翻译的《判断力批判》上卷的《康德美学原理评述》中感受到）。宗白华以一种富有哲理情思和诗情画意式的研究，用生命体验着中国美学的真谛。宗白华的美学研究没有高度的分析性和高度的系统性，很少借用哲学术语，但却让人感到这才是真正具有中国哲学意味的中国美学研究。其原因在于他运用的语言形式就是中国古代美学的语言形式：诗化语言。我们知道，中国哲学的传统，既以人为出发点，也以人为终结点。儒家哲学的核心是人。在儒家看来，人的现实存在，就是人的世界与物的世界不断互动、相互创造的实践活动。存在就是实践。在这个实践过程中，万物之灵、五行之秀的人在把客观对象人化（对自然界而言）或类化（对社会中的他人而言）的创造性活动中，他自身的自然也开始人化，他的创造性本质在改造对象的实践中得到确证。通过这种“外化”和“对象的本质化”或曰“内化”，作为个体存在的人，其人性和人格都得到升华。因此，儒家特别看重人的实践活动，形成强烈的生命意识。

道家的“道”虽唯恍唯惚，但它已先在地嵌入“人”中。其目的还是让人由“内圣”达到“外王”。《老子》二十五章说：“道大，天大，地大，人亦大。”从语源上看，我们的先哲是先造“人”字和“大”字，再造“天”字。“天”字是“大”字加“一”，而“大”字，像人形，首、手、足皆具，而可以参天地。“天地有大美而不言”，这个“大美”就在人自己的内心。因此，中国古代美学是非科学化的，而非科学化的哲学则成为当代世界哲学发展的一大趋势。据说，海德格尔和杜威二人都认为西方文化过于理论化了。自古希腊以来存在的一种可追求到的智慧之学实际上并不存在。“这种智慧的意义是，一种凌驾于一切之上的知识系统可以一劳永逸地为道德和政治思考设定条件”[①]。中国美学从一开始就是一种不需要“坚实的哲学基础”的美学。中国美学研究从一开始也就完全用不着非要给自己寻找一个“坚实的哲学基础”。它需要的是深沉的体验。在中国美学中，美与道德从来就是合二而一的东西，二者难以区分的根本原因在于美学关注的是人生。因为中国古代美学是一种人生美学，中国古典美学是以人生论为其确立思想体系的要旨，其对美的讨论总是落实到人生的层面。它认为，通过审美体验，可以帮助人们认识人生主体，把握人生实质，弄清人生需要，树立人生理想，实现人生价值。而且认为审美不是高高在上或者外在于人的生命的东西，而是属于人的生命存在的东西[②]。因此，中国古代美学的体系是在体验、关注和思考人的存在价值和生命意义的过程中生成与建构起来的。关注人生，必然重视艺术，艺术不独是人的现实需要——“不学诗，无以言”，而且是人的本质的需要，即存在的需要。艺术即人生，人生就是艺术，这是中国古代美学始终存在的主题。所以中国古代美学从哲学上直接探讨美的本质的论述（也就是对美的本质做哲学思考的论述）并不多见，许多有关美学和文艺理论的著作与言论，乃是文艺家和文艺理论批评家对文艺创作与欣赏经验的总结，许多内容都涉及文艺的审美本质与特征，涉及文艺创作和欣赏活动规律的美学特点[③]。艺术是人类创造性本质的外化。艺术创作的过程就是美的本质“浮现”的过程，也是艺术家对生命进行体验的过程。中国古代美学所讲的“生命”，有点和维特根斯坦所说的“生命”相同。它不是可以进行科学探究、描述、理解分析和分类的东西。它既不是生理和心理的生命，也不是社会文化的生命。它不出现在肉体中，甚至也不出现在人的心灵和意识中。它与世界同源、同一，具有一种原创性。它与世界是同一个东西。也就是说，中国古代美学中的“生命”是一种“形而上的主体”，或借维特根斯坦的话说，是“哲学的我”。这个“我”不是世界上任何一种同其他对象一起处于世界之中的对象。重生命的美学实际上就是重体验的美学。在体验中让生命回到它的原创性中去。这种美学追求的不是主体对客体的征服和“认识”，而是要求客体以自我的本质作为“现象”在主体的意识中显露，让主体在静观默察中与客体交融在一起，感受到生命——世界的意义，体验到肉体的“我”是“哲学的

① 理查·罗蒂《自然和哲学之镜》中译本作者序。
② 皮朝纲:《中国美学沉思录》，成都：四川民族出版社，1997年，第79页。
③ 皮朝纲:《中国美学沉思录》，成都：四川民族出版社，1997年，第2页。

我”的一部分。它与自然界的一草一木、一山一水，与阳光、空气、石头是同一回事。正因为人的生命与世界万物的生命同源，在中国古代美学中于是才有了逍遥于无何有之乡的“至人”的境界和“物物而不物于物”的观照，才有了啸啸山林，风乎舞雩，才有了“澄怀味道”和“觉鸟兽禽鱼自来亲人”，才有了“尽吸西江，细斟北斗，万象为宾客”的浪漫与豪迈。

说真的，这样一种境界，这样的对生命之谜的叩问是至美的境界。但它却难以言说——内心体验的难以言说。生命之谜的答案永远不可解得，我们只有不断地接近，因为它自己就是谜底。寻找到答案，世界也就消失。所以，寻找生命——哲学的我——的意义是无关紧要的，重要的是寻找本身。中国古代美学之所以没有建立起高度分析性和高度系统性的理论形态，其中一个重要原因就是它本身对寻找的结果不感兴趣，它只钟爱过程，一种体验生命的过程。它相信，在这种体验中所达到的肉体的我与“世界的我”的同一、融化，就是人生所要寻找的最高境界。“有我之境”也好，“无我之境”“超我之境”也好，只要人意识到自我的生命就是“世界的我”的生命，他就是世界上最幸福的和最完美的。因为这样的人已不是生活在时间中，而是生活在“现在”。对他来说，无所谓价值，也无所谓善恶，只有一种与天地精神相往还的追求。在一个解决了生命的本体意义的主体看来，死亡不再是死亡，而是新生，是存在而不是消失。这样的人，没有恐惧，即使面对死亡。庄子、屈原是这样，司马迁、苏东坡也是这样。

这就是中国古代美学所要追求的极境。言说其美，已无关紧要，重要的是体悟和味“道”，因此“悟”和“味”就成为中国古代美学的两个核心范畴。“悟”是“审美活动和艺术构思中的一个特殊阶段，它的表现形态就是兴会（灵感）的爆发，审美感受的获得，审美意象的产生[①]。而“味”则有两个基本含义，一是指“玩味”“体味”“研味”“寻味”等为代表的审美主体的审美活动；二是指“滋味”“真味”“韵味”“神味”等为代表的审美对象（文艺）的审美特征和美感力量。体味、观照美的最高境界，以获得最大的美的享受[②]。

在“体悟”和“味道”中，很容易让意识的对象“还原”和“回归”，出现在意识中的，都是事物原本所直接呈现的。因而主体更易把握事物的本质——生命的意义。“悟”和“味”这两个核心范畴浓缩着中国美学的特殊性质，

① 皮朝纲《中国美学沉思录》，成都：四川民族出版社，1997年，第133页。
② 皮朝纲:《中国美学沉思录》，成都：四川民族出版社，1997年，第92页。

抓住了它，也就抓住了治中国美学的关键。

昔郑玄治诗，有所谓“循其上下而省之”和“旁行而观之”之说。前者谓史的眼光，纵的角度；后者谓论的功力，横的切入。然而，治中国美学者，于此二法之外，似应有“情感的满足”。在我们看来，治学本身就是一种“体验”。这里的“体验”，就其终极意义而言，不是情感的心理的体验，甚至也不是人生旅途的体验，它是一种精神上的或曰美学与人生，在王国维、朱光潜、宗白华那里早已是二而一的东西。

王国维、朱光潜、宗白华等人以他们对中国美学和人生的体验，给我们提出了不少值得思考的东西，也必将引起我们的沉思。因为，“美的体验在生命中的地位，比美学在哲学中的地位更重要——因为他们只诉诸沉思”[①]。

二、中国美学的人生论取向

中国美学的旨趣指向人与人生，人生论是中国美学的核心内容。与西方美学相比较，中国古代美学在精神实质上具有很大的不同。西方美学的根本关注目标是有关“美”的本质问题，而中国古代美学的根本关注目标，则是“人生”的问题，因此，与中国传统哲学密切相关。作为一种人生美学，中国古代美学最为关注的是人的生存方式、生存意义、生存价值及其诗意化境域的追寻。中国古代美学从来都没有将“美”视为美学的最高追求，其最高追求在于表达世界观与人生观，即哲学思想的表达。中国美学的最高范畴不是“美”，而是“道”或“气”。如张岱年、方克立就认为，中国文化的宇宙观与其他文化根本不同，在于它是一个“气”的宇宙。气化流行，衍生万物。气凝结而成一具体的事物，气散而物亡，复归于太虚之气。气是宇宙的根本，也是艺术作品的根本[②]。基于此，应该说，只有理解了中国美学的本土化特色，才能深刻地理解中国美学的根本精神。

中国美学的根本精神来自作为生命动力的“气”。在中国美学中，“气”既是宇宙的根本，又是宇宙的，运动韵是宇宙运动的节奏，是诗文审美创作与宇宙生气相一致的原本精神。“气”是无形的，当它在作品中显出时，就从无到有，化虚为实。宗白华指出，中国古代美学的根本特征在于对天人合一的、

① 西·海·贝格瑙:《论德国古典美学》，上海：上海译文出版社，1988年，第11页。
② 张岱年、方克立:《中国文化概论》，北京：北京师范大学出版社，2004年，第285–286页。

款款有情的、充满生机的自然宇宙的生动表达人类这种最高的精神活动，艺术境界与哲理境界，“是诞生于一个最自由最充沛的深心的自我”①。他还说王船山论诗中意境创造的“以追光蹑影之笔，写通天尽人艺怀”一段话，精深微妙，表出中国艺术的最后的理想和最高的成就，使我们领悟“中国艺术意境之诞生”的终极根据。张法也认为“主体之气与客体之气都是建立在宇宙之气的基础之上的，中国古代美学因此在宇宙论的基础上得到了统一”，“中国美学以气为特色，也以气为统一。气贯串于中国美学的全部”②。即如宗白华先生所指出的，在中国美学，“一切美的光是来自心灵的源泉，没有心灵的映射，是无所谓美的。”③叶朗先生也强调指出：“中国古典美学体系是以审美意象为中心的。……在中国古典美学体系中，‘美’并不是中心的范畴，也不是最高层次的范畴。‘美’这个范畴在中国古典美学中的地位远不如在西方美学中那样重要。”④所谓“意象”，即“象外之象”，既有具体物象特征，更有超越具体物象特征、表达本体情感的“意”。日本著名美学家今道友信也与叶朗先生持相近的观点。认为，“不论是哪种情况，被限定了的明确的形态及其再现，就是西方美学的中心概念”而东方美学的中心根本不是形态样态，“重要的倒是以形态为线索，追求所暗示和所超越的东西……”⑤对此，徐碧辉也指出：“中国传统美学从来没有把审美问题看作一个知识论问题，从来不是用知识论的方法去研究美是什么，美感是什么，而是把美学放在整个人文和生命思考之中，把哲学、美学和人生体验融于一体，从主命有在本身的感悟中去理解和把握审美和艺术问题。”⑥正如袁济喜所指出的：“中国传统美学在最高的境界与形态上，体现了中国文化中的人文精神，即对人类终极意义的关注、对人生意义的体认。”⑦对此，叶朗先生说得好：“中国美学和西方美学分属两个不同的文化体系”，而“这两个文化体系各自都有极大的特殊性”⑧。就袁枚的“性灵说”来看，其中蕴含着“贵人”“重生”“尚情”等美学精神，包含人生哲理、时代精神、民族意识等文化意蕴。吴予敏指出，中国美学“具备着本源的文化性，她

① 宗白华：《美学散步》，上海：上海人民出版社，1981年，第70页。
② 张法：《中国美学史》，成都：四川人民出版社，2006年，第6页。
③ 宗白华：《美学散步》，上海：上海人民出版社，1981年，第59页。
④ 叶朗：《中国美学史大纲》，北京：高等教育出版社，2005年，第2-8页。
⑤ ［日］今道友信：《东方的美学》，蒋寅等译，北京：北京三联书店，1991年，第278页。
⑥ 徐碧辉：《试论中国传统美学的新生》，《美与时代》，2002年10期。
⑦ 袁济喜：《百年美学现代与传统》，《求是学刊》，2000年2期。
⑧ 叶朗：《中国美学史大纲》，北京：高等教育出版社，2005年，第2-8页。

是一个自足的完成态，有独特的话语系统，道德文章，相辅相成，儒、道、释意蕴深广，礼俗百艺，景观粲然，而中国现代美学却是与本源文化断裂的结果，是西方学术和文化思想闯入中国后诞生的产物”[①]就其实质上看，中国美学的哲学基础乃是“生”之灵性。中国美学中主要的、适宜于现代本土化、民族化与中国特色美学重构的乃是其“贵人”“重生”“尚情”的精神实质以及其基本的文化特征。即如李泽厚所指出的，“民族性不是某些固定的外在格式、手法、形象，而是一种内在的精神，假使我们了解我们民族的基本精神”，了解其精神实质，“就不用担心会丧失自己的民族性”[②]。研究中国美学之精神实质，理解其中国特色，有助于现代美学体系建构中突显民族的独特色彩，增添全球文化的丰富多彩。因此，立足中国传统文化与传统美学精神，可以从中窥望本土化审美特征。中国美学的基本精神突出地呈现出一种指向人生，重视人生，“贵人”“重生”的实质性内容，如所谓“人为贵”“天地之大德曰生”“发抒性情”与“诗缘情”等。据《礼记》记载，“周人尊礼尚施，事鬼敬神而远之，近人一而忠焉。”[③]正如《黄帝内经·宝命全形篇》所说的：“天复地载，万物悉备，莫贵于人。”而《周易·系辞》则认为，“天地之大德曰生”“生生谓之易”“仁，天心也”，将“人”之“生”、生命、生存和万物自然的生育看作宇宙天地间的“大德”。“德”就是“生”。儒家美学的创始人孔子不关心鬼神，而专注人世，所谓“子不语怪、力、乱、神”，“务民之义，敬鬼神而远之，可谓知矣”，“未能事人，焉能事鬼……未知生，焉知死”。在中国美学，所谓“天道”，就是“人道”。生成于中国文化土壤中的中国美学，“贵人”“重生”。“生”就是“道”的生动体现。如西晋著名道学家葛洪就曾经在其《抱朴子·勤求》中强调指出：“天之大德曰生。生者，好物也。”儒家美学所推崇的核心范畴为“仁”。“仁”就是“人”。所以说，中国美学“贵人”“重生”，其核心要义是“人”。如张岱年、方克立就指出：“中国传统文化主体内容的嬗变，中国古代各种哲学派别、文化思潮的关注焦点，以及整个中国传统文化的政治主题和价值主题，始终围绕着人生价值目标的揭示，人的自我价值的实现、实践而展开。人为万物之灵，天地之间人为贵，是中国传统文化的基调。”“中国文

---

① 吴予敏：《试论中国美学的现代性》，《文艺研究》，2000年第1期。

② 李泽厚：《美育与技术美学》，《天津社会科学》，1987年第4期。

③（汉）郑玄注，（唐）孔颖达正义：《十三经注疏·礼记正义》，上海：上海古籍出版社，2008年，第2079页。

化具有超越宗教的情感和功能。换言之，在中国文化中，神本主义始终不占主导地位，恰恰相反，人本主义成为中国文化的基本精神。”“天人合一”“以人为本”，是中国传统文化的“基本精神的主体内容”[①]。应该说，“贵人”“重生”“尚情”美学精神，就是中国美学的精神实质，或谓中华美学精神的一种生动呈现，其内涵具有极大的民族性与本土性。同时，中国美学的“贵人”“重生”“尚情”美学精神内涵极其丰富，实质上追求一种真切的生命体验，表达出一种真实的生命意绪，推崇“人”本真的生存态，重视生命本身存在的价值和意义，让“人”珍惜生命、贵重生命、享受生命，提倡一种审美化、诗意化、灵性化的生存方式。

中国古代哲人对人与人生极为重视。他们孜孜不倦、锲而不舍地探究的，不是外在世界，而是人的内在价值，是人生的奥秘与生命的真谛。不管是孔子、孟子、荀子、韩非子，还是老子、庄子、墨子，以及后来的佛教禅宗，都把人生意义、人生理想、人生态度和人格理想作为自己探讨的重要问题。在人的本质和人的价值以及人生理想与人生境界问题上，孔子曾从人与人之间的社会联系这一方面来指出天地万物之中，人具有最为崇高的地位：“鸟兽不可与同群，吾非斯人之徒与而谁与？”（《论语·微子》）这里所谓的“斯人之徒”指的就是有生命有知觉有道德观念、超越了自然状态而文明化的人。作为社会的、文明的主体，人是天地之间最为尊贵的、最有价值的，故而孔子强调指出：“天地之性，人为贵。”（《孝经》引孔子语）人是社会文明的创造者，殷周的礼制从某种意义上说就是文明进步的一种体现，正是由此出发，所以孔子满怀敬意地说：“郁郁乎文哉，吾从周。”（《论语·八佾》）可以说，“从周”，实际上就是孔子对人以及人类文明历史意义的确认。人在万物中最灵最贵，以人为主体的文明社会则应以仁义道德为核心，以仁道为规范，故而孔子“贵仁”。在孔子看来，只有人才是宇宙间最神奇、最贵重、最美好的存在。所以，他非常重视“人事”，强调人生“有为”，“不语怪、力、乱、神”。当子路向他询问鬼神之事时，他严厉地指责说：“未能事人，焉能事鬼？”“未知生，焉知死？”（《论语·先进》）他认为，人与人之间应友爱、和睦。他所推崇的仁，其基本内涵就是“仁者，爱人”。据《论语·乡党》记载：一次马厩失火被毁，孔子退朝回来后，听说此事，马上急切地询问：“伤人乎？”而并不打听火灾是

① 张岱年、方克立：《中国文化概论》，北京：北京师范大学出版社，2004年，285-286页。

否伤及马匹。这件事所表现出的，就是孔子对人的尊重和仁爱。这种尊重和仁爱是建立在关怀人与人生、重视人与人生的基础之上的。因为在孔子看来，相对于牛马而言，人更为可贵。作为与人相对的自然存在，牛马仅只是使人生活得愉悦、美好的一种工具或手段，只具有外在价值；唯有人，才有其内在的价值，才是目的。既然人是目的，那么就应该尊重人、爱人。《论语 · 为政》说："今之孝者，是谓能养。至于犬马，皆能有养。不敬，何以别乎？"敬是人与人之间人格上的敬重。如果仅仅是生活方面的关心，即"能养"，而不是人格上的尊重，那么，就意味着把人降低为"犬马"。作为目的，人并不仅只是一种感性的生命存在，还具有超乎自然的社会本质，也即人化的本质，而这种本质首先表现在人与人的相互尊重之中。对人的敬重与尊重，实际上也就是对人内在价值的确认。换言之，这也就是对人超乎自然本质特征的一种肯定，就是把人当成人看待，就是爱人。

孔子的仁道原则和人生价值观在孟子处得到进一步发扬。孟子将人与禽兽的区别提高到一个非常突出的地位，并进行了充分的论述。孟子认为，禽兽是一种自然的存在，如果一个人也返回到自然的状态，那么他也就丧失了人的本质，与禽兽一样了。在孟子看来："恻隐之心，人皆有之；羞恶之心，人皆有之；恭敬之心，人皆有之；是非之心，人皆有之。"（《孟子 · 告子》）人具有道德意识，也正是这种道德意识，才使人超越了自然状态，而成为一种文明化的存在。孟子曾举舜为例来说明人之为人的本质特性："舜之居深山之中，与木石居，与鹿豕游，其所以异于深山野人者几希。及其闻一善言，见一善行，若决江河，沛然莫之能御也。"（《孟子 · 尽心上》）舜即使生活在深山野外，也仍然能保持人之为人的本质特性，就在于那种以仁爱、恻隐为情感表现形式的道德意识。《孟子 · 公孙丑上》说："恻隐之心，仁之端也。"总之，在孔孟等儒家哲人看来，"仁"就是人的本质特性。《孟子 · 尽心下》说："仁也者，人也。"《尽心上》说："仁人无敌于天下。"《中庸》也说："仁者，人也，亲亲为大。""仁"的主旨就是"仁爱"，或者说"爱人"。同时，"仁"也是善的标准。在孔子看来，作为人的生命活动的基础和承担者，人或谓人生主体，首先应该和能够认识的应该是人自身，因此，他所提出的仁道原则不仅表明他把人视为目的，而且还表明他认为人本身就具备行仁的能力。据《论语 · 颜渊》记载，一次，孔子的学生颜渊问他什么是"仁"，他回答说："克己复礼为仁。"又说："为仁由己，而由人乎哉？"人不但是被尊重、被爱的对象，而且更是施仁爱于人、尊重他人的主体，人本身就蕴藉着自主的能力，“为仁”并不仅仅是被决定的，而是人自身本质力量的体现，完全“由己”。只有通过“自我控制”“自我改造”“自我完善”和“自我更新”，以了解人生实质和主体自身，从而才能解决人生的根本问题，以达到人生的理想境界；“为仁”“爱人”“事人”是人的本分，是作为人生主体的人的自身活动的构成。“仁”既是为人之道，也是破译人的秘密的方法，反求诸己，推己及人，是“谓仁之方”。这种从人的生活和自身体验中知人，以达到“爱人”的目的的思想和方法，就是知行合一。孔子认为，“仁”既体现了作为主体的人的尊严，同时更体现了人的主体内在力量。他指出：“人能弘道，非道弘人。”（《论语·卫灵公》）“我欲仁，斯仁至矣。”（《论语·述而》）人之异于禽兽正在于人有道德、有理想、有追求。“欲”就是理想与追求。人“欲仁”，并且，“人能弘道”，能确立人生理想，通过自身的努力，以追求理想，实现理想，达到极高人生境界。故而，孔子强调指出：“士不可以不弘毅，任重而道远。”（《论语·泰伯》）人不但要“自我完善”“自我更新”，要对自我的行为负责，而且还担负着超越个体的社会历史重任。“人能弘道”的历史自觉的前提是“任重而道远”的使命意识。正是基于这种使命意识与历史自觉，孔子自己才身体力行，坚持人能弘道的信念，虽屡遭挫折，但仍然“不怨天，不尤人”，不懈地追求自己的人生理想，“知其不可而为之”。应该说，孔子“为仁由己”，“我欲仁，斯仁至矣”肯定了人的道德自由，“人能弘道”，“士不可以不弘毅”则从更广的文化创造的意义上，肯定了人与人的自由。通过此而实现的，则是人自身价值的现实确证。中国古代哲人这种贵人、重人，肯定人与人的自由的思想已经具有极高的美学意义。

我们知道，热爱人生、顾念人生、尊重人与人生既是审美活动的本质特性，也是审美活动的目的所在。因为在我们看来，极高审美境域的获得是指在实现人生的价值与追求生命的意义的过程中，主体对自身的终极价值的实现。在此境界中，主体认识到自我、自觉到自我，并由此而顾念自我、超越自我、实现自我，仿佛置身于自身潜能、自我创造的高峰，感觉到“众山皆小”“天地宇宙唯我独尊”，主体自身成为自然万物的主宰。就像马斯洛曾经指出的：“像上帝那样，多多少少的经常像‘上帝’那样。”自我的心灵自由搏击，摆脱常规思想的束缚，在空明的心境中，进行自我体验，感到自己“窥见了终极真理、事物的本质和生活的奥秘，仿佛遮掩知识的帷幕一下子拉开了”，以获得人生与宇宙的真谛。

的确，审美活动的目的就是对生命意义的追求与人生价值的实现，是“心合造化，言含万象”，是无心偶合，自由自在，于一任自然的自由心境中，使心灵自由往来，触物起兴，遇景生情。这之中又离不开主体与作为审美对象的客体之间的相爱相恋、顾念相依，也就是儒家哲人所谓的“仁心”。即如熊十力在《明心篇》中所指出的：“仁心常存，则其周行乎万物万事万变之中，而无一毫私欲掺杂，便无往不是虚静；仁心一失，则私欲用事，虽瞑目静坐，而方寸间便是闹市，喧扰万状矣。”又如丰子恺在《绘画与文学》中指出的：“所谓美的态度，即在对象中发现生命的态度”，“就是沉潜于对象中的‘主客合一’的境界。”应该说，这种“沉潜”到宇宙自然中去发现和凝合生命律动的顾念依恋意识，既体现着老庄哲人的情怀，也体现出艺术审美创作主体的心态；既是审美体验，也是审美情感的流露。张岱年先生说：“唯有承认天地万物‘莫非己也’，才能真正认识自己。”[①]这可以看作是从哲学的高度，对古代艺术家在审美境域创构中所展现出的顾念依恋自然万有的美学精神做出的充分肯定，强调它是一种高级的审美认识活动。西方哲人也认为，在这种心灵体验的审美认识活动中，“自我与非我相见之顷，因非我之宏远，自我之范围遂亦扩大，心因沉思之宇宙为无限，故亦享有无限之性质。”[②]在对自然万有的审美体验活动中，主体与客体物我相交相融，相顾相念，相拥相亲，从而扩大了主体自我，觉“万物皆备于我”，宇宙即吾心，吾心即宇宙。人与宇宙自然、山川万物息息相通，痛痒相关，这才是人的最高自由和人的价值在精神上的最圆满的实现，也是人生境界与审美境域的最高实现。

应该说，在中国人生美学看来，所谓美，总是肯定人生，肯定生命的，因而，美实际上就是一种境界，一种心灵境界与人生境界。这种审美境域，“是诞生于一个最自由最充沛的深心的自我。这种充沛的自我，真力弥满，万象在旁，掉臂游行，超脱自在”（宗白华）。在中国人生美学看来，审美活动的目的，则是主体通过澄心静虑，心游目想，通过直观感悟，直觉体悟，通过“克己复礼”“为仁由己”“返身而诚”，通过“归璞返真”“以天合天”“和光同尘”“即心即佛”，以达到这种“超脱自在”、兴到神会，顿悟人生真谛的审美境域，从而从中体验自我，实现自我。这样，遂使中国古代美学的审美境域

① 张岱年：《文化与哲学》，北京：教育科学出版社，1988年。

② [美]爱德华·伯恩斯：商务印书馆《物质生命与价值》（下册），赵丰译，北京：商务印书馆，第461页。

论与中国古代人学中的人生境界论趋于合一。中国古代人学始终一贯地在探索如何达到一种和合完美的人生的自由境界，如何克服客体的制约、束缚，以发展作为主体的人的自身，达到“朝彻”“至诚”的境界。这样，就能充分发挥人的深层自我意识，从而激发出探索自我与世界的巨大热情和珍惜人生的强烈愿望。所谓“能尽我之心，便与天同”（陆九渊《语录下》,《陆九渊集》卷三五),“尽人之性”，“又“尽物之性”，“合内外之道”，则能“赞天地之化育，则可以与天地参矣”(《中庸》第二十二章)。只有与天地合为一体，使“天地与我并生，万物与我为一”(《庄子·齐物论》)，才能使人成为自然的主人、社会的主人、自我生活的主人，而进入自由的境界。这种人生的自由境界感性真实地表现出来，以成为直观感悟和情感体验的对象时，实质上也就是一种审美境域，一种艺术的审美极境。我们认为，人生的最高境界与审美境域的合一是中国人生美学的传统特色。它和中国人“天人合一”的审美观念分不开，并建构在中国人“物我异质同构”的深层审美意识结构之上。

我们曾经说过，中国人对于世界本体的看法和西方是不同的，故而，中国人对人与外在世界的关系，以及人通过何种审美方式来把握对象，也存在和西方不同的看法。在天与人、理与气、心与物、体与用、知与行等诸方面的关系上，中国人不是把它们相互割裂开来对待，而总是习惯于从整体上加以融会贯通的把握。在中国人看来，人与自然、物与我、情与景、本质与现象、主体与客体都是浑然合一、不可分裂的。天地万物与人的生命可以直接沟通，人与自然是一个有机的统一体。在天地人的浑然一体之中，人是天地的中介，处于核心地位。正是在这种“天人合一”的传统美学思想影响下，中国人生美学极为强调个人与社会、人与自然、美与真善的和谐统一，并由此形成中国人生美学把人生作为出发点与归宿，肯定人的生命价值与存在意义，关注人的命运和前途，以努力为人的精神生命创构出一个完美自由的审美境域为审美理想与审美追求。也正是在这一思想的作用下，中国人生美学主张人与人之间、人与社会和自然之间、人自身与心灵之间的和谐，力求克服人与自然和社会的矛盾冲突，以达到身心平衡、主客一体，而进入自由的人生境界。

在中国古代，儒道美学与佛教禅宗美学，都把人生的自由境界作为最高的审美理想与最高的审美境域。儒家孔子认为，人生境界的追求是由“知天命”到“耳顺”，再到“从心所欲不逾矩”(《论语·为政》)的过程。道家的老子则把“同于道”作为人生的最高追求与一种极高的审美境域。而庄子则有对“无所待”而“逍遥游”的理想境界的向往。在庄子看来，人生的意义与价值就在于任情适性，以求得自我生命的自由发展，只有摆脱外界的客体存在对作为主体的人的束缚和羁绊，才能达到精神上的最大自由。禅宗则追求超越人世的烦恼，摆脱与功名利禄相干的利害计较来达到绝对自由圆融的人生境界。在我们看来，诸家人生境界论的建构与传统审美目的都是一致的。中国人生美学传统审美目的所努力追求的最高审美境域是心灵的自由与高蹈。“以类合之，天人一也”[①]（董仲舒《春秋繁露》卷十二《阴阳义》）。天人本来是一类的，人来自自然，自然万物与人一样具有性灵和生命。万物综综，各复归其根，人只有返回自然，在和自然融合中才能得到抚慰，以消除烦劳和苦闷，获得心灵的宁静。在审美活动中审美主体则必须保持恬淡自然、澄澈透明的心境，超越现实的束缚，使自己的心灵遍及万物，与天心相通，与万物一体，进而达到“万物皆备于我”的境界，直觉地体悟到宇宙自然深处活泼泼的生命韵律，从而始能获得人生与精神的完全自由。要达到此，主体则必须经过“澄心”，始能从一般境界转化到审美境域。只有忘欲忘知忘形忘世忘我忘物，才能使主体进入精一凝神、视而不见、听而不闻的自由自在的审美心境，由此，也才能于心物交融、物我合一中获得审美的体验，进入最高的审美灵境。

在这里，我们还必须注意到这么一个事实，即中国人生美学所推崇的最高审美境域的建构，主要还是来自道家美学的审美观念。老子认为“道”与“气”是宇宙万物的生命本原。作为孕育自然万物的核心生机的“道”，“先天地生”，“可以为天下母”[②]（《老子》二十五章）。它既是宇宙大化最精深的生命隐微，又是宇宙大化运行发展变化的必然及规律性，因此，也是审美体验所要追求的美与审美境域创构的本原。同时，老子认为“道”又是“无”，是“无”与“有”的统一体，所谓“天下万物生于有，有生于无”（《老子》四十章）。所以“无”才是最高的境界。当然，“道”既然是“无”与“有”的统一体，就绝对不是完全的“虚无”，它是“其中有象”，“其中有物”，“其中有情”，“其中有信”（《老子二十一章》）。“象”“物”“情”“信”是真实的存在，但是有限的，而“虚无”即“道”，才是无限的，因而才是最高的、绝对的美。其表现特征为空灵、自然、无为、永恒。老子认为，人道在于天道，应追随天道。而天道即自然之道。这样，人就不能背离自然。人应按照自然无为、损有余以补不足的原则，

① 董仲舒：《春秋繁露》，上海：上海古籍出版社，1989年。
② 朱谦之：《老子校译》，北京：中华书局，1984年。

来追求自身纯朴自然的本性，以实现自身的人生价值。表现在审美活动中，要生成并显现这种宇宙之美，就必须“绝圣去智”“无知无欲”，在“虚静”的自由境界中，让心灵自由飞翔、穿越，以超越有限的、具体的“象”，而体悟到“道”——这种宇宙生命的精深内涵和幽深旨意，并进入极高的自由境界。此即司空图所谓的必须“超以象外”，方能“得其环中”，进入宇宙的生命之环。

三、“天人合一”的宇宙观与审美境域构成论

的确，中国人生美学审美境域论的核心内容，离不开中国哲学“天人合一”宇宙意识论的渗透和统摄作用。作为最高层次的一处精神现象，宇宙意识是一种最典型意义上的世界观或宇宙观。在这个问题上，中西方的看法是不同的，并且由此影响到对人同外在世界的关系以及人通过何种审美方式以把握对象的问题上也存在不同看法。在西方，比较流行的是“心物二元论”，即本体分裂为二。所谓“此岸世界”与“彼岸世界”、物质世界与精神世界、现象与本质、内容与形式等范畴，在西方哲人看来是互相对立的，甚至隔着一条鸿沟。

在哲学思想史上，柏拉图有“理念世界”与“现象世界”的区分，“理念世界”绝对真实完美，“现象世界”不过是“理念世界”虚幻的投影；亚里士多德把事物的构成归结为彼此对立的“质料因”和“形式因”；康德哲学中有“物自体”与人的主观意识的对立；黑格尔哲学体系中亦有“理念”与“自然”的对立。总之，西方人为寻求世界的本源，将整个世界做了切二分割的处理，总想以人的智力把握宇宙现象的重心，并给它安排某种秩序，这个传统一直延续至今。

与之相比，中国古代哲人对宇宙、世界的看法则更多地趋向一元化。既然在中国古代哲人看来，天与人都有一个共同的生命本原，即“道”（气），故而，在天与人、理与气、心与物、体与用诸方面的关系上，中国古代哲人都不喜欢强为割裂，而习惯于融会贯通地加以整体把握。在人与自然、人与人的关系上，中西文化也存在差别。“中国文化比较重视人与自然、人与人之间的和谐统一的关系，西方文化比较重视人与自然、人与人之间的分别对立的关系。

中国文化认为，人与自然不是敌对的关系，而是亲密的关系，人离不开自然，自然也离不开人”[①]。“天人合一”“体用不二”，这些观念源远流长，其来

① 张岱年:《文化与哲学》，北京：教育科学出版社1988年，第35页。

有自。孟子说："万物皆备于我矣。"（《孟子·尽心上》）庄子说："天地与我并生，而万物与我为一。"（《庄子·齐物论》）这些都是说天地万物可以和人的生命直接沟通，合成一个整体。《左传》也从不同角度、不同方面提倡这种观念，强调人必须与天相认同。"天人合一"在董仲舒等汉儒思想体系中，更是扮演了中心角色。在古代中国人的心目中，本质与现象、主体与客体是浑然一体、不可区分的，完全不同于西方的上帝与人世、奥林匹斯山上众神与人的那种永恒而尖锐的对立关系。《庄子》用它充满浪漫主义艺术情调的语言为我们勾画了一个未经分割、表里贯通、时空混整、川流不息的本体世界："若夫藏天下于天下而不得所遁，是恒物之大情也。"（《庄子·大宗师》）在这个浑然自足的本体世界中，人始终处于核心地位。这种"天人合一""体用不二"的宇宙观，使古代中国人的审美活动立足在与西方人完全不同的起点上；同时，在中国人的审美感受和审美创造中，确立了一种对待人与自然关系的基本的审美态度。

正是基于这种审美态度，中国古代文人在把握和体验自然万物时，往往以人为出发点和归宿，从而形成一种人对宇宙时空的依赖和人与自然万物和谐相处的氛围。由于在齐物顺性、物我同一中泯灭了彼此的对峙，所以，主客体之间显现出休戚与共、相依为命的关系。人对外部世界、对自然万物，始终保持着一种精神上的自由，在人的虚静空明的审美心境中，自然万物与人之间可以自由地认同，人能自由地驾驭、吐纳万物自然。故而，拥有"审美型"智慧的中国人可以顾念万有，拥抱自然，跃身大化，有时竟弄得"不知周之梦为蝴蝶与，蝴蝶之梦为周与"（《庄子·齐物论》）。既然是"天人合一"，"以类合之，天人一也"，天地人皆为同类，都出于"道"，都具有生命与同一的生命精神，那么，天人之间也就自然是息息相通的。

由此，我们就常常在中国古代文艺审美创作中发现一种人与自然万物相互感应、相互融合的现象，像李白诗中所描绘的那样，"相看两不厌，唯有敬亭山"（李白《独坐敬亭山》）。在虚灵空阔的审美静观中，主体会摄物归心，客体也必然会移己就物，在主客运动中，最终臻万物于一体，达到与万物同致的境界。这种"天人合一""我"与"非我"的一体化，小宇宙与大宇宙的互渗互摄，表现在审美创作活动中，则形成了"情景交融""神与物游""情往似赠，兴来如答"等一系列审美意境生成的理论。主体与客体的交感、情与景的交织、心与物的交游，可以创构出多种多样虚灵空活而又幽远深邃的审美境域。所谓"天地一东篱，万古一重九"，天人合一，自然与人相类一体，相通相合，这种宇宙意识渗透到中国人生美学所推崇的审美活动中，人的心灵、精神、情感就成了审美关系中真正的主动者，自然万物也就理所当然地能为人们自由地驾驭和吐纳。在中国艺术家的心灵空间里，自然万物“舒卷取舍，如太虚片云，寒塘雁迹”(《沈灏《画麈》)。嵇康诗云：“目送归鸿，手挥五弦；俯仰自得，游心太玄。”（嵇康《赠秀才入军》其十四）就很传神地展现了这种以人为核心的“天人合一”宇宙意识对审美观念的渗透，表现了人对自然万物的自由吐纳与审美认同。可以说，正是中国人这种对大自然的亲密感、认同感，视大自然为可居可游的精神家园的审美观念，生成了中国人能够超越时空限制，以直觉的方式去接近自由生命的气韵律动，并且把不同情景、不同际遇下经验颤动的深层结构和全部幅度涵蕴在艺术审美创作的兴感触发的魅力中，从而直观地触及审美境域论的某些端倪。中国人生美学审美境域创构中的“知行合一”的审美主体建构论的形成就离不开“天人合一”观念的影响。

与西方哲学不同，中国哲学不太注重对外在世界的追求，而是注重对人的内在价值的探求。在中国古代哲人看来，天人之间的关系是统一的整体，“人道”本于“天道”，故而，人自身是能够体现“天道”的。同时，由于人是宇宙天地的核心，所以人的内在价值就是“天道”的价值。正是基于此，中国传统哲学的基本精神就是教人如何“做人”，如何培养自己的理想道德人格。“做人”与理想道德人格的培养对自身要有个规范，要追求真、善、美的理想人格境界。《大学》说：“大学之道在明明德，在亲民，在止于至善”，“古之欲明明德于天下者，先治其国。欲治其国者，先齐其家。欲齐其家者，先修其身。欲修其身者，先正其心。欲正其心者，先诚其意。欲诚其意者，先致其知。致知在格物。格物而后致知，知致而后意诚，意诚而后心正，心正而后身修，身修而后家齐，家齐而后国治，国治而后天下平。”所谓“知行合一”，就是指“知”和“行”是应该一致的。从“格物致知”到“修身、齐家、治国、平天下”就是一个认识过程与实践过程的统一。人生活在天地之中，就应该有理想，应“自强不息”：“天行健，君子以自强不息”[①]（《周易·乾·象传》）。要体验天地造化的伟大生命力，体现宇宙大化的流行，首先就应对自己有个理想人格的要求。要做到“真”，即达到人与自然的和谐关系；做到“善”，即使自己的道德知识与道德实践统一，“知行合一”；做到“美”，即作为审美创作主体要使

① 孔颖达:《周易正义》，北京：中华书局十三经注疏本，1980年。

自己的情感以再现天地造化之工而“情景合一”。只有这样，才能使人进入高素质的理想人格境界，即真善美和合统一的完美人格境界。由此，也才能使人的自我价值得到充分的肯定和自由发挥，以实现自我，超越自我，创造自我。

故而，孔、孟的审美理想是要做圣人、仁人。他们非常强调“做人”与人的完美人格素质的培养，所谓“天生德于予”（《论语·述而》），“天将以夫子为木铎”（《论语·八佾》）。孔子以“仁”释“礼”，又认定求“知”应该为求“仁”服务，强调“未知，焉得仁”（《论语·公冶长》）。在论及“君子”应具有人格素质时，孔子强调指出人们必须使自己“志于道，据于德，依于仁，游于艺”（《论语·述而》）。“道”是指宇宙间普遍的、根本的道理、规律，属于认识和真理范围；“德”和“仁”是讲道德伦理，包含着善的内涵；“艺”则是指礼、乐、射、御、书、数六艺，蕴含着美的内容。道、德、仁、艺在人的真善美人格素质发展中具有不同的作用。老、庄的理想则是做真人、至人。作为道家的代表人物，他们同样注重内省。

总之，“六经”、孔孟和老、庄所开启的中国哲学，最重视的不是确立于对外部世界的认识，而是致力于成就一种伟大的人格，由“内圣”而“外王”。中国古代哲学这种强调“天人合一”“知行合一”“内圣外王”的思想，对中国人生美学审美境域创构中的主体心理结构建构，特别是艺术审美创作主体的心理结构建构，具有重要影响。

中国古代美学肯定人的存在意义，强调人的价值和作用，认为天地万物之中，人“最为天下贵”[①]（《荀子·王制》），“唯人得其秀而最灵”（董仲舒《春秋繁露·天地阴阳》）。中国人生美学认为，在自然、社会、人类，即天、地、人三才中，作为主体的人是天、地的中心，万物的尺度。通过尽心思诚，人能够向内认识自我、实现自我而进入与天地万物合一的境界。所谓“诚，天之道也；诚也者，人之道也”（《中庸》）。天人本源于一“道”，并同归于“诚”，故而荀子说：“君子养心莫善于诚。……天地为大矣，不诚则不能化万物。”[②]（《荀子·不苟》）尽心知天，以诚为先。回归于本心，返回人心原初之诚，方能穷神达化，天人合一。反观内照则能穷尽宇宙人生的真谛，并使人从中获得审美的自由超越。要达到此，作为主体的人的感知、想象、情感、理解等审美心理素质与审美能力必须得到增强与提高，要“以至敏之才，做至纯功夫”（朱

① 王先谦：《荀子集解》，北京：中华书局，1954年。

② 荀子著，王先谦集释，沈啸寰、王星贤点校：《荀子集释》，诸子集成本，北京：中华书局，1988年。

熹语），以培养其理想人格，健全其审美心理结构和审美智能结构。只有增强其审美能力，完善其审美素质，通过亲身实践和感受现实世界，增加知识积累和生活经验积累，做到“知行合一”，使自己的审美活动适应客观世界中对称、均衡、节奏、有机统一等美的动力结构模式，从而始可能超越这些模式进入天地境界，从而尽己心便可以尽人尽物，参天地，赞化育，以达到“天人合一”的审美极境。中国人生美学审美境域创构中的“直觉了悟”的审美体验方式的生成，更离不开“天人合一”思维模式的影响。西方美学是在思辨和论难的文化氛围中发展起来的，讲究谨严的逻辑论证和深透的理论开掘，通行“始、叙、证、辩、结”的运思和表达程式，立论缜密，尽管不免流于烦琐。这和其以逻辑分析和推理为基础，注重认识活动的细节的传统思维模式的影响分不开。而中国的传统思维模式则是以直观综合为基础，比较注重从整体方面来把握对象，具有较为突出的模糊化色彩。

从中国哲学史来看，除晚周诸子和魏晋玄学之外，一般说来论辩风气不浓，因袭枷锁沉重，形式逻辑相当薄弱。宋明理学的“格物致知”说，是中国传统认识发展史上的典型代表，其所推崇的“格物”，也不是对事物的观察和实验，而是采取静坐修心的“内省功夫”，以达到“明心见性”的目的。即使是思辨水平较高的庄禅哲学，虽然其哲学宗旨和形态不尽相同，然而其思辨模式的共同点则都在于是一种无须以概念逻辑思维为基础的直观思辨。这种传统思维模式对中国科学精神的发展起了极大的抑制作用，但是却成全了中国人生美学，并形成其整体性、模糊性的通过审美直觉和心灵体悟以把握宇宙生命意旨的体验方式，使中国人生美学精神达到至高之境。受传统“天人合一”思维模式的影响，在审美境域创构过程中，中国人生美学注重心灵体验，“贵悟不贵解”，讲“目击道存”“心知了达”与“直觉了悟”，其核心是“悟”。而“悟”的极致则是禅宗所标榜的“以心传心”“不立文字”。

中国古代哲人认为宇宙万物的生命本体是“道”，而“道”即先天地而生的混沌的气体。它是空虚的、有机的灵物，连绵不绝，充塞宇宙，是生化天地万物的无形无象的大母。它混混沌沌，恍恍惚惚，视之不见，听之不闻，搏之不得。它是宇宙旋律及其生命节奏的秘密，灌注万物而不滞于物，成就万物而不集于物。在审美境域创构中审美主体必须凭借直觉去体验、感悟，通过“心斋”与“坐忘”，“无听之以耳，而听之以心，无听之以心，而听之以气”（《庄子·人间世》），排除外界的各种干扰，以整个身心沉浸到宇宙万相的深层结构之中，从而始可能超越包罗万象、复杂丰富的外界自然物象，超越感观，体悟到那种深邃幽远的“道”，即宇宙之美。可以说，正是这种对“道”的审美体验，才使中国古代美学把审美境域创构的重点指向人的心灵世界，“求返于自己深心的心灵节奏，以体合宇宙内部的生命节奏”，并由此而形成中国人生美学独特的审美体验方式和传统特色。受此影响，中国人生美学史上的诗文评大都采取随笔、偶感、漫谈或者点评的方式，而且通常是“比喻的品题”（罗根泽语），诸如“清新”“俊逸”“雄浑”“高古”“芙蓉出水”“错采镂金”“横云断岭”“草蛇灰线”等等，虽是精言妙语，富有形象性，但缺乏严密的适用界域和确切的内涵，带有很大的随意性。接受这些思想，就跟审美欣赏差不多，得靠空寂的心灵，靠直觉和悟性。应该说，它的缺陷在于宽泛笼统，不能“证伪”，难以厘定，以致注释之学在中国得以叠床架屋般发展，而且长盛不衰；它的好处在于点到即止，毋庸辞费，为接受者的悟性发挥留有较大的余地，而不像西方人那样用切二分割的方法硬套一切，勘天役物，凿破自然天趣。中国人拥有“寂然凝虑，思接千载，悄然动容，视通万里”[①]（《文心雕龙·神思》）和“世尊枯花，迦叶微笑”（《五灯会元》卷一）般的高雅情趣和艺术精神，这一点在中国古代美学中在在可见。我们认为，不了解这一点，就无法了解中国的哲学和艺术，也找不到这个古老民族的文化心灵。

四、“以天合天”——审美境域构成论

“以天合天”，心物交融，最终以实现天人合一的审美境域是中国人生美学的基本精神。其根本特征是心源和造化之间的互相触发，互相感会。但与此同时，中国人生美学更强调主体充分发挥自己的主体性，去与物悠游，以心击之，随大化氤氲流转，与宇宙生命息息相通，随着心中物、物中心的相互交织，最终趋于天地古今群体自我一体贯融，一脉相通，以实现心源与造化的大融合。故而中国人生美学强调“以天合天”“目击道存”，要求审美主体走进自然山水之中，以自然万物为撞击自己心灵、激发审美创作欲望和冲动的重要契机，为产生灵感兴会的渊薮，去心游目想，寓目入咏，即事兴怀。老子说：“知其雄，守其雌。”[②]（《老子》二十八章）又说：“弱之胜强，柔之胜刚。”（《老

① 范文澜:《文心雕龙注》，北京：人民文学出版社，1962年。
② 朱谦之校释:《老子校释》，北京：中华书局，1984年。

子》七十八章）“致虚极，守静笃。”“归根曰静，是曰复命。”（《老子》十六章）在老子看来，自然万物、宇宙天地都是运动变化的，这种运动变化又是循环反复的，“道”的特点，就是要使自然万物运动变化发展到它的极致。而所谓自然万物运动发展的极致，也就是向静的方面复归。这实际上也就表明，宇宙自然中在动与静的关系上，动是暂时的，静才是根本，故而老子贵柔主静。老子认为，“道”也就是自然，大地自然都是由“道”所生，并由“道”所支配而变动不居，周而复始，自在自由，人道本于天道，向往天道。天道即自然之道。人道从自然之道而来，最终归结于天道。因此，人要把握和体会到这作为宇宙万物的生命本原“道”，使人道归于天道，让自己的心灵遍及万物，与天心相通，与万物一体，进而达到“天人合一”“万物皆备于我”的境界，直觉地体悟到宇宙、自然深处活泼泼的生命韵律，从而获得人生与精神的完全自由，那么，主体就必须“潜心”，从一般世俗的心态转化到审美心态，忘欲忘知忘形忘世忘我忘物，从而才能使主体进入精一凝神，视而不见，听而不闻的自由自在的审美心境，由此，也才能于心物交融、物我合一中获得审美体验，进入最高的审美灵境。关于自然万物的生命属性，老子指出“夫物芸芸，各复归其根”（《老子》十六章），“复归于无极”（《老子》二十八章），“复归于朴”（同上）。在老子看来，“道”和天地万有之间，只不过是一与多、无与有的关系，道因自身的圆满丰盛而创育天地万物，天地万物则因自身的贫乏有限而要求回归于作为生命本原的道体之中，这就是“归璞返真”“复归其根”的过程。而这种循环往复、无有止息的复归又是自在自为、自然而然的。春秋代序、日出日落、花开花谢、叶黄而陨、草荣草枯、花草树木、鸟兽虫鱼、江河湖泊、白云舒卷、春风轻拂，等等，都不需要人为的因素而自由自在地运动变化、生生不息。故而，审美活动中，主体只有效法自然，自然无为，才能使自己与自然浑然一体。

基于此，中国人生美学认为“以天合天”的审美境域创构方式有两种：第一种是追光蹑影，蹈虚踏无，就是“神用象通”“神游象外”；第二种则是“目击道存”“寓目辄书”。这里先看第一种：《老子》说：“大音希声，大象无形。”（《老子》四十一章）这里的“象”就是虚灵的，所谓“无状之状，无物之象”。（《老子》十四章）有象但是却没有形，可见“象”实际上是没有其物，没有其形的，而是“心意”突破景象域限所再造的虚灵、空灵境界。正因为它是虚灵的，所以通于审美境域。庄子就继老子“大象无形”说而提出“象罔”这个哲学概念。庄子认为仅凭借视觉、言辩和理智是得不到“道”的玄奥境界的，必须“象罔”才能得之。所谓“乃使象罔，象罔得之”。(《庄子·天地》) 庄子标举的“象罔”境界在有形与无形、虚与实之际。成玄英《疏》云：“象罔无心之谓。”“象则非无，罔则非有，不皦不昧，玄珠（道）之所以得也。”宗白华进一步加以阐释说：“非无非有，不皦不昧，这正是艺术形相的象征作用。‘象’是境相，‘罔’是虚幻，艺术家创造虚幻的境相以象征宇宙人生的真际。真理闪耀于艺术形相里，玄珠的皪于象罔里。”① “虚幻的境相”可以说正好是“大象无形”中“象”的最恰当的解释。“以天合天”是在激荡中心灵自由飞跃，向更高层次上的升华，是心与象通，心灵与意象融贯，意中之象与象外之象凝聚，审美心态与宇宙心态贯通。庄子把这种审美境域创构活动称作“独与天地精神往来”（《庄子·天下》）；刘勰则称此为“独照之匠，窥意象而运斤”（《文心雕龙·神思》）。“独”是就心而言，它是指一种超越概念因果欲望束缚，忘知、忘我、忘欲、忘物，“物我两忘，离形去智”，“胸中廓然无一物”，以“遗物而观物”的纯粹观照之主体；“天地精神”与“意象”相同，就“象”而言，都是指超越一般客观物象的永恒生命本体，是自然万物所具有的共通的自然之“道（气）”；共通的主体意识和共通的自然之“道”又具有深层的共通，即宇宙意识与生命意识的同构。作为主体的个体是小宇宙、小生命，作为客体的宇宙万物则是大宇宙、大生命，“以天合天”则是以小宇宙、小生命融于大宇宙、大生命。也正因为这样才促使了物我互观互照的共感运动和心灵飞跃。

由此可见，中国人生美学所谓的“以天合天”，就是指审美创作主体“疏瀹五藏，澡雪精神”，通过“驰神运思”的心灵体验，神游默会以体悟宇宙万物间的生命内涵与幽微哲理。刘勰说：“夫神思方运，万涂竞萌，规矩虚位，刻镂无形。登山则情满于山，观海则意溢于海；我才之多少，将与风云而并驱矣。”②（《神思》）《隐秀》篇说：“夫心术之动远矣，文情之变深矣，源奥而派生，根盛而颖峻。”《养气》篇说：“纷哉万象，劳矣千思。”刘勰在《文心雕龙》中曾提出“神与象通”来表述中国人生美学所强调的“以天合天”这种审美境域构筑方式。从这些论述中也可以看出，刘勰“神用象通”的“神”是指一种自由的精神。有时他也用“神思”，或者用“神理”“神道”“神明”“神气”“千思”“心术之动”等来表述。而所谓“神用象通”，就是指审美创作主体于“从

① 宗白华:《艺境》，北京：北京大学出版社，1987年，第118页。

②（梁）刘勰著，范文澜注:《文心雕龙注》，北京：人民文学出版社，1960年。

容率情，优柔适会”的空明虚静的心境中，一任自由平和之心灵跃入宇宙大化的节奏里，以“穷变化之端”，去“穷于有数，追于无形”“源奥而派生”，使“神道阐幽，天命微显”；也就是说，在刘勰看来，“神用象通”，是去体悟“道（气）”这种自然万物的生命本原，领悟宇宙天地间最为神圣、最为微妙的“大音”“大象”也即“大美”，从而表现为达到“万物为我用”“众机为我运”“寄形骸之外”“俯仰自得”“理通情畅”的审美境域的一种心灵体验方式。这种心灵体验方式的最大特色是“规矩虚位，刻镂无形”，追虚捕微，抟虚为实。即如桓谭《新论》所指出的：“夫体道者圣，游神者哲，体道而后寄形骸之外，游神然后穷变化之端。故寂然不动，万物为我用，块然之默，而众机为我运。”又如嵇康《赠秀才参军》诗所云的：“目送归鸿，手挥五弦，俯仰自得，游心太玄。”应该说，所谓“游神”“游心”，也就是“神用象通”的“神通”。作为宇宙万物生命本原的“道”，是不可能通过感知觉来把握的。《文心雕龙·征圣》篇说：“天道难闻，犹或钻仰。”《夸饰》篇说：“神道难摹，精言不能追其极。”创作主体要在创作构思活动中把握并领悟到深藏于自然万物深层内核的“道”这种生命真谛，则必须借助于心灵。《知音》篇说：“心之照理，譬目之照形，目明则形无不分，心敏则理无不达。”人凭借感知觉能把握客观事物的形状。而对蕴藉于形状之内的“理”也即生命本原“道”的把握，则只有依靠心灵之光的映照。“心敏则理达”，“神用则象通”。佛教教义云：“理贯空寂，虽镕范不能传；业动因应，非形相无以感。”（沈约《齐竟陵王题佛光文一首》）佛教所揭示的人生真谛就有如道家所谓的“天地有大美而不言”①（《庄子·知北游》），“可得而不可见”，“可传而不可受”（《庄子·大宗师》）。“神道无方”“理贯空寂”，它是宇宙自然生命节奏和旋律的表现，故不许道破，不落言诠，而是将这种“神道”也就是人生真谛、宇宙之美，也即佛理（“神道”）与佛像浑融一体，借助佛像以表现佛理即“神道”的庄严、崇高，及其生命奥秘，从而把佛教具象化、生动化，以产生其巨大的感染人的力量。因此，这种佛教效应并不仅仅限于对佛教塑像的敬畏，以及由此而来的顶礼膜拜，也不仅仅限于对佛理的图解。

就佛理所揭示的人生真谛与宇宙之美来说，它还要指向更高处，即取“象”外之义。这是因为，佛家以超脱为旨归，不执着于物象，而认为“四大

① 郭庆藩集释:《庄子集释》，北京：中华书局，1961年。

皆空，一切唯识”，故贵悟不贵解，以“求理于象外”。这种象外之理，能启人深悟，但不易为言语所表达，人们只有凭借心灵的俯仰去追寻与体悟。于空虚明净的心态中让自己的“神”与象外之理汇合感应，从而始能心悟到这种象外之理，也即宇宙间无言无象的“大美”。相传当年佛祖释迦牟尼在灵山聚众说法，曾拈花示众，是时众皆默然，唯迦叶尊者破颜而笑，默然神会。此即佛在心内，不在心外，故不假外求，不立文字，世尊拈花，迦叶微笑，只可意会，不可言传的“求理于象外”、假象以通神的典型事例。这种假象以通神，而神余象外的审美观念，在六朝绘画美学思想中较多。如宗炳强调“神超理得”（《画山水序》）；谢赫则提出“取之象外”（《古画品录》）；刘勰则吸收这种思想到文学审美创作中，提倡“思表纤旨，文外曲致”“文外之重旨”“义主文外”“情在辞外”①（《文心雕龙·隐秀》），并提出审美创作体验应“神用象通”，凭虚构象。正是受此影响，遂形成后来唐代诗歌美学思想中的“象外”说。如贾岛的“神游象外”、皎然的“采奇于象外”、司空图的“象外之象”“超以象外，得其环中”，等等。可见，“以天合天”审美境域的构筑方式就是浑然与万物同体、浩然与天地同科，是循顺自然，玄同物我。即如孙绰《游天台山赋》所指出，是“浑万象以冥观，兀同体乎自然”。用邵雍的话来说，则是“以物观物”，是“以我之自然，合物之自然”（《观物外篇》）。在这种审美境域的创构过程中，主体自由的心灵深深地潜入宇宙万物的生命内核，畅饮宇宙生命的泉浆。“以天合天”的审美境域创构方式中的“神用象通”与“神游象外”的哲学依据主要是先秦道家的人生论，同时，它也受传统思维方式的制约。“神游”“秉心”就是庄子所谓的“游”与“逍遥”。“逍遥”一词，在先秦的其他典籍中也曾出现。例如，《诗经·郑风·清人》云：“二矛重齐，河上乎逍遥。”《离骚》云：“折若木以指日兮，聊逍遥以相羊。”但这些地方的“逍遥”都是安闲自得的意思，与形彷徨徘徊相关。而庄子的“逍遥”与“游”则是指超越感官与形体的纯精神的逍遥，常与“心”字连用，属于心灵的逍遥与遨游。如庄子在《应帝王》篇中说：“予方将与造物者为人，厌，则又乘夫莽眇之鸟，以出六极之外，而游无何有之乡，以处圹埌之野。”②在《逍遥游》中又说：“乘云气，御飞龙，而游乎四海之外。”《人间世》说：“且夫乘物以游心，托不得已以养中，至矣。”在《德充符》中说：“不知耳目之宜，而游心乎德之

① （梁）刘勰著，范文澜注：《文心雕龙注》，北京：人民文学出版社，1960年。
② 郭庆藩集释：《庄子集释》，北京：中华书局，1961年。

和。”所“逍遥”与“游”的地方是“四海之外”“无何有之乡，圹埌之野”“德之和”，都是超脱于世俗、个人没有束缚的自由的精神境界。可见，庄子所谓“逍遥”与“游”的实质就是让精神在玄远旷渺、无穷无尽的宇宙大化中飘逸遨游，以获得心灵的慰藉。不难看出，属于中国古代美学的庄子美学所表述的这种游心于无穷，与天地同流，与万物同化，以返回生命之根，偕道而行的思想，正是“以天合天”的审美境域创构方式之一的“神用象通”与“神游象外”说的美学依据。同时，中国人生美学所推崇的这种审美境域创构中通过“神用象通”与“神游象外”，以切入审美对象深层的生命结构和自我内心深处的潜在意识，从而深切地体验到审美对象之“神”的心灵体验方式还建立在中国古代“天人合一”的思想之上。“最高、最广意义的‘天人合一’，就是主体融入客体，或者客体融入主体，坚持根本同一，泯除一切显著差别，从而达到个人与宇宙不二的状态”[①]。人与天都是“气”化所生，以“气”为生命根本，“有人，天也。有天，亦天也”（《庄子·山木》）。自然万物不是人以外的外在世界，而是人在其中的宇宙整体，人与自然之间的关系是融合统一、异质同构的，因此，可以相交相游。在审美创作构思中，则可以通过“神用象通”与“神游象外”，“以天合天”，以主体之生气去体合万物之神气，在“神合气完”中，达到主客体的浑然合一。如张怀瓘所指出的：“幽思入于毫间，逸气弥于宇内，鬼出神入，追虚捕微，则非言象筌蹄，所能存亡也。”[②]汤显祖也认为：“心灵则能飞动，能飞动则下上天地，来去古今，可以屈伸长短生灭如意，如意则可以无所不知。”[③]在“神用象通”与“神游象外”式心灵体验中，创作主体精神的自由活动可以来无踪去无影，上天入地，茹古孕今，能打破时空限制，其“飞动”“无所不知”，“生灭如意”，似“鬼出神入”，使思绪纵横驰骋，意象纷至沓来。显而易见，这一切活动的思想基础是和“天人合一”的审美意识分不开的。中国人生美学所推崇的这种极具中华民族特色的审美境域创构方式还与中国人传统的审美思维方式分不开。我们知道，按照传统的审美观念，天地之间存在一种无形的“大象”、希声的“大音”和无言的“大美”，它“得之于手，而应于心，口不能言”（《庄子·天道》），是一种最高的抽象的存在，只能意会，不可言传。审美主体只有“听之以气”，需“乘天地之正，御六气之辩”

① 金岳霖：《中国哲学》，《哲学研究》1985年第9期。

② 张怀瓘：《书断》。

③ 汤显祖：《序丘毛伯稿》。

（《庄子·逍遥游》），在无古无今、无死无生、无形无迹、无穷无尽、无失无得、无喜无忧的心理状态中，摆脱时空限制，摒绝尘世的一切矛盾纠纷，通过“神与象通”和“神游象外”，去与“造物者为人，而游乎天地之一气”（《庄子·大宗师》），“以天合天”，始能进入一片虚廓、静谧的审美境域，体验到“大象”“大音”与“大美”，获得和谐、恬悦的审美感受。《庄子·田子方》中“解衣盘礴”的故事里对画家顺应自然，一任心灵自由飞升的审美活动的具体描述，实际上就是审美创作中通过“神与象通”和“神游象外”，“以天合天”，以获得宇宙生命与艺术真谛所应保持的精神态势。因此，我们认为，正是这种对“象”外之“意”的审美追求形成中国人传统的审美情趣，并规定着中国人传统的审美思维方式，从而对中国人生美学“以天合天”说的产生与形成以直接影响。

“以天合天”的审美境域创构方式又表现在心物的交融上。的确，在老庄哲学“天人合一”、人与自然都由“道”“气”所化育，同源同构的宇宙意识的作用下，中国人生美学强调人必须与天认同，认为人与自然、本质与现象、主体与客体的浑然统一的世界中，人始终处于核心的地位。同时，受道家“以天合天”“以合天心”，以及“乘物游心”审美意识的影响，中国人生美学非常推崇一种借助刹那以求永恒的审美境域的途径，即袁守定所说的“触景感物，适然相遭，遂造妙境”（《占毕丛谈》卷五《谈文》）和恽恪所说的“灵想之所独辟”（《南田画跋》）。概括地说来，也就是以老庄美学为主的中国人生美学经常所标举的“目击道存”与“应物斯感”。中国人生美学认为引发“以天合天”审美境域创构活动的契机是“感物心动”，强调“情以物兴，物以情观”（《文心雕龙·物色》），要求审美主体必须以当下的观物为审美体验活动的起点，走向自然，去感物起兴，“以天合天”使“天人合发”，从而于我与物、主体与客体的相通相应中领悟到天地之精神、造化之玄妙。

可以说，由感物使当下之“景物”与主体之“心目”“磕著即凑”而达到的心境相合、情景相融、意象相兼，是中国人生美学努力追求的一种审美极致。它既体现出审美主体进行心灵化加工的双向异质同构的精神活动；同时，又规定着主体审美心理时空的构筑必须以当下景、眼中物触发情志，直观外物，自然兴发，瞬间即悟，以进入“以天合天”“以合天心”的审美境域，并深切地体验到审美对象中所蕴藉的生命之“道”，从而在审美创作活动中举重若轻地营构出审美意境。这种营构审美境域的途径也就是庄子所说的“以天合天”“目击道存”(《庄子·应帝王》)。在我们看来，“以天合天”“目击道存”中所谓的“道”，和“气”相同，就是老子所谓的“道生一”中的“道”，是万物生命的本原。它主宰着自然万物、宇宙天地和人的生命与存在，体现着宇宙的活力和生机。老子说:“道冲而用之或不盈，渊兮似万物之宗。”(《老子》第四章)戴震也说:“气化流行，生生不息，是故之谓道。”(《孟子字义疏证》)在审美活动中，主体只有走向生活，走进自然，以目观眼见为感发审美冲动的重要推动力，于遇景触物的瞬间，促使兴会爆发，迅速沉潜到自然宇宙与社会人生的生命底蕴中，用心灵拥抱整个宇宙，去体悟那总是处于恍惚窈冥状态的生命本原之“道”。目击之，心入之，神会之，从而始可能容纳万物，辨识万物，综合万物，进而从整体上把握到那种“元气未分”“气化流行，生生不息”的“万物之宗”，以进入物我合一的亲和、陶然、温馨的审美境域。在这种审美境域中，人的心灵自得自由、自适自在地“逍遥”于天则之中，深刻地体验到人的心灵的高蹈和人生真谛的突然感悟。

在我们看来，这也正是中国人生美学所标举的“顿悟”的一种表现形式，是乘兴随兴、自得自在、豁然开朗的审美极境。“以天合天”审美境域创构过程中所谓的“目击道存”中的“目击”，又称“即目”“寓目”“应目”，就是要求审美活动应遇景起兴，即目兴怀。它强调直接的审美感悟，注重具象的感悟呈示，重视具有强烈感知效果的审美认识或审美感兴，认为对审美客体的“目击”式审美感悟，以及通过此而滋长的生机勃勃的审美意象是营构审美境域的直接源泉。唐代大诗人王维在审美创作活动中就喜欢采用这种方式。如他从“目击道存”、遇物兴怀中就获得过这样的佳句:“中岁颇好道，晚家南山陲。兴来每独往，胜事空自知。行到水穷处，坐看云起时。偶然值林叟，谈笑无还期。”(《终南别世》)在这里，人与自然相招相引，相感相应，相亲相和;审美主体徜徉于山水烟霞之间，独来独往，悠哉游哉，怡然自适。徐增在《唐诗解读》中说:“右丞中岁学佛，故云好道。晚岁结庐于终南山之陲以养静。既家于此，有兴每独往。独往，是善游山水人妙诀……随己之意，只管行去。行到水穷，去不得处，我亦便止。倘有云起，我即坐而看云起。坐久当还，偶遇林叟，便与谈论山间水边之事，相与留连，则便不能以定还期矣。”

我们认为，“随己之意，只管行去”这种随缘自适、任运自在的审美态度正好揭示了以老庄美学为主的中国人生美学所主张的“以天合天”审美境域营构中“目击道存”、物沿耳目、临景结构的审美特征。“以天合天”审美境域的营构活动特别注意从日常生活的细微小事中得到审美启迪，从对自然万物的悠然游览中获得超然顿悟，其审美心态突出地表现为一种自得性。它强调天心偶合，不期然而然。王羲之《兰亭诗》说："仰观碧天际，俯瞰绿水滨。寥闲无涯观，寓目理自陈。大矣造化工，万殊莫不均。群籁虽参差，适我无非新。"天地自然中，作为审美对象的山水景物，变化无穷，万象罗列，美不胜收，既有高山峻谷，千峰万嶂，晴岚烟雨，激流飞瀑；更有杜鹃红艳，春兰幽香，松鸣泉笑，山鸟啼啭。它们或给人凌云劲节慨当以慷之思，或给人以春意盎然心旷神怡之想。步入自然山水之中，或"仰观碧天"，或"俯瞰绿水"，放眼落霞云海，以眼与心去追寻美的踪迹，探求美的造型，体悟美的韵律和节奏，领略美的风致和情味，"寓目理自陈"，通过直观，以揭示自然景物中所蕴藉的宇宙生命的微旨。应该说，这里的保持自由随兴的心境与自然的节律相互一致，纵目游心，从而获得"适我无非新"的审美心理表现状态，就呈现为一种自得性。

必须指出，"以天合天""目击道存"审美境域营构活动中强调自得心态的重要，也并非完全、纯粹地排除审美主体的能动作用。宁静自由的审美心境使心灵获得真正的自得自适，从而才能在清空明静的心胸中涌起深层的活力，以"妙机其微"。即如曾巩在《清心亭记》中指出的："虚其心者，极物精微，所以入神也。""入神"，即深入与体悟到自然万物的生命本原。中国人生美学这种静而自待，静以体道，"以天合天"，虚心入神的审美体验方式和注重由外物触发，感物起兴，即景兴怀的审美心理规律，用现代审美心理学理论来阐释，实际上就是审美活动中一种审美直觉心理状态的表现。换言之，即自得心态是"以天合天""目击道存"审美境域营构中进入直觉体验的心态基础和前提性条件。王夫之说："兴在有意无意之间……关情者景，自与情相为珀芥也。情景虽有在心在物之分。而景生情，情生景，哀乐之触，荣悴之迎，互藏其宅。"（《姜斋诗话》卷一）又说："天壤之景物，作者之心目，如是灵心巧手，磕著即凑，岂复烦其踌躇哉？"（《唐诗评选》卷三）这里所谓的"有意无意之间"，就是一种自得心态。并且，不难发现，这种自得心态乃是静中藏动，柔中蕴刚，暗含着审美主体的能动作用。所谓"景生情"中的"景"，是指作为审美对象的自然万物，为"天壤之景物"，而"情生景"中的"景"则是主体通过"目击""即目"的审美活动在其脑海中生成的审美意象，是主体之"情"与作为客体之"景"的相互应合，是"哀乐之触，荣悴之迎，互藏其宅"。要能够达到情景合一，心物合一，“天”与“天”合一、“景物”与“心目”合一，“我之自然”与“物之自然”合一，使天人应合同构，审美主体必须具备并保持“有意无意之间”的自得心态。同时，主客体之间还存在一种默契，作为审美主体的个人，有哀乐之兴；而作为客体的景物则有荣枯之象，因而始能于毫不踌躇的刹那“磕著即凑”，相互凑泊。

从现代美学来看，受老庄美学作用而形成的中国人生美学“目击道存”审美境域营构活动中这种由物触动、感发心气、瞬间顿悟的审美活动似乎还表现为一种“移情”现象。审美主体在大自然中纵目游心，感物心动，睹物兴情，往往自觉或不自觉地把属于自己的知、情、意移入客观的自然景物之中，使本身没有情感的审美对象，仿佛也具有了情感、意志和性格等等。即如刘勰《文心雕龙·物色》篇中所指出的：“目既往还，心亦吐纳”，“情往似赠，兴来如答”。孔颖达《毛诗正义序》也指出：“六情静于中，百物荡于外。情缘物动，物感情迁。”审美主体心境怡悦，那么眼前花欢草笑，莺歌燕舞；而审美主体黯然伤神之时，则云愁月惨，鸟虫衔悲。同时，按照完形心理学理论，这种作为审美对象的自然景象对主体感兴的诱发，是由于它具有一定的表现性与一定情感具有同种性质的结构，能唤起主体一定的情感。鲁道夫·阿恩海姆指出，这种具有表现性的结构乃是因具有与一定的情感活动所依据的张力相一致的力，故能唤起主体的情感。他说：“表现性其实并不是由知觉对象本身的这些‘几何——技术’性质本身传递的，而是由这些性质在观看者的神经系统中所唤起的力量传递的。不管知觉对象本身是运动的，还是静止的，只有当它们的视觉式样向我们传递出‘具有倾向性的张力’或运动时，才能知觉到他们的表现性”①。作为审美主体，之所以能为对象的唤情结构所捕捉，激发起情兴，并进而物我双泯，能所双遣，主客相融而俱化，则必须有一种积淀在经验中的“预成图式”（冈布里奇语）。这种“预成图式”，既是经验积累的结果，也是参与感知活动的潜在经验的心理状态。在审美活动中，它规定着审美感知的趋向、分类和重建。可以说，离开经验的参与，唤情结构的捕捉则不可能完全实现。这种“预成图式”，中国人生美学称为“成心”（刘勰），或“缘自昔闻见”（张载《张子语录·语录上》），它“积之在平日”。只有具备这一条件，才可能“自然静生感者”而“得之在俄顷”。主体的这种潜在条件，也就是王夫之

① ［德］鲁道夫·阿恩海姆：《艺术与视知觉》，北京：中国社会科学出版社，1986年，第616页。

所谓的“互藏其宅”中属主体方面的内容。

现代审美心理学的研究也表明，由即目即景所形成的表象只是人脑对客观事物的一种直接、被动的反映，带有自发的性质。在审美活动中，它们虽然也能起到作用，但不能起主导作用。仅凭表象是不可能产生审美意象的，只能产生对客观物象的模拟照相。因此，必须对自发性的表象进行审美加工、改造，通过心灵之光的折射以熔铸出自觉的表象，才能符合审美的需要。这种自觉的表象就是审美意象。由表象到审美意象的过程，虽然只是很短的一瞬，但却是审美活动中极其复杂和艰苦的审美体验与心灵洞见过程。

对此，中西方美学是有区别的。中国人生美学从“天人合一”的审美观念出发，认为天地万物与人一样都有生命，因此，审美境域营构活动中不存在“移情”与“唤情”，而是“以天合天”，是生命的合流，是主体将自我生命灌注于生机盎然的自然万物，同时又尽情吸取天地精神的俯仰绸缪的“以天合天”“目击道存”、物我互观运动，必须倾注主体所有的审美心理因素与审美能力，必须投入整个生命力，从而才能打通物我之间生命的屏障，开通生命之流。王夫之说：“‘池塘生春草’，‘蝴蝶飞南园’，‘明月照积雪’，皆心中目中与相融洽，一出语时，即得珠圆玉润，要亦各视其所怀来而与景相迎者也。”（王夫之《夕堂永日绪论》内编）这也就是说，“池塘生春草”等诗句，所以兴趣天然、自然高妙、平淡超然、“珠圆玉润”，完全是因为“皆心中目中与相融浃”，“现成一触即觉，不假思量计较”（王夫之《相宗络索》），于自由“无心”的审美自得心态中感物心动、即目入咏、临景构创而成。其审美心理状态似“无心应景”，然而实质上却是“各视其所怀来而与景相迎者也”。只不过这种“无心”包容着一种由平日积累而成的内在的生命欲求。故而要实现“以天合天”“目击道存”则需要审美主体通过长期的生活实践和审美实践，有着丰富的经验积累，从而形成一种由心理冲动趋势和情感反应模式结构的生命意念系统。只有这样，这种生命意念系统才能在主体与客体同构共感的瞬间，激发其深层生命的涌动，帮助主体在“目击”的同时领悟到存在于自然万物内核的生命之“道”。如张实居《师友诗传录》所说：“当其触物兴怀，情来神会，机栝跃如，如兔起鹘落，稍纵则即逝矣。”应该说，中国人生美学所推崇的“以天合天”“目击道存”审美境域营构中所表现出的自得心态看似水镜渊渟，冰壶澄澈，而实地里则真气弥漫，空旷虚明的心灵空间蕴藉着活泼的生意跃迁。在此心理基础上，审美主体始能于短暂、神迅的瞬间，如“兔起鹘落”以体认感悟到自然山水那种活跃生命的传达，捕捉到天地精神与美的精灵——“道”。

五、人生境界与审美境域的合一

中国人生美学重视对自然造化蓬勃生命力的显示，但是，我们必须指出，中国人生美学这种对于宇宙生命奥秘的探求显现，其目的却是求得自身的超越与解脱。在中国人生美学看来，审美体验的意义并非远离现实人生，并非指向虚幻的彼岸世界，而是直接指向人生，并落实于人生，通过审美体验能使人超越有限的现实时空而获得一种永恒、无限的心灵自由。正是这些特点，使中国人生美学与传统人学在境界论方面存在相通之处。中国古代人学始终一贯地在探索着人的自我价值，探寻着如何实现一种和谐完美的人生境界，寻求着如何克服客体的制约与束缚以发展作为主体的人的自身。在中国人看来，通过人格的完善，心性的复归，则能由“克己”“由己”“反身”“尽心”而“知性”“知天”，并进而使“天地与我并生，万物与我为一”。或者如道家所提倡的，通过“涤除玄鉴”，以保持主体的虚静澄明心境来静观体悟“道”这种宇宙的生命本原，进而“同于道”，“以天合天”，以与天地合一，使人成为自然的主人、社会的主人、自我生活的主人，最终进入自由境界。这既是中国古代人学所追求的最高人生理想，也是其人生境界建构论的指归。中国古代人学所标举的这种人生的自由境界感性真实地表现出来，以成为直觉感悟和情感体验的对象时，从中国人生美学思想的旨趣来看，实质上也就是一种审美境域。因而传统人学所标举的最高人生境界与审美境域是合一的。所谓境界，从语义学来看，其最初含义是指疆界、境地。《新序·杂事》云：“守封疆，谨境界。”班昭《东征赋》云：“到长垣之境界，察农野之居民。”这些地方所说的“境界”就与疆界同义。在佛教禅宗哲学中，“境界”则借用来指一种感受的真实，有时又指一种造诣。如禅宗三祖僧璨《信心铭》：“极小同大，忘绝境界。”《五灯会元》卷二“南阳慧忠国师”条所载：“果然不见，非公境界等即是。”据《陈亮集》卷二十载，朱熹曾说从自然山水中“随分点取，做自家境界”，意指借山水自然以印证自身心性修养所达到的程度。显而易见，这里所谓的“境界”，在含义上已经同中国人生美学与传统人学中所使用的境界相接近。引入中国人生美学，境界的含义又有狭义与广义之分。前者是指一种艺术境界，或称意境。它是指艺术审美创作主体“以天合天”“神用象通”“目击道存”“寓目辄书”“游心内运”，采用直观与直觉体验的方式，使作为审美对象的自然万物的深邃本然与“自然真宰”、生命之美，通过心灵的融洽，与创作主体潜意识底层的深微光影的折射，并自然曲折地转化到作品的内在审美结构之中，渗透融合为一之后所熔铸而成的艺术境界。后者则指一种审美境域，是指审美活动中，审美主体超越自我情欲与自我智识以及外在物象的局限，于虚澈灵通的审美心境中，直达自身与宇宙万物的生命底蕴，由此而获得的自我外化与自我实现。在这境界中，主体丧失了一己之情感而获得人类共有的生命意识并使宇宙意识与生命意识同构，物我一体、人天合一，自然万物的内在生命结构与人的内在心理结构相契合，人与自然处于和谐统一之中。

正如我们在前面所论及的，在中国人生美学看来，这种审美境域的生成主要可以归为两种方式：一是依附于视听知觉的直接观照，由大自然的万千景象触动主体心怀，从而即目起兴，“目击道存”，莹然胸中，以获得对“道”的体认和审美感悟，激发起内心的生命冲动，从而运思抒怀的；二是凭借其“神用象通”“神游象外”，应会感神，神超理得，以把握到自身与宇宙自然的生命本原之“理”，即“道”，引起深层生命意识的活动，并激发起心灵远游的动力，突破其有限感官所及的领域，开拓其心灵空间，从而获得自我的升华与神明般的“顿悟”，最终将宇宙生命融入自我生命，以创构出一个完美自由的审美境域。在中国古代人学中，所谓境界，则主要是指人的精神修养与人格素质所达到的程度。冯友兰在《新原人》中曾依据人对宇宙人生的觉解程度，把人生的境界分为四种，即自然境界、功利境界、道德境界、天地境界。照冯先生的观点，所谓自然境界，是指人的行为是顺其天赋的才能，顺其天性，即“顺才”，也就是所谓“率性”。在这种境界中，人的心理状况是“不识不知，顺帝之则”，“日出而作，日入而息，不识天工，安知帝力？”这是对于自然规律与社会法则的不觉解。功利境界则是指人的行为以自身利益为目的。在自然境界中没有自我与“私利”的自觉，而功利境界中的人则已经具有这种自觉。这种境界的特征是“为利”，就是“为我”“为私”。道德境界是一种较高的精神境界，已具有审美境域的层面内容。具备这种境界的人对人性已有觉解。处于此种境界，人的行为是以“贡献”为目的，而有别于功利境界中的人的行为以“占有”为目的。前者重“与”，后者重“取”。照冯友兰的说法，处于道德境界的人，即使“取”，其目的也在“与”。天地境界是人生的最高境界，其实也是一种审美境域。达到这种境界的人，不仅清楚人在社会中的地位和作用，而且明了人在宇宙中的地位和作用，人的行为则已经进入知性、知天、事天、乐天以至于同天的状态。处于这种境界的人对宇宙人生已有完全的体知与把握。这种体知与把握是对宇宙人生的最终觉解，能使人生获得最大的意义，以实现自我，让人生具有最高的价值。

如前所说，中国古代，不管是儒道，还是佛禅，都视天地境界为人生与审美的最高境界。如儒家孔子在提倡弘毅进取，积极入世以天下为己任的同时，更追求与宇宙自然合一的自由境界。在孔子看来，人生境界的建构有由“知天命”到“耳顺”，再到“从心所欲不逾矩”的几个层面。按照朱熹的解释：“矩，法度之器，所以为方者也。随其心之所欲而自不过于法度，安而行之，不勉而中也。”（朱熹《论语集注·为政》）由此，我们可以看出，“从心所欲而不逾矩”，实质上就是一种与天地万物合一的人生自由完美境界，也即最高审美境域。具有崇高人格的人自有其道德行为的规范，如礼、义、仁，但是这些规范法度又并非是机械的、教条化的，而是与人生境界合一的。所以品德高尚的人在这些规范与法度中，仍不失与天地万物的合一，他是完全自由的。对此，程子解释得比较精到：“圣人之神，与天为一，安得其二。至于不勉而中，不思而得，莫不在此。”（《河南程氏遗书》卷二）人生的最高境界是人与自然的融合沟通，是人心与宇宙精神的直接合一。处于这种境界，由于心灵的开拓与视野的拓展，人生和人生的活动不再是浑浑噩噩，而是自觉的、自由的选择，是“不勉而中，不思而得”，也就是“安而行，不勉而中”。这种自觉与自由，又与“自然境界”中的“顺才”“率性”具有本质的不同，看似率意自得，实际其中却蕴藉着人对宇宙自然、社会人生的深沉的内心感受与高度的觉解。即如青原唯信禅师所说：“老僧三十年前来参禅时，见山是山，见水是水；及至后来亲见知识，有个入处，见山不是山，见水不是水；而今得个休歇处，依前见山只是山，见水只是水。”（《五灯会元》卷十七《青原唯信禅师》）前一个“见山是山，见水是水”与后一个“见山只是山，见水只是水”绝不可以等量齐观。我们认为，这种天地境界也是完善与完美的宇宙意识在人生中的再现。在这种境界中，人的心灵总是处于活泼泼的状态。诚如梁漱溟在《儒佛异同论》中所指出的：“譬如孔子自云：七十从心所欲不逾距（矩），而在佛家则有恒言曰：得大自在。”所谓“得大自在”，也就是得到大自由。

儒家的另一代表人物孟子也推崇天地之境。孟子认为人性乃是人心之本性，为天之所赋，故人性与天性是合一的。但由于人受私欲杂念的干扰，亡失了纯真的本心，所以人生的最大追求，就是要回复本心，这样，就可以达到人性与天性合一，“上下与天地同流”，而万物皆备于我的自由的最高审美境域。他说：“诚者，天之道也。”（《孟子·离娄上》）“思诚者，人之道也。”（同上）“万物皆备于我矣，反身而诚，乐莫大焉。”（《孟子·尽心下》）这里就强调人应该从内心做起，通过深切的内心体验，以真切地把握本心，从而才能达到与天地万物一体的最高境界。

道家的老子则把“同于道”作为人生的最高追求与一种极高的人生境界。而庄子则有对“无所待”而“逍遥游”理想境界的向往。在庄子看来，人生的意义与价值在于任情适性，以求得自我生命的自由发展。要实现自我，则必须摆脱外界的客体存在对作为主体的人的束缚和羁绊，以达到精神上的最大自由。在庄子看来，只有“游心于淡，合气于漠，顺物自然而无容私”（《庄子·应帝王》），才能达到“以天合天”（《庄子·达生》）的审美境域，故他强调：“以虚静推于天地，通于万物，此之谓天乐。”（《庄子·至乐》）“天乐”是“至乐”，是道之行于天地的一种自由境界。佛教禅宗则追求超越人生的烦恼，摆脱与功名利禄相干的利害计较，使心与真如合一，来达到绝对自由的人生境界。

由此，我们不难看出，诸家人生境界论的建构都是和传统美学所尽力营造的审美境域相一致的。这种一致突出地表现在心态特征方面。无论是人生最高境界，还是审美境域，都是把对宇宙自然生命之源的体悟，与由此所获得的对有限的现实时空的超越和心灵的自由作为最高的追求。所谓“从心所欲”“不思而得”“与天地同流”的心理状态与“纵浪大化中，不喜亦不惧”（陶渊明《神释》）所表露出的随其所见，任兴而往，由物感触，忽有所悟的自然自得的审美心态，显然是相如合一的。从传统的审美活动来看，审美境域的创构，实际上就是审美主体通过虚静观照，将个体生命意识投入到宇宙生命的内核，超越感官所及的具体、有限的意象，超越时空，超越生命的有限，以获得人生、宇宙的奥秘，达到精神的无限自由，由此而获得审美体悟和审美感兴，并获得最大的审美愉悦，也就是进入“大乐”“至乐”境界。只有超越世俗物欲、生死、感官，如像庄子所谓的“外物”“外生”“外天下”（《庄子·大宗师》），才能“得至美而游乎至乐”（《庄子·田子方》），从物中见美，从技中见道，在有限、短促的瞬间领悟到无限、永恒，也获得无限、永恒，获得心灵的自由，也才能“心合造化，言含万象，且天地日月，草木烟云，皆随我用，合我晦明”（虚中《流类手鉴序》）。

我们知道，进入审美的感悟是情感的净化和心灵的飞升，通过此，审美主体可以得到精神的升华和情感的慰藉。即如徐夤《十里烟笼》诗所云："白云明月皆由我，碧水青山忽赠君。"又如汤显祖《将之广留别姜丈》诗所云："风霞余物色，山水淡人心。"在审美境域中，主体摆脱了世俗欲望经验的干扰，从宁静平和的生活情趣中，求得神清气朗、清静虚明、晶莹洞彻的审美心境，使心灵获得一种高尚的自由与解放，无拘无束，优游自若，一颗审美的心灵俯仰自得，神游于无穷，超然于物外，无处不至，无时不在，直达深远的生命之源。韦应物《登乐游庙作》诗云："归当守冲漠，迹寓心自忘。"司空图《二十四诗品》云："饮之太和，独鹤与飞。"都极为明显地表现了这种恬淡自然、透明澄澈、超然旷达的心境与审美境域创构的关系。方回在《心境记》中曾以陶渊明《饮酒》诗"结庐在人境，而无车马喧"为例，来表述自由自得审美心态的获得对深层审美境域创构的重要性。他说："有问其所以然者，则答之曰：'心远地自偏。'吾言即其诗而味之，东篱之下，南山之前，采菊徜徉，真意悠然，玩山气之将夕，与飞鸟以俱还，人何以异于我，而我何以异于人哉？……其寻壑而舟也，其径丘而车也，其日涉成趣而园也，岂亦抉天地而出其表，能飞翔于人世之外耶？顾我之境与人同，而我之所以为境，则存乎方寸之间，与人有不同焉者耳。昔圣人之言志也，子路则率尔对矣，求尔何如，赤尔何如，则亦各言之矣，然点也铿尔舍瑟而作曰：'异乎三子者之撰。'然则此渊明之所谓心也。心即境也，治其境而不于其心，则迹与人境远，而心未尝不近；治其心而不于其境，则迹与人境近，而心未尝不远。"（方回《桐江集》）"境"就心而言，是指一种内在的超越精神，审美境域的创构，也就是一种心境的获得。"心即境"，故"心远地自偏"。所以，正如我们前面指出的，中国人生美学所推崇的"以天合天""寓目辄书"审美境域营构中，审美主体必须"澄心端思"，雪涤俗响，一洗凡目，以"治其心"，达到心灵自由、专一和空灵，进入自在自为的心理状态，才能一任自由的心灵，率意而为，不期然而然，以自致广大，自达无穷，使心与宇宙精神参合，从而臻于一个生命自由的审美境域。

就艺术审美创作而言，"意境"的创构是大化流衍的宇宙生命精神的传达，是宇宙感、历史感和社会人生的哲理进入审美主体的心灵，化为血肉交融的生命有机力量的显示。审美主体要使自己在"意境"的深入发掘和开拓中进入纯精神领域，让心灵任意自由飞翔，就应该保持心境的平和自得与自适自在，使之物我两遣，超越人世、感官、物欲的羁绊，于萧然淡泊、闲适冲和的心理状态中，由“游心”而“合气”，顺应宇宙万物自然之势，在审美境域创构活动中，“以天合天”，使物我合一。我们认为，只有这样，才能达到“抚玄节于希声，畅微言于象外”（僧卫《十强经合注序》）的审美境域，以酝蓄发酵出独特而隽永的艺术意境。即如王弼《老子注》五章所云：“天地任自然，无为无造……无为于万物而万物各适其所用，则莫不赡矣。”又如张彦远所云：“不滞于手，不凝于心，不知然而然。”（《历代名画记》）的确，艺术意境的熔铸是无心自适，黯然心服，油然神会。只有达到心灵自由，超越客观物相的局限与人世杂务的干扰，审美主体才能在审美境域创构活动中一无牵挂地游心万仞，俯仰宇宙自然，从而以创构出“不知其何以冲然而淡，翛然而远”（蔡子石《拜石山房词序》）的超诣清空的审美意境。正如沈灏《画麈》所说：“如太虚片云，寒塘雁迹，舒卷如意，取舍自由。”现代美学告诉我们，人的生命意识的核心，是对自由与完美的渴望和追求。在我们看来，只有在审美境域创构与“艺术意境”创作构思的自由自得的超越心态中，人的这种本性与真情，以及深层的生命意蕴，才能得到很好的表露，并由此而获得自我的实现。同时，在审美境域创构活动中，也只有借助人的这种深层的生命意识作为内在活力，才能进入自由的审美境域，“使在远者近，抟虚作实”（王夫之《夕堂永日绪论》内编），也才能创构出深广幽邃、焕若神明、生气氤氲、倏然而远的艺术意境。

六、关于中西比较美学

中西比较美学是当代全球范围内最前沿的美学理论之一，它以宏阔的理论视野、整合的理论方法、创造的理论品格、实践的理论精神构建了一个体大思精的理论体系并赋予其强烈的实践精神，在东西方文化融合的当代文化境域中为人类开启了一扇重新看取世界的窗，力图为迷失的人类寻找一条新路。要实现对比较美学理论全面、深刻而准确的理解，必须运用多学科、跨学科的视野和方法，对比较美学理论进行全面的观照和逻辑的梳理，还原其内容的丰富性，展现其体系的科学性。比较美学是以人为本文化语境下的前沿理论，它之所以具有前沿性，是由于其具有“指导思想”、理论和方法三个构成要素，三个要素分别作为一个正三角形的顶角和左右底角。几何学告诉我们一个公理，三角形是一个稳定结构。系统论又告诉我们，系统总在环境之中寻求其稳定。显然，比较美学理论的“三角形结构”充分显示了其理论的完整性和系统性。

审美活动以实现人的自由、开放为最高指归，这是当代比较美学所关注的一个核心话题。作为时代文化、时代精神的智慧之光，美学思想、美学精神必然映现在审美活动的整个过程中，比较美学也不能例外。所以比较美学理论既是时代精神的精华，又是民族精神及其生命智慧的结晶，同时也是美学家主体精神的超越和流行，它以比较的视界和思维，建构起了一个完整、自洽、精致的美学思想体系。

比较美学理论是以人为本文化语境下生成的，有关人之所以为人，人的意义、人的价值是其关注的必然性焦点，如果舍弃了这一基本关怀，比较美学理论便无法实现其当代性和前沿性。在人类的冗长心路和遥迢心史上，思想家们一直在追问人何以为人：人是会说话的动物；人是有理性的动物；人是政治动物；人是社会动物；人是会制造工具的动物；人是进行符号活动的动物；人是意指性动物……每一代、每一个思想家的回答都各有其见地，而且都从不同角度揭示了人之所以为人的某一构面，因而掷地有声。但是人之所以为人即人性问题本身却具有无限的开放性和不可穷尽性，哲学家们的解读永远是在漫漫修远的路途中。尽管如此，哲学家们仍执着地认为，可以寻找到一个具有更大概括力的语词来标示人性本质，那就是“人是寻找意义的生物”。应该说，这是人之所以为人的根本原点，而且对于上述众说纷纭的解说给予了澄明，也就是说，是在对意义的寻找上把诸多歧异的观点整合了起来。人的发展历史其实就是离开兽性越来越远而距离人性越来越近。人类对意义的追寻非自今日始，但是，如果说以往的种种回答在很大程度上只具有形而上的意义的话，那么，当下的回答就除了仍然具有形而上意义，同时还深刻地具有了现实的价值。因为，人类从来没有任何时候像今天一样把意义的形而上意义和实现价值结合得如此紧密，它不再是天边幻化的云彩，虽然美丽却无法接近，而是泥土的芳香，可以嗅闻，可以触摸。马斯洛的“层次需要理论”是比较美学立论的一个人性依据。也只有在现代的文明境域中，低层次如生存的需要得到满足之后才能言及更高层次的需要，在这里，人类对意义的追寻才从天际降到地面。

正是在这样的语境之中，比较美学理论应运而生。为什么说是应运而生呢？因为比较美学理论的思想非自今日始，因为每个人都是天生的比较者。比较不仅是人类的天性，也是生命盎然的泉源。但是比较的这个本来意义在人类的历史进程中被遮蔽了，其真谛被不止一次地悬搁起来，比较也就演变成了单纯的对资讯的接收，所以比较在目前的用法上已经失去了它的本来意义。而比较美学理论自我设定的根本任务就是对比较的本义和真谛进行还原，并且用以统摄今日人类的意义世界，驱动人类孜孜以求，在更高的意义上回答和践行人之所以为人这一根本问题。正是“比较”这一人类任何民族的语言系统高频使用的语词抓住了现代人类的生命琴弦，人类的生命意义才能够声宏如吕，融于天籁。透过比较，我们重新创造自我。透过比较，我们可以做到从未能做到的事情，重新认知这个世界及我们跟它的关系，以及扩展创造未来的能量。当代美学吸取传统“人文化成”的美学智慧并加以融会贯通，使之自然而必然地递进过渡到以人为本，以人的诗意栖居为终极关怀。人是比较美学关注的中心问题，它就必然要首先回答人之所以为人这一古老的命题，而且对这一问题的释读必须是合理而现实的。比较美学理论就是抓住“诗意栖居”这一能够贯通所有民族的关键词，还原其本来意义，推衍其理论意义，从而把整个理论准确地设置在这一语境中，明确地高扬这一人类母题，其理论的体系建构也就寻找到了一个坚固的基石。九层之塔始于垒土，比较美学理论紧紧围绕人的“诗意栖居”建筑其恢宏大厦。

比较美学理论抓住了统摄现代人类问题的关键锁钥——诗意栖居，活出生命的意义。比较美学的真谛就是主张诗意栖居以体悟生命的真义。比较美学理论的终极关怀是人之所以为人。比较美学理论的创立者们不只是设置了这样一个议题，而且力图给予理论的澄明，也就是说，比较美学理论体系中所讨论的人是现代意义上的自由和健全的人，只有这个意义上的人，才是“活出生命意义”的人。人们把健全或完整与快乐、幸福联系在一起，从而获得一种美的意义，而美是人类世界最自由、最自觉的状态。因此可以说，比较美学理论的核心是艺术。要深刻理解这一问题，必须首先弄清什么是艺术，艺术具有哪些特性。按照一般的理解，艺术是人类以情感和想象为特性的把握和反映世界的一种特殊方式，即通过审美创造活动再现现实和表现情感理想，在想象中实现审美主体和审美客体的互相对象化。具体说，它是人们现实生活和精神世界的形象反映，也是艺术家知识、情感、理想、意念综合心理活动的有机产物。经典的艺术概念必然指涉审美的问题，而美的创造与审察都要有一种和谐的状态。艺术的审美特性以及由此带来的自由、和谐、美感都在努力促使人类走向自由和自觉。艺术并不具有直接的功利价值，但它必然与人类相始终，为什么？就因为它为人类提供了一种掌握世界的特殊方式，并且这种方式把人类导向了自由、欢畅，生命的意义、生命的价值在艺术的审美中才能获得最高的形态。例如艺术崇高，它“蕴含着宇宙的生命创造精神，人的心灵是宇宙精神和人的生命存在的整合。艺术崇高体现主体精神的力量及生命的意义和价值，它从人的灵魂深处生发，不断激发人无穷的创造力，激活人的潜在生命力……艺术崇高的使命意识就是要在主体自由精神的引导下，构筑生活的信念，激发人的生命活力和创造欲望……艺术的超越性品质必然得自于它的崇高性的品质的理想化的生命存在。超越是人生命存在的价值表现”①。正是在这样的意义上，艺术是比较美学理论关注的核心对象。生命既是哲学的主题，也是艺术的主题。哲学爱智慧，爱思辨，其主体是思想的人；艺术是自由的，其主体是审美的人。两者在一点上相通相融，那就是对创造的共同渴望。这样，比较美学理论就与哲学和艺术在深层上达到了一种契合。所以，比较美学是哲学的，也是艺术的；是思想的，也是审美的。因为思想是创造的抽象形态，艺术是创造的形象存在。

文化学视野比较美学虽然构建起了一整套理论，但是，如果对比较美学理论的整体进行观照，它更是一套文化理念和文化模式。以异质模子为例，提出者叶维廉对“模子”一词的选择就已经充分地说明了它是努力以“比较视野”进行“文化塑造”的，因此人们才说比较是实现文化创新的重要途径。什么是文化？这里没有必要对繁复的文化概念进行罗列和分辨。我们认为，从语源学的角度进行阐释尽管有失简单，但是其根却在这里养成，抓住了根就等于抓住了要紧。中国文化元典《易·贲》云：“文明以止，人文也。观乎天文，以察时变；观乎人文，以化成天下。”在中国语言系统中，“文化”的词形就是从这里的“文”和“化”合成。因此，汉民族先祖所理解的“文化”就是所谓的“人文化成”。殊途同归，在西方语言系统中，“文化”一词也具有培养、教育、发展、尊重的含义，如在西方“文化”的转义过程中具有重要作用的古罗马哲学家西塞罗的名言“文化智慧即哲学”就包含了上述义项。所以，在语源学上，“文化”具有双重的意义：一方面是外在自然的人化；另一方面是内在自然的人化。概括为一句话，就是“人文化成”，既体现了文化的“人文”属性，又标明了文化的“化成”特征。

由此出发，比较美学理论必须抓住两个关键词：一个是“生命”，一个是“结构”。两者互为补充，一主“道”，一重“器”，而文化的“人文”属性和

---

① 盖光：《艺术崇高的使命意识与生命的终极关怀》，《中国社会科学文摘》2003年第1期。

"化成"特征与"生命"和"结构"的道器关系恰成对应。具体说，比较美学理论本身就是"人文化成"的过程，用现代文化理论来表述，就是文化塑造、文化养成的过程。因而比较美学理论又具有文化学的意义，这主要表现在两个方面：

（1）比较美学理论的触角深入到了文化心理结构的层面。文化心理结构按习惯划分为表层结构、中层结构和深层结构。表层结构是指特定时代浮现在社会文化表面，笼罩和散发着感性色彩和光辉的某种意向、时尚或趣味；中层结构主要指政治、经济、道德、文艺、宗教、哲学等领域的观念要素；深层结构是文化心理的精神本质层面，深入到人类的心灵深处。比较美学理论正是从比较视阈出发，通过对文化中人类的心灵深处进行反思，从而把对人的人文关怀凸显出来并开掘到心理深层。"人在生物学意义上可以被看作一个未完成的生物，他必须在后天的文化环境中通过意义的引导，表现出人的主体性行为。"①比较美学理论正是在对"活出生命意义"的高扬以及在比较视阈中的贯穿，从而触及到了具有主体性的人类生命的内核，甚至更进一步穿越意识而进入潜意识，获得一种"于无声处听惊雷"的生动意义和深远境界。

（2）比较美学理论自觉地符合了文化属性。从最一般的意义上讲，文化具有创造性、自由性、群体性、时空性、开放性等等，而比较美学理论对文化的这些特性进行了努力开掘。比较美学理论根植于不断省思人们心灵深处的真正愿望，强调尊重个人愿景，并建立共同愿景；根植于人们本有的创造性群体交谈能力，而使集体远比个体更有智慧；根植于重视整体互动而非局部分析的思考方式。总之，比较美学就是以创新、进步并获得幸福感为指归，创造性是其本来之义。创造基于自由，比较美学以自由为特征。自由是比较美学的中心精神，因为比较美学的动力源自想要创造对人们有价值与意义的新理论的欲望。比较美学在很大程度上就是对个性过度张扬的反拨和对群体性的回归。比较意义上的群体性是"和而不同"，是互补而生生不息，是要通过结构实现整体大于各部分的简单相加。比较美学本身就是一种开放的理论。比较美学理论与文化属性之间的暗合，充分说明比较美学理论的创建者是把其作为一种文化模式来加以建构的，而且其理论体系对人的生命、心灵、思维的高度关注和高扬，又从另外的角度注解了"人文化成"的用意。

① 秦光涛：《意义世界》，长春：吉林教育出版社，1998年，第7页。

当下，就比较美学而言，一方面，人类的文化告诉我们，我们正走在正确的路上，只需继续向前迈进即可。另一方面，种种迹象显示，我们可能已快走到这条路的尽头，必须为人类找出一条新路。但路在哪里呢？从文化的角度来说，只能在东西方文化的融合中去寻找。哈佛大学教授亨廷顿提出了在世界毁誉参半的“文明冲突”理论，试图使人们相信，文明之间的对抗正是现在和未来世界格局的“最本质状态”。其实，他的“文明冲突”论根底里埋藏的是对自身地位特别是文化优势衰落的深层担忧和恐惧。所以，亨廷顿自己也认为，提出“文明冲突”的论点，是要强调文明对话的重要性。而文明对话强调对话、反思、共存与融通，用费孝通先生的话说，就是“各美其美，美人之美，美美与共，天下大同”。从比较视阈出发，发现东西方的异同，实现东西方的对话与融通，应该说就是这种“天下大同”文化理想的宗旨。所以有学者指出，比较美学理论开启了“一扇重新看世界的窗”。这扇窗是东西方文化精神整合的结果，是一种“窗含西岭千秋雪，门泊东吴万里船”似的境界的融通。

第一章 审美行为定式：外显性实证探讨

在中西人生美学中，有一个共同之处，就是都强调乐而不淫。过度的享乐主义在中西文化中都没有市场。这一点在中国文化中表现得特别突出。和西方不同，中国古代哲人所推崇与追求的人生理想更侧重于精神修养方面的内容。中国古代人生美学推重“和”，体现在“人”与“天”“人”与社会、“人”与“人”“人”与自我等等的关系方面，提倡以“和”的审美态势来相互对待。就“人”而言，中国古代哲人认为“人”“生而有欲”，但“欲”不能够过度，要“乐而不淫”，不能够过度。中国古代哲人所推崇与追求的“人”的生存态势更侧重于精神修养方面的内容。翻开古代典籍，满目都是圣人、圣贤、君子、豪杰、大丈夫、真人、神人、圣人、佛……在中国古代人生美学看来，“人”既要遵循自然之道，又不能违背“人”之为“人”的审美准则，不能采取醉生梦死、恣情纵欲、吃喝嫖赌等生存方式。在“放任”与“节制”之间，中国古代哲人更注重后者，并由此而形成中国古代人生美学极具民族特色的“以天合天”“乐而不淫”“克己复礼”“乐天知命”等审美行为定式。

一

“人”是自然界长期发展的产物，从动物到“人”的进化经历了一个复杂而漫长的过程。“人”通过制造工具和劳动而成为理性的社会存在物，从而使“人”在这一进化过程中发生了一个质的飞跃以成为自由自觉的实践主体，并进一步与其他动物产生了本质的区别。按照现代生物科学研究的成果则认为“人”就是“人”，而并非是动物的进化，只是从野蛮人发展为文明人而已。但是，依照生物分类，“人”是动物，既然如此，这就意味着“人”与动物绝不是毫无相通之外。事实上，“人”不能完全超越动物的生理本能，故而中国古代哲人认为“人”与禽兽的差别只是“几希”。如告子就曾强调指出：“生之谓性，食、色，性也。”（《孟子·告子上》）显然，告子是把本能看作人性的。“人”的自然生理机能的欲求、需求是“人”能够生存与发展的必然条件，这是毋庸置疑的，不然则不可能真正认识“人”的本性。即如法国哲学家爱尔维修等所指出的，“人”是由肉体所构成的，“肉体感受性乃是人的唯一动力”，“快乐和痛苦永远是支配人的行动的唯一原则”[①]。的确，“人”有眼、耳、鼻、舌、身五种感官，同时相应产生视、听、嗅、触五种感觉。用中国古代哲人的话来说，则是“口之于味、目之于色、耳之于声、鼻之于嗅，有是口鼻耳目之人，则有是食色臭味之心”（吴廷翰《吉斋漫录》）。“夫七尺之形，心知忧愁劳苦，肤知疾痛寒暑，人情一也”（《淮南子·修务训》）。口目耳鼻等感官产生味色声嗅等感觉，身体感觉则不仅包括温凉等表皮温度感觉，还包括疾病等内脏感觉。并且“人”还有喜、怒、哀、愠、爱、憎等情绪和吃、喝、性等本等欲求。但是，这些官能和特征“人”与其他灵长类和哺乳类动物都有，因此，不能把“人”简单地规定为一个“感觉体”。德国古典哲学家康德和黑格尔等就认为，“人”除了是“感性存在物”外，更应该是“理性的社会存在物”。他们特别强调“人”的理性存在和理性的巨大作用。康德的人本哲学不仅强调“人”要为自然立法、为自己立法和“人”的全面发展，而且宣扬“人”的自主和自由。黑格尔则把自由看作在“他物中发现自己的存在，自己依赖自己，自己决定自己的意思”[②]。这样，“人”与动物的区别就在于有思想和理性。“人”具有感性与理性两种特征。法国哲学家卢梭特别重视“人”的感性特征，他曾对在自然状态下作为感性存在物的“人”进行过形象化的描述。在自然状态下，“人”为了躲避自然的风霜雨雪只好栖居在大树下，用兽皮树皮来遮蔽身体，饿了吃野果野菜，渴了则喝雨水溪水，男女之间自由交配以繁衍后代。可以说，在这一状态下，“人”的所有行动都受自己感性欲望的支配。对此，马克思主义也给以充分的肯定。马克思主义认为，“人”要生存，就有两大需要，即衣食住等温饱的需要和生育繁衍的需要。显然，这两种需要都是

① ［法］爱尔维修：《论精神》，《十八世纪法国哲学》，北京：商务印书馆，1963年，第475页。

② ［德］康德：《小逻辑》，北京：商务印书馆，1962年，第94页。

感性的，并且只有满足了这两种感性需要才能产生新的需要，包括精神创造活动在内的“人”的全部活动都必须以这两种感性需要为前提和基础。而在满足“人”的感性需要的同时必然伴随感官的愉悦和快乐。可以说，感物生情是“人”之共性的心理体验。中国古代哲人也曾强调指出，性与情欲是密不可分的。如宋代理学家二程就说：“湛然平静如镜者，水之性也；及遇砂石或地势不平，便有湍激；或风行其上，便为波涛汹涌。”（《二程集 · 粹言》）有如水浪因“砂石”“地势之平”“风行其上”而兴一样，愉悦与快乐的产生离不开内在欲望与外在环境关系的建立。并且，在喜怒哀乐爱恶等情感中，“人”更倾向于对喜乐爱的追求。车尔尼雪夫斯基说：“对于人，什么是最可爱的呢？生活。因为我们的一切欢乐、我们的一切幸福、我们的一切希望，只与生活关联；对于生物来说，畏惧死亡、厌弃僵死的一切、厌弃伤生的一切，乃是自然而然的事情。所以，凡是我们发现具有生的意味的一切，特别是我们看见具有生的现象的一切，总使我们欢欣鼓舞。”[①] 高尔基也说：“照天性来说，人都是艺术家。他无论在什么地方，总是希望把美带到他的生活中去。”[②]“人”乐意于品尝美味佳肴，观赏风景名胜或聆听美妙的音乐，因为这一切都能满足人的欲望，使人产生心满意足的愉悦感。《庄子 · 至乐》指出：“夫天下之所尊者，富、贵、寿、善也；所乐者，身安、厚味、美服、好色、音声也。”《列子 · 杨朱》也指出：“人之生也，奚为哉？奚乐哉？为美厚尔、为声色尔”，“夫耳之所欲为者音声……目之所欲见者美色……鼻之所欲向者椒兰……体之所欲安者美厚。”这里所说的“美厚”，其实就是“美味”；而“声色”“美色”的“色”，则是指衣裳色彩的艳丽与穿着华丽衣裳的容貌美丽的女子；“声色”“音声”的“声”，是指美妙动听的音声歌乐；而所谓“椒兰”（香草），则意指芳美郁香的东西。总之，正如《荀子 · 王霸》所说，耳之好声、目之好色、形体之好佚，是“人”的自然性情。因此，林语堂强调指出：“人类的一切快乐都属于感觉的快乐。”[③] 他认为，快乐是没有物质和精神、灵魂和肉体之分的，比如一对正处于热恋中的情侣，“人”就无法区分其快乐是物质上的还是精神上的，是灵魂的还是肉体的，所有快乐的产生都必须通过“人”的感官，所以说一切快乐都不过是心满意足的、愉悦的感受。感性需求的满足所带来的各种各样感性愉悦，由此也

---

① 车尔尼雪夫斯基：《美学论文选》，北京：人民文学出版社，1957年，第54页。

② 高尔基：《文学论文选》，北京：人民文学出版社1959年，第71页。

③ 林语堂：《生活的艺术》，第122页。

形成“人”对生活的各种各样的态度，从而也给人生美学带来一种享乐主义的倾向。享乐主义最突出的特点就是“放任”感性欲望。作为一种人生态度，享乐主义推崇并追求感性欢愉。在享乐主义看来，趋乐避苦是“人”的本质属性，因此，“人”应该放任自己，尽可能地去追求感官的愉悦，以满足“人”的感性需要。人生的第一要务就是对感性欢愉的享受。如享乐主义生态环境美学的祖师爷、古希腊哲学家伊壁鸠鲁在《生命的目的》一书中就曾宣称：“如果抽掉了嗜好的快乐，抽掉了爱情的快乐以及听觉与视觉的快乐，我就不知道我还怎样能够想象善。”[①]他甚至断言：“一切善的根源都是口腹的快乐，哪怕是智慧与文化也必须推源于此。”[②]照他的意思，对感性欢乐的欲求是人生最高的，也是最重要的欲求，伴随感性欲求满足而获得的感性快乐，自然也是人生最高的和最重要的快乐。与此相比，“人”的心灵快乐、精神快乐则是次要的、附属的，不过是对感性快乐的观赏。这样，追求、享受感性快乐就成了人生的幸福之源与善之源。

中国古代的杨朱也提倡享乐主义。《列子·杨朱篇》就宣扬放纵“人”的感性欲求，认为纵欲享乐是人生的根本目的，强调对自我情欲的满足。在杨朱看来，人生短促，生难死易，人生的目的和意义，就在于及时行乐。从这种人生观出发，杨朱提出“拔一毛以利天下，不为也”的口号；并且在“人”与“人”的关系上，把他“人”都看成供他自己享乐的工具。在“人”的本质属性的问题上，他们往往只注重“人”的动物性的一面，而不管名誉、地位、寿命、财富。在他们看来，名誉、地位、寿命、财富，就是对自我感性欲求的限制，影响任情纵欲。受享乐主义思想的影响，体现在具体的日常生活中，则是追求吃穿住行等方面的感性欢乐。从中国古代的历史著作与文学作品中，可以看到大量的对这种享乐主义崇尚感性欢愉的描写。所谓“为乐当及时，何能待来兹”（《古诗十九首》）；“且乐生前一杯酒，何须身后千载名”（李白《行路难》）；“一年始有一年春，百岁曾无百岁人。能向花前几回醉，十千沽酒莫辞贫”（崔敏童《宴城东庄》）；“山外青山楼外楼，西湖歌舞几时休。暖风熏得游人醉，直把杭州作汴州”（林升《题临安邸》）等等，都是对及时行乐生活场面的生动写照。至于那些帝王将相、达官贵人、富豪显族，更是“侈靡在宫墙，饰巧无穷极”（应璩《百一诗》）；“有酒流如川，有肉积如岑”（同上）；“中堂舞神

① 周辅成：《西方伦理学名著选辑》上卷，北京：商务印书馆，1964年，第104页。

② [英]罗素：《西方哲学史》上卷，北京：商务印书馆，1981年，第309页。

仙，烟雾蒙玉质。暖客貂鼠裘，悲管逐清瑟。劝客驼蹄羹，霜橙压香橘”（杜甫《自京赴奉先县咏怀五百字》）；他们“厨有臭败肉，库有贯朽钱”（白居易《秦中吟·伤宅》）；“三宫寝室异香飘，貂鼠毡帘锦绣标”（汪元量《湘州歌》）；“玉杯潋滟赤玛瑙，织罽四角银麒麟。酒肉山堆满堂醉，仙厨往往来八珍”（李梦阳《上元访杜炼师》）；“张灯一夕费千亿”；“朝亦醉，暮亦醉，日日恒常醉，政事日无次”（杨文佑《为周宣帝歌》）。他们吃的是山珍海味，喝的是琼浆玉液，穿的是绫罗绸缎，住的是宫殿楼阁，坐的是香车宝马。金银珠宝、三妻四妾、花鸟虫鱼就更是他们生活中不可缺少的内容。清代诗人沈德潜有一首名为《制府来》的词，描写一位制府的生活：“制府第，神仙宅，夜光锦，披墙壁；明月珠，饰履舄。猫儿睛，鸦鹘石，儿童戏弄当路掷。平头奴子珊瑚鞭，妖姬日夕舞绮筵。”制府都是这样，那些皇亲国戚则更是可想而知。

只重现实的感性享受，追求实实在在的享乐，重当下，而不重将来，更不管来世，“为乐当及时”，是中西享乐主义的共同特点。同时，享乐主义还离不开对金钱与地位的追求。因为只有拥有金钱、地位和权力，才有可能维持享乐主义的生活。如果没有金钱，没有与金钱关系非常密切的地位和权力，那么，要想满足声色口腹之欲，获得感官愉悦则是不可能的。

二

崇尚与追求现实的感性欢愉，与金钱、地位、权力具有相依相存的关系，这是中西享乐主义的共同特性。与此同时，由于不同的文化背景、地理条件，作为一种生活态度，享乐主义在中西方的表现形态又是有所不同的。“人”的欲望、目的、意念和意向不但来自感性的物的世界，而且离不开社会文化结构，离不开不同国家、民族的传统背景和总的文化精神。因为一个人生下来就处于这样的环境之中，他的观念、意念以及对自身存在与价值的意识，都是从这样的环境中获得的。所以，同是享乐主义，但由于地域环境的影响，中西方的体现是有所不同的。在西方，作为整个欧洲文化之源，希腊文化属于“正常的儿童”，为欧洲文化的发展留下了丰富的文化遗产。其中包括神话、哲学、喜剧、悲剧、音乐、雕塑等等。正是从这个意义上讲，马克思把希腊神话称为“希腊艺术的武库”和“希腊艺术的土壤”①。进入这一“艺术的武库”，首先映

① 《政治经济学·导言》、《马恩选集》第2卷，第113页。

入我们眼帘的就是奥林匹斯众神欢乐愉悦的生活画面。从古希腊诗人赫西俄德《神谱》中我们可以看到，原来是雷电之神的宙斯通过武力推翻了自己父亲克洛诺斯的统治，成为宇宙之王，并给他统治下的众神分配了财富和荣誉。这之后，他就与众神开始了享乐生活。他们在绿草如茵、神光明媚的奥林匹斯山上，住在金碧辉煌的宫殿中，坐的是黄金宝座，喝的是琼浆玉液，吃的是美味佳肴，观赏着缪斯九女神的轻歌曼舞。过着无伪无饰、无拘无束、无忧无虑、无困无忧的日子。不仅吃穿住用获得极大的满足，而且在爱情生活方面，奥林匹斯山上的众神也是自由任意、随心所欲的，男神与女神之间可以自由地婚配或者偷情。甚至只要乐意，他们还可以和世上的凡人恋爱结婚。同床共枕，人神同乐交欢。这种场景在希腊神话中屡屡出现。为了打破人神婚配的界限，还有爱神和美神佛洛狄特（维纳斯），在人神之间撮合，专司红娘之歌。"人"和神结合的结果，便是一系列新的神或半人半神的英雄的诞生。如酒神狄奥尼索斯就是宙斯与人世间的少女塞墨勒的爱情结晶。狄奥尼索斯是个发明家，他发明了葡萄栽培技术以及葡萄酿酒术。有一次他被人绑架了。在船海途中，他使船桅和船舷两侧都长满了葡萄藤，上面果实累累，并且使船上酒香四溢，从而使众水手闻得昏昏沉沉的，都掉到大海之中淹死了。由此他重新获得自由并赢得"酒神"的称号。在希腊神话中，酒神狄奥尼索斯和半人半羊的森林之神萨提尔都是沉醉、享乐、自由、放纵的代名词。

在享受生活、享受生命这一方面，中西方是一致的。中国古代的统治者也追求享受。歌舞赏乐方面，有所谓"仙仙徐动何盈盈，玉腕俱凝若云行。佳人举袖辉青蛾，掺掺擢手映鲜罗。状似明月泛云河，体如轻风动流波"（刘铄《白纻曲》）；唐王勃《采莲曲》："桂棹兰桡下长浦，罗裙玉腕摇轻橹。"宋苏轼《谢郡人田贺二生献花》诗："玉腕揎红袖，金樽泻白醅。"清刘献廷《数珠》诗："百人数珠缠玉腕，爱他名唤美人蕉。"吃喝玩乐方面，则有所谓"八珍罗玉俎，九酝湛金觞"（刘端和《初宴东堂应令诗》）；"樽罍溢九酝，水陆罗八珍。果擘洞庭橘，脍切天池鳞"（白居易《轻肥》），"甘其食，美其服"（《老子》）。

古希腊神话中的奥林匹斯众神与中国古代神话中的神人有所不同，中国古代神话，尤其是早期神话中的神人往往是某种精神的象征。如盗窃天帝息壤用以平治洪水的鲧，"居外十三年，过家门不敢入"，最终完成治水大业的禹，为民射日除害的英雄羿，追日的巨人夸父，填海的小鸟精卫，以及被斩断了头颅，而犹"以乳为目，以脐为口"，左手执盾，右手执斧在那里挥舞不息的无名天神刑天，都表现出那种为了达到某种理想，敢于战斗，勇于牺牲，自强不息，舍己为人的博大坚忍的精神，而奥林匹斯山上的众神则不同，他们具有凡人所有的全部特性，有七情六欲，有父母子女，并且他们崇尚和追求感性欢愉，满足于声色口腹之欲。他们争风吃醋，贪婪自私。为了现实的感性欢乐，他们甚至采用武力相互争斗，彼此报复。即如德国哲学家尼采所指出的："谁要是心怀另一种宗教走向奥林匹斯山，竟想在它那里寻找道德的高尚、圣洁、无肉体的空灵，悲天悯人的目光，他就必定怅然失望，立刻掉首而去。这里没有任何东西使人想起苦行、修身和义务；这里只有一种丰满乃至凯旋的生存向我们说话，在这个生存之中，一切存在物不论善恶都被尊崇为神。"

事实上，对奥林匹斯众神生活方式的设计体现了希腊人对享乐主义生活的崇尚与追求。神的生活实际上是"人"现实感性欢愉生活的理想化。这种思想体现在敬神活动中。即在希腊人看来，最佳的敬神方式应是与神同乐，让神饮酒食酒，看美好娇艳的裸体，听悦耳动听的音乐，而不是苦修苦练，吃斋颂经，诚惶诚恐、匍匐在地地祷告祈求。对此古希腊喜剧家阿里斯托芬有生动形象的描述。他给我们展示了一幅酒神节中希腊人与神同乐的画面：在地中海和熙微风的吹拂与明媚阳光的照耀下，一个露天剧场里聚集着一大群人，他们有老有少有男有女，正在狂吃滥饮，载歌载舞，在象征森林之神萨提尔的面具的遮掩下，随心所欲地寻找着自己中意的性伴侣。从这一画面中，我们可以体会到那种在浓郁的酒香与肉香，以及快节奏的音乐和奔放淫荡的舞蹈中希腊人对感性欢愉的沉醉。对此，我们不仅从阿里斯托芬的喜剧中，而且可以从荷马史诗和智者派的对话中，从柏拉图的诗篇和伊壁鸩鲁派的哲学著作中看到对这种场面的描述，并从这种描述中感受到希腊人对现实感性欢愉的追求与向往。

首先，希腊人这种对现实感性生活的热爱是与其地域文化的影响分不开的。所谓地域文化，是指"人"的生存活动与地形、气候、水文、土壤等自然环境的关系，以及在这种关系影响下"人"的生存行为的表现方式，包括特定地理环境中"人"的生活方式、居室、服饰、食物、生活习俗、性格、信仰、价值等。地域文化是形成民族心态的重要条件，因此，19世纪法国史学家、文学批评家丹纳在《艺术哲学》中指出，希腊人的民族心态表现为"开朗的心情，乐生的倾向"。并认为这才是"十足地道的希腊气质，这种气质使人把人生看作行乐"。同时，丹纳还强调指出形成希腊人的这种民族心态的原因主要是地理环境。他认为希腊是一块美丽的地方，濒临地中海，蔚蓝的海水、澄净的天空、清新的空气、柔和的阳光、繁茂的树林，加上花草遍野、牛羊成群，这样优美的环境，置身其中当然容易使“人”心醉神迷、心神舒畅[①]。

其次，希腊人形成这种民族心态还与当时的社会制度有关。古希腊的统治者鼓励公民积极参与各种公共活动。这些活动包括政治、宗教、文化和体育等等在内，引导公民重视现实的感性生活和实践活动，并且不断地举办各种各样的演讲会、运动会、迎神会、戏剧节等等，像过节一样，从而使人民经常沉浸在节日的愉悦气氛之中。

再次，形成这种民族心态还与希腊人的精神禀赋分不开。丹纳认为，希腊人和希伯来人、印度人不一样，他们缺乏一种宗教情绪，他们不陷入对死亡的沉思默想，更不关心来世。希腊人没有读过多少书，他们的思维大多是形象的，他们的哲学作为一种生活方式和现实生活联系密切。受这种思想倾向的影响，希腊人特别看重现实生活。而他们对生活的智慧自然就表现为崇尚对现实生活一切乐趣的享受，而不关心那些虚幻的、不实在的东西。可以说，正是地理环境、社会制度和精神禀赋的作用，使希腊人认为人生是阳光普照下的永远不散的盛筵。因此，他们“以人生为游戏，以人生一切严肃的事为游戏，以宗教与神明为游戏，以政治与国家为游戏，以哲学与真理为游戏”，通过此，以获得现实的感性欢愉，尽情地享受人生。

不过，值得注意的是，尽管希腊人具有享受人生、游戏人生的民族心态，追求与崇尚现实的感性欢愉，但他们并没有由此而走向极端，即走向毫无节制的纵欲主义。希腊人既有热爱人生、享受人生的追求与爱好，但同时在他们的民族意识中我们还能发现那种驾驭人生所需要的清醒的理性精神。因此，从希腊神话中我们既能看到酒神狄奥尼索斯的沉醉，也能看到日神阿波罗的理智和清醒；在希腊戏剧中，我们既能看到那些表现坦率、轻松、有趣的肉体生活的喜剧，也能看到对人生冷峻、短暂、无常的悲剧性描写。可以说，正是由于“开朗的心情，乐生的倾向”与清醒的理性精神相互制约，从而才形成希腊人独特的民族生活习惯。这种生活习惯既反对禁欲主义，同时又绝非纵欲主义。因此，希腊人从不穷奢极欲，从不去追求那些大自然不能提供同时自己也享受不起的东西。他们所乐意享受的是现实生活中大自然的恩赐；他们所有的行动都顺从自己的天性，顺从自然。正如古希腊享乐主义哲学家伊壁鸩鲁所指出

---

① [法]丹纳:《艺术哲学》，傅雷译，人民文学出版社，1963年，第101页。

的，希腊人追求的人生目标乃是"肉体的无痛苦和灵魂的无纷扰"[1]。所以，希腊人的享乐主义被人们认为是温和的，这也体现出希腊人天性的质朴与自然。

希腊人这种注重现实的感性欢愉，顺从"人"的天性，顺从自然的民族心态还与其重自由的民族特征分不开。如希腊的雅典城邦所奉行的就是城邦民主制，掌握城邦最高权力的是公民大会。这个公民大会的成员，按史学家计算，三分之一的雅典公民在一生中都有机会被选入。同时，雅典的执政官和十将军也是由公民选举产生的。在民主制下，公民们有相当充分地从事各种实际活动和思想活动的自由，可以在集会上和各种场合公开发表自己的意见，进行自由辩论。这对形成他们崇尚自由的民族性格有极大的影响，因而，古希腊人曾骄傲地宣称自己是"自由人"。

三

如前所说，中国古代也有崇尚享乐纵欲的，其中最为突出的就是魏晋玄学与《列子 · 杨朱》。魏晋时期汉王朝土崩瓦解，豪强并立，战乱不休，君位不稳，民心不安，整个天下动荡不宁。儒家道德被门阀士族势力所"凌迟"，"昔为天下，今为一身"(嵇康《太师箴》)。已有的道德观念被肆意践踏，原有的伦理秩序分崩离析。民生凋敝，生灵涂炭，士大夫文人再也无法按既定的轨道去修身、齐家、治国、平天下。这种情形，其中一部分"人"痛心疾首，心急如焚，于是苦心竭虑地去论证固有的伦理道德的合理性，以期扶正儒道，匡正世风；一部分"人"看到儒家道德的虚妄性，但又找不到出路所在，只好在玄思神想中去寻求精神的慰藉、理想的世界，在酒池狂放中麻醉自己的神经，宣泄自己的不满，以孤傲立世，以清高示"人"；另一部分"人"则颓唐丧志，放浪形骸，求一时之欢，尽当下之乐。于是，在士大夫文人中刮起一股"玄"风，慕《老》《庄》，好《周易》，谈玄论道，玄学应运而生。在这股"玄"风中，有以王弼、郭象为代表的正统派，有以阮籍、嵇康为代表的叛逆派，还有以《列子 · 杨朱》的作者为代表的颓废派。然而，无论是正统派、叛逆派还是颓废派，都有一个共同的主张，就是因任自然，按自然而生活。

同老、庄一样，玄学家把自然与道合而为一，认为自然即道，道即自然。道无形无体、无象无状、无名无称，自然也是如此。何晏说："自然者，道也。

① 《西方伦理学名著选辑》上卷，第216页。

道本无名。”（《无名论》）王弼说：“道者，无之称也。”“寂然无体，不可为象。”（《论语释疑》）“自然者，无称之言，穷极之辞也。”（《老子注》二十五章）又说：“自然，其兆端不可得而见也，其意趣不可得而睹也。”（《老子注》十七章）自然或道包含万物而自身却无一物，玄之又玄，只可意会，不可言传。王弼是把万物统于自然，郭象则把自然分于万物，把自然解释为事物自身所产生的天然本性。他说：“自己而然，则谓之天然；天然耳，非为也，故以天言之。”（《庄子·齐物论注》）天性自在自由，故而天就是自然。而且，万物各有自身的自然，“人”不同于物，贵不同于贱，都是各自所具有的自然所致，更是肯定了“自然”的至高无上的本体地位。自然既然是宇宙的本体，因而万物皆从自然而出。王弼说：“夫物之所以生，功之所以成，必生于无形，由乎无名。无形无名者，万物之宗也。”（《老子微指略例》）阮籍从“天地万物皆自然一体”的观点出发，认为：“天地生于自然，万物生于天地。自然者无外，故天地名焉。天地者有内，故万物生焉。”同时，在他看来，“人”也是从自然中来的：“人生天地之中，体自然之形。身者，阴阳之精气也。性者，五行之正性也。情者，游魂之变欲也。神者，天地之所以驭者也。”（《达庄论》）嵇康也认为：“元气陶铄，众生禀焉。”（《明胆论》）“浩浩太素，阳曜阴凝，二仪陶化，人伦肇兴。”（《太师箴》）郭象也主张“万物皆自然”，万物皆自生，“自然生我，我自然生。”（《庄子·齐物论注》）还主张：“天理自然，岂真人之所为哉？”（同上）

总之，在玄学家看来，物理人伦、情俗道德，莫不生于自然，自然为万物之母。由此，玄学把与“自然”合一、冥于“道”，视为人生的最高境界。膜拜自然，崇尚自然，把有限的生命融入无限的自然，是“人”的共同旨趣。王弼说：“法自然者，在方而法方，在圆而法圆，于自然无违也。”（《老子注》二十五章）若能顺自然而行，“因而不为，顺而不施”，就能“达自然之性，畅万物之情”，成为“圣人”（《老子注》二十九章）。郭象说：“物有自然而理有至极，循而直往，则冥然自合。”又说：“知天之所为，皆自然也。则内放其身而外冥于物，与众玄同，任之而无不至者。”（《庄子·齐物论注》）圣人就是顺应自然的典范，“圣人常游外以弘内，无心以顺有。故虽终日挥形而神气无变，俯仰万机而淡然自若。”（《庄子·大宗师注》）阮籍、嵇康则把顺因自然跃升到“与自然齐光”“并天地而不朽”的至高境界。阮籍的“大人先生”就是一位能够因任自然、与自然相合的理想人物：“夫大人者，乃与造物同体，天地并生，逍遥浮世，与道俱成，变化聚散，不常其形”，“养性延寿，与自然齐光。”（《大人先生传》）嵇康所追求的理想人生是任心自然，无违大道，“顺天和以自然，以道德为师友，玩阴阳之变化，得长生之永久，任自然以托身，并天地而不朽”（《答难养生论》），这实际上是庄子笔下的“真人”“至人”人生态度的生动写照。既然“人”生于自然，顺应自然，自由自在，与自然融合是人生的理想境界，那么随心所欲、因任自然，按自然而生活，就是人生的必然追求。王弼说：“万物以自然为性，故可因而不可为也，可通而不可执也。”（《老子注》二十九章）“天地任自然，无为无造，万物自相治理”，“天地之中，荡然任自然。”（《老子注》五章）郭象把自然、道、天、命合在一起，认为任随自然就是顺天认命。他说：“人之所因者，一也；天之所生也，独化也。人皆以天为父，故昼夜之变，寒暑之节，犹不敢恶，随天安之。况乎卓尔独化，至于玄冥之境，又安得不任之哉？既往之，则死生变化，唯命从之也。”（《庄子·大宗师注》）阮籍则把是否顺应自然看作生死存亡的大事：“顺之者存，逆之者亡，得之者身安，失之者身危。”（《达庄论》）嵇康也说：“夫称君子者，心无措乎是非，而行不违乎道者也。”（《释私论》）强调“任心”“任自然”。

名教与自然的关系是玄学家思考的核心问题。所谓“名教”，实际上就是以儒家思想为基础而建立起来的封建礼教。其内容主要是“三纲”“五常”。在魏晋玄学家看来，既然自然任性是万物的本来面目，自然状态是最理想的状态，那么名教是否合乎自然就成了名教能否存在的本体论依据。如果名教合乎自然，那么其存在就不容否定，任自然就不是脱离名教的恣意妄为；如果名教不合自然，那么名教就丧失了存在的理由，任自然就必须超越名教。这种超越又有两种形式：或者建立新的“名教”作为任自然的道德基础；或者抛弃任何名教只是任自然。所谓正统派、叛逆派、颓废派正是以此而分界的。

王弼就是从“名教出于自然”的前提得出名教合乎自然的结论的，因此，他认为任自然就不能越名教，不能打破尊卑贵贱的差别，也就是要在安名分、守尊卑的前提下去“任”，不能纵情越礼。所以，一方面，王弼不否认“人”的情欲的存在，认为人人都有情欲；另一方面，他又认为不应为情欲所累，不能以情欲害性。他说：“圣人茂于人者神明也，同于人者五情也。神明茂，故能体冲和以通无；五情同，故不能无哀乐以应物。然则圣人之情，应物而无累于物者也。”（何劭《王弼传》）这就是说，在他看来，圣人与凡人的区别不在于有情无情，而在于是否为情所累，而要做到不为情所累，就应使“情近性”，要“性其情”。他说：“不性其情，焉能久行其正，此是情之正也。若心好流荡失真，此是情之邪也。若以情近性，故云性其情。情近性者，何妨是有欲。”（《论语·阳货注》）他所说的“性”，既包含“人”的自然情欲，又包含儒家的礼仪规范，是二者的和谐统一体。这样，王弼就把名教与自然、道德与情俗在“人”的本性中统一起来了，任自然就包含在遵守儒家礼义道德的前提下尽情随欲的内蕴，即他说的“圣人达自然之性，畅万物之情”。

郭象从“万物皆自生”的观点出发，认为名教不是什么圣人所为，而是自然而然地产生的。他说：“天理自然，岂真人之所为哉？”[①]（《庄子·齐物论注》）在他看来，名教就是自然，自然就是名教，二者是同一个东西。所谓任自然也就是任名教。按照名教的原则去生活，就是最符合自然的生活。所谓任名教，按名教去生活，就是任仁义，守本分。他说：“仁义者，人之性也。”（《庄子·天运注》）“仁义自是人之情性，但当任之耳。”（《庄子·骈拇注》）他认为，既然万物皆自生自灭，那么尊卑贵贱也都是由“人”的自然资质所决定的，是不能改变的，“天性所受，各有本分，不可逃，也不可加”（《庄子·养生主注》）。因而，任自然就是各安其位，各尽其性，各足其足，自得其得，这样就没有贵贱之分、尊卑之别，各得逍遥。他说：“物各有性，性各有极，苟足于其性，则虽大鹏无以自贵于小鸟，小鸟无羡于天池，荣愿有余矣。”（《庄子·逍遥游注》）这就是说，物性是各有自己的限量而不可损益的，犹如大鹏与小鸟。大鹏展翅翱翔，扶摇长空；小鸟穿梭于蓬蒿之间，扑腾于草丛之中，都是任其自然，由各自的本性所决定的。如果小鸟安于其位，尽其性能，不羡慕大鹏，就和大鹏一样自得逍遥。“人”也是如此，如果贵不傲贱，贱不羡贵，“羡欲之累绝矣”（同上），贱者一样逍遥。犹如东施，如不羡慕西施之美，就绝无自惭形秽之感，也就不会去效西施之颦了，仍可逍遥自在。总之，在郭象看来，“人”的生死寿夭，贤愚贵贱，是由“人”的“自性”或曰“命”所决定的，如果安于自己的“性”“命”，不违其性，不抗其命，就能逍遥于世了。这就是郭象所说的“适性便逍遥”。在王弼那里，“人”的情欲还占据一块小小的位置，而在郭象这里，“人”的情欲完全消溶于名教（道德）之中，“人”只是名教（道德）的化身。

阮籍、嵇康与王弼、郭象不同，认为名教是伪善之源、祸乱之首，是背离

① （晋）郭象注，（唐）成玄英疏，曹础基、黄兰发点校：《庄子注疏》，北京：中华书局，2011年。

自然之道的，因而竭力抨击名教，高呼“越名教而任自然”。如前所述，阮籍认为“人”及其情欲都生于自然，并且“顺之者存，逆之者亡，得之者身安，失之者身亡”，任自然就毫无疑问地包含要顺应“人”的情欲。嵇康则直接把自然与“人”的情欲联系起来。他说：“夫民之性，好安而恶危，好逸而恶劳。”又说：“人性以从欲为欢”，“从欲则得自然”（《难自然好学论》）。认为只有顺从自己的欲望而生活，才符合“人”的本性。名教压抑“人”的自然天性，妨碍“人”过自然的生活，因此，要任自然就必须越名教。但嵇康并没有从此滑向纵欲主义，而是主张过一种自然简朴的物质生活，把“任自然”与“任心”统一起来。他说：“夫称君子者，心无措乎是非，而行不违乎道者也。何以言之？夫气静神虚者，心不存乎矜尚；体亮心达者，情不系于所欲。矜尚不存乎心，故能越名教而任自然；情不系于所欲，故能审贵贱而通物情。物情顺通，故大道无违；越名任心，故是非无措也。”（《释私论》）“任自然”和“任心”是越名教的两条路径。任自然就是“耕而为食，蚕而为衣，衣食周身，没有嗜欲”，“以名位为赘瘤，资财为尘垢”；任心就是“以大和为至乐”，“以恬淡为至乐”，“混乎与万物并行”（《答难养生论》）。而要任自然、任心，就必须做到“意足”。他说：“世之难得者，非财也，非荣也，患意之不足耳。意足者，虽耦耕甽亩，被褐啜菽，岂不自得。不足者虽养于天下，委以万物，犹未惬。意足者不须外，不足者无外之不须也。无不须，故无往而不乏。无所须，故无适而不足。”意不足者，“外物虽丰，哀亦备矣”；意足者，“虽无钟鼓，乐也具矣”（同上）。从这里也可看出，嵇康所主张的“越名教而任自然”，就是在满足最基本的物质生活的前提下，去追求精神上的愉悦和超越。

但是，阮籍、嵇康等叛逆者又不满足于思想上对名教的否定和精神上对名教的超越，还要从行为上去反叛名教，于是，任自然就变成了狂放不拘、纵情任性，并由此而做出一些惊世骇俗之举。《世说新语·德行》注引王隐《晋书》曰：“魏末阮籍，嗜酒荒放，露头散发，裸袒箕踞。”他还违背“嫂叔不通问”的礼规而与嫂告别，当别人讥讽他时，他傲然出语：“礼岂为我辈设也！”更有甚者，母亲死了，他照样饮酒食肉。嵇康有过之而无不及。他非汤武而薄周孔，以六经为芜秽，以仁义为臭腐，全不把儒家所尊奉的圣人和儒家道德放在眼里。他同阮籍一样，其母死后，照样狂饮不止。阮籍母丧，他扶琴前往吊丧。但是，究其实质而言，他们的越名教，不是不要一切道德，而是反对虚伪的礼教；他们的任自然，也不是去任没有任何道德观念的纯粹动物性的自然，而是包裹着理想和志向的“人”的自然。所以，阮籍和嵇康自己狂放不拘、轻时傲世，但不希望自己的儿子效法模仿，反而告诫他们要懂得人情世故，尽力去按儒家的礼教去为人处世、待人接物。他们二人实是道身而儒魂、外道而内儒。这也就注定他们的性格是悲剧性的，狂放与压抑并存，醉于酒池，哀于心胸，其内心的痛苦非局外人所能想象。《晋书·阮籍传》记载：“时（阮籍）率意独驾，不由径路，车迹所穷，辄恸哭而反。”嵇康内心的苦楚丝毫也不亚于阮籍。他“头面常一月十五日不洗，不大闷痒，不能沐也。每常小便而忍不起，令胞中略转乃起耳”（《与山巨源绝交书》）。其自我压抑之程度可谓深矣。为了抚慰痛苦的心灵，只好以酒为趣，与道（“自然”）为友，以养生为务，以成仙为望。而玄学中的颓废派则完全走上了放浪形骸、纵欲享乐之路，以满足感官快乐为人生的唯一追求。与阮籍、嵇康并称为“竹林七贤”的刘伶，“纵酒放达，或脱衣裸形”，自云“天生刘伶，以酒为名”（《世说新语·任诞》），还专门写了一首《酒德颂》，备赞酒中乐趣，倡导“唯酒为务”，“止则操卮执觚，动则挈榼提壶”，“兀然而醉，恍尔而醒”（《晋书·刘伶传》）。另一“竹林七贤”、阮籍的侄子阮咸“居母丧，纵情越礼”，与诸阮大盆盛酒，“时有群豕来饮其酒，咸直接其上，便共饮之”（《晋书·阮咸传》）。还有名士胡毋辅之、谢鲲散发裸身，闭门酣睡数日。另一名士光逸进门不得，便于户外脱衣露头，伏身于狗洞大叫，辅之开门，光逸入，遂执杯斗酒，不舍昼夜。而在士大夫阶层，甚至流行“散发裸身，对弄婢妾”的糜乱之风。对此，一些士大夫文人大声疾呼：“名教中自有乐地，何必乃尔也！”（《世说新语·德行》）竭力去扶正名教，以匡世风。而《列子·杨朱》的作者却对纵欲享乐之风进行理论论证，建立了中国古代思想史上可谓空前绝后的享乐主义思想。因任自然即遵循其本性天然而生活是“人”的基本生活态度。但是，因任自然是一个极为含混的命题。自然界中的一切物质现象都是因任自然的，都只是以其自身特性顺应周围环境的，“咬定青山不放松”的悬崖孤松是如此，“随波逐流无根性”的湖中浮萍也是如此。但是，“人”就不同了。婴儿固然是任随自然的，其行为完全是本能的自然表现。而婴儿除非夭折，否则他就必然要长大，要成人。而一个成熟的“人”，除了生理的自然（肉体的存在及其冲动）之外，还有心理的自然和伦理的自然。因此，因任自然就存在因任何种自然的问题。犹如饮酒，一个人只有二两的酒量，于是他就只饮二两，过此停杯，这是因任生理之自然；但他有一次碰到一位知己朋友，于是“酒逢知己千杯少”，喝得酩酊大醉，呕吐不止，这是因任心理之自然；而当他遇到长辈时，本有喝酒的欲望，但他觉得在长辈面前不可放肆，因而推脱自己不会饮酒，这是因任伦理之自然。由此可以看出，“人”自身内部的自然常常发生冲突，因任自然而又不致冲突当然是人生美事，但这只是一种理想，在实际生活中总是偏重一方。于是，中国古代就有了郭象的因任伦理之自然、嵇康的因任心理之自然和《列子 · 杨朱》的因任生理之自然。故而，可以说《列子 · 杨朱》所宣扬的享乐纵欲主义是因任自然说的一个必然的产物。“纵欲”是《列子 · 杨朱》论证的主题。杨朱是先秦时期的一位道家、隐士，其核心思想有两个方面：一是“全性保真，不以物累形”（《淮南子 · 汜论训》），与老、庄无二；二是“取为我，拔一毛而利天下，不为也”（《孟子 · 尽心上》）。一句话，“阳生贵己”（《吕氏春秋 · 不仁》）。这是典型的个人主义思想，但不能因此就说杨朱是一个利己主义者。在杨朱看来，“拔一毛而利天下”不屑去为，“拔一毛损天下”也不值得去为，因为无论利也好、损也罢，都是以俗务累形伤身，残性废真。就其根本精神而言，杨朱实是一个与现实无关的“人”。《列子 · 杨朱》的作者却把杨朱变了一个人，变成了一个只顾享乐不顾一切的纵欲之徒。作者实际上是借杨朱之身，附纵欲之魂，系统地阐发了自己所主张与崇尚的纵欲主义思想。所谓“尽一生之欢，穷当年之乐，唯患腹溢而不得恣口之饮，力惫而不得肆情于色”。这便是作者所宣扬的主题。首先，作者为人生做了一个总体扫描。他说：“百年，寿之大齐，得百年者千无一焉。”“人”活百年，是够长寿的了，但这种“人”是很少的。姑且有一个人活了一百岁，那么，这一百岁是如何度过的呢？“孩抱以逮昏老，几居其半矣。夜眠之所弭，昼觉之所遣，又几居其半矣。痛疾哀苦，亡失忧惧，又几居其半矣。”[1]（《列子 · 杨朱篇》）人生的绝大部分时间不是生活在浑然不觉之中，就是生活在痛疾哀苦之中，剩下的一点时间也不能全部用来享受。人生是短暂的，享乐的时光更短暂。人活着是为什么呢？不就是为了享乐！那么，为什么不及时行乐呢？“人之生也奚为哉？奚乐哉？为美厚尔，为声色尔”。然而，纵耳目之欲，耽于酒色，往往伤身损体，不能长寿，这是儒家主张“节欲”、道家倡导“寡欲”以至于“无欲”的共同依据，也是一般人的常识。《列子 · 杨朱》的作者对此则不以为然。他认为，这种养生之道实际上是“害生”“虐生”，因为，“人”若总是为等待明日之乐废今日之乐，一日延至一日，

① 杨伯峻：《列子集释》，北京：中华书局，1991年，第219页。

无限推移，就没有享乐之时。这样，即使活得再久，也是了无乐趣。反之，如果只顾今日之乐，活一天乐一天则时时乐，日日乐，终生乐矣，这才是真正的养生之道。养生之道，就在于“肆之而已，勿壅勿阏”，“恣耳之所欲听，恣目之所欲视，恣鼻之所欲向，恣口之所欲言，恣体之所欲安，恣意之所欲行”。也就是完全地放纵自己，按照机体的本能需要与冲动去行事，这样，“熙熙然以俟死，一日、一月、一年、十年，吾所谓养”。否则，“戚戚然以至久生，百年、千年、万年，非吾所谓养”。苦中长生不若乐中短命。因此，人生在世须尽欢，莫使金樽空对月；死于酒色中，做鬼也风流。世人不敢及时行乐，除了追求“长寿”之外，还因为顾及生前死后的名利富贵。《列子 · 杨朱》说：“生命之不得休息，为四事故，一为寿，二为名，三为位，四为货。有此四者，畏鬼畏人，畏威畏行。”囿于名利富贵，就难以及时行乐。因此，它的作者劝导“人”不要羡慕和追求名利富贵：“丰屋、美服、厚味、姣色，有此四者，何求于外？”只要有供“人”纵欲享乐的东西就够了，还求其他的干什么？！在名利富贵四者之中，《杨朱》的作者特别反对追求名位，认为名位是最害生的，是使“人”不得享乐的桎梏。不除名誉之心，就不能尽一时之欢。这是因为，如果不想在身后背骂名，就得遵守礼义法度，就得小心谨慎、循规蹈矩，就不能恣意肆行；如果想追求一时之名，就得禁一世之乐，求万世流芳，就得终生受苦。可见，求名实在是享乐的最大障碍。《杨朱》的作者说：“凡生之难遇而死之易及，以难遇之生俟易及之死，可孰念哉？而欲尊礼义以夸人，矫情性以招名，吾以此为弗若死矣！”又说：“美厚复不可常餍足，声色不可常玩闻。乃复为刑赏之所禁劝，名法之所进退，遑遑尔竞一时之虚誉，规死后之余荣；偶偶尔慎耳目之观听，惜身意之是非；徒失当年之至乐，不能自肆于一时，重囚累梏，何以异哉？”在《杨朱》的作者看来，那种为明日之名毁今日之欢、为死后之誉废生前之乐的“人”简直是愚不可及，是人世间最大的傻瓜，是根本不懂得生死的真道理的蠢货。为了彻底摧毁“人”追求名位的心理，《杨朱》的作者又提出了“生异死一”的观点。他认为，活人有贤愚贵贱之分，死人则都只是一堆腐骨，身死名灭，哪里还存在什么贤愚贵贱！“万物所异者生也，所同者死也。生则有贤愚贵贱，是所异也；死则有臭腐消灭，是所同也。……十年亦死，百年亦死。仁圣亦死，凶愚亦死。生则尧舜，死则腐骨；生则桀纣，死则腐骨。腐骨一矣，孰知其异？”既然死亡把一切善恶美丑、贤愚贵贱都消灭了，流芳百世也好，遗臭万年也好，不都是一样的嘛！求名有什么价值呢？生前之名不可求，死后之名就更不该求："矜一时之毁誉，以焦苦其神形，要死后数百年中余名，岂足润枯骨？何生之乐哉？"所以，人生只应"且趣当生，奚遑死后"。《杨朱》的作者还指出，名与实是对立的，"名无实，实无名，名者，伪而已矣"，求名就不能享乐，要享乐就不要追求名声。譬如，像历史上公认的尧、舜、禹、周公、孔子这样的大圣人，"生无一日之欢，死有万世之名。……虽称之弗知，虽赏之不知，与株块无以异矣"；而像桀、纣这种世所公认的凶顽，"生有从（纵）欲之欢，死被愚暴之名。……虽毁之不知，虽称之不知，此与株块奚以异矣"。"人"死了，誉也好，毁也好，树碑立传也好，弃尸荒野也好，死人都不知道，有什么区别呢？但是，前一种人劳苦困顿一生，没有一丝的享乐，实在是有名而无实；后一种人不顾一切地追求享乐，虽然身背骂名，但得到了实惠。人生在世，为何要去追求那无实之名呢？

总之，《杨朱》的作者认为，人活一世，只有享乐才实在，只有享乐才是要义，仁义礼智、名利富贵都是虚假的东西，是享乐的桎梏。因此，"人"应该抛开这一切，投身于声色，玩命于酒海，尽情地去寻欢作乐。显然，这是一种赤裸裸的纵欲主义和享乐主义思想。这种纵欲主义和享乐主义思想是魏晋时期门阀士族腐化堕落生活的理论依据。

马克思、恩格斯曾经说过："享乐主义一直只是享有享乐特权的社会知名人士的巧妙说法。……一旦享乐哲学开始妄图具有普遍意义并且宣布自己是整个社会的人生观，它就变成了空话。"[①] 事实正是如此。魏晋时期那些宣扬享乐哲学、尽情享乐的"知名人士"都拥有"丰屋、美服、厚味、姣色"，是属于能够纵欲享乐的阶层。他们为了纵欲享乐，于是就编造出上述这套"巧妙说法"，而这套巧妙说法对生计难以保障的劳苦大众来说，只不过是一套无聊的空话。还应指出的是，这种享乐哲学是同阮籍、嵇康的"越名教而任自然"的那种纵情越礼是根本不同的。他们谈纵情，不是说放纵那种纯粹动物式的冲动，而是让那包裹着人格和理想的情感自然发挥，因而他们的纵情，就看不到动物式的发泄；并且，与其说他们是在纵情，不如说是一种内在的极度压抑。他们说越礼，也不是不要任何伦理道德，而只是反抗不合理的名教，是为了追求他们心目中理想的名教。而纵欲派就不同了，他们因任的是纯粹生理性的自然，表现出与动物冲动无甚差别的种种丑态；他们所追求的是没有任何道德制

---

① 《马克思恩格斯全集》第3卷，第489页。

约的动物式的生活，因而他们就不顾一切道德。因此，纵欲主义是一种沉沦了的玄学，是一种颓废哲学，是任何时代都应加以摒弃的。

四

从以上论述中，我们不难看出，无论是正统派、叛逆派，还是颓废派，中国古代魏晋时期所崇尚的这种享乐主义与古希腊所崇尚的享乐主义是有相似之处的。他们都主张顺从"人"的天性，追求感官快乐，与此同时也反对贪得无厌。所不同的是，《杨朱》作者的这一观点并没有成为中国古代人生美学思想的主流。和希腊以及西方不同，受中国传统文化的宗法人伦制这一基本特点的影响，在现实的感性欢乐的满足方面，中国古代偏重于"节制"。我们知道从周孔开始的中国传统文化的真实基础是宗法等级人伦，因此，在中国古代最重人伦之道。这种人伦之道，从西周起，第一个形态就是"礼"。以周礼开始，历代都讲礼。"礼"把宗法人伦的实质用制度和文化的形式正式规定下来，如一面大网，包罗了政治、经济、道德、文艺、宗教、习俗等等。可以说，在中国古代，一切人与人事都笼罩在礼的规定之中。从周礼开始的"礼文化"，是中国传统文化的一个主要形式。"礼文化"，也就是"礼乐文化"。范文澜先生在《中国通史简编》中指出："礼用以辨异，分别贵贱的等级；礼乐用以求同，缓和上下的矛盾。礼使人尊敬，乐要人享受。……礼有乐作配，礼的作用更增强了。"[①] 中国的"乐"文化始于《诗》。孔子说："《诗》三百，一言以蔽之，曰：思无邪。"（《论语 · 为政》）在这里，辨别正邪的标准还是礼，即宗教人伦。正是基于此，因而孔子提倡"乐而不淫，哀而不伤"（《论语 · 八佾》），主张排斥和禁绝情感色彩过分强烈的郑声。中国传统文学艺术尽管充满缠绵悱恻的哀怨之情、人伦之爱，这种情与爱也是深沉细腻、委婉曲折的，但是这些人伦情爱是否都为"人"的自然情性的自由表现，还是一个值得思考与推敲的问题。可以说，就是这些作品也难得有豪放的激情与无所顾忌的炽烈抗争精神，而总是表现得那么的含蓄凝重、温柔敦厚。并且，即使是心声的流露也表现为一种重重羁绊重负下的无可奈何。先秦作品中，只有《庄子》一类作品能给"人"以天然性情的流露与某种自由想象任意驰骋的感受，但也还是带着一种迫不得已地渴望逃避现实的意味，而仍然不是真实的自由之美。由此可见，这种人伦

① 范文澜：《中国通史简编》（修订本）第一编，北京：人民出版社，1955年，第306页。

情爱也是被扭曲的。之所以如此，其根源就在中国古代人生美学思想的宗法人伦的特性。因为在儒家和中国正统文化看来，“乐”是配礼，为礼治德政服务的，所以礼乐文化可以被简称为“礼”文化。“礼”也就是“中和”，是中庸不走极端，执中而不偏。在人生价值方面，中国文化强调道德主体价值追求的自主性和能动性，“由己”的目的是为己，而不是做样子给别人看。孔子对时人做表面文章的风气极为不满，他慨叹：“古之学者为己，今之学者为人。”（《论语·宪问》）孔子的修养为己论和他重视“人”的生命价值的精神是一致的，“为己”就是要宏大主体精神，张扬主体的精神，张扬主体生命，成就主体人格。思孟学派把孔子的为己论进一步理论化，他们把“人”的道德修养与人性结合起来，提出“万物皆备于我”，从而在理论上使修养者本人成为道德上判断和行动的唯一责任者，对自己的行为处在最后的决定地位。《中庸》认为人格修养的途径是“率性”“修道”，《孟子》则主张通过“尽心”“知性”而“知天”，达到天人合一的境界。宋明理学家对此做了发挥，但无论是理学派还是心学派，都沿着思孟路线强调了主体心情的克制磨炼和涵养自身的重要。他们认为“天地变化，皆吾性之变化”，道德修养就是要与天地合德，与万物同体。因此，他们都强调要反求诸己，尽心养性，一切靠自我修养，不假外求，“只一个主宰严肃，便有涵养工夫”（《朱子语录》卷六十二）。陆九渊、王阳明更为突出心性的自主能动作用，认为“心”即“理”，“若能尽我之心，便与天同”（《陆九渊集》卷三五）。这就把主体的自主性抬升到了空前的地位。荀子则从另一个侧面强调了主体的重要性。他认为，人性本恶，是“不可学”“不可事”的，因而其主张与在道德修养上强调善性扩充的孟子不同，荀子在道德修养上注重恶性的改造、抑制。荀子也把个体看作道德责任的现实承载者，认为节制天生的恶性，“化性起伪”，就要求个体必须有能力对抗来自外界和内心（欲）的一切压力。与孟子强调主体心性的自觉不同，荀子更强调理性的自觉、行为的自觉，即自觉地恪守礼义法度。

由上可知，说中国古代人生美学只重“人”不重己，否定个体价值的观点是没有根据的。中国古代人生美学强调“人”的道德修养，强调社会生活中的伦理秩序，逻辑上就必然要强调道德修养的责任者——个体。孟子所谓“穷则独善其身，达则兼善天下”（《孟子·尽心上》），从“人”与己、社会与个人的关系上也可以理解为：“善天下”即兼济社会、他人，是以“善其身”为前提的；如果天下无道，个人无法顾及他人、社会，那么他就必须退而求其次，即洁身自好，出淤泥而不染以保证自己德性的高洁。换句话说，就是他要全力以赴保住自己，而绝不能不顾自己，盲目地去附炎他人或社会，“同乎流欲，合乎污世”（《孟子·尽心下》），由此也可见儒家对自身价值的重视。然而，我们也不难发现，中国古代人生美学对主体自我的重视并不是以否定他人价值为前提的。相反，在儒家那里，强调主体地位是与重视他人价值相统一的。任一此主体都是彼主体的他人，对此主体的重视实际上与对彼主体的重视分量相当。儒家自我修养（为己）是“近”，自我必须在修养中得到超越，从而成为一个“大我”（“远”）。儒家的修身哲学由此分为两个方面，一方面是上述“为己论”，另一方面又是“爱人论”。“仁”的修养所要达到的就是“爱人”“利人”，行忠恕之道。如王艮所言：“爱身敬身者，必不敢不爱人敬人。”（王艮《心斋王先生全集·语录》）你视他人为草芥，他人必视你为寇仇，所以，若想实现“我之不欲人之加诸我”，首先要做到“吾亦欲无加诸人”（同上）。我们常常讲“敬人者人恒敬人”“人敬我一尺，我敬人一丈”“尊重别人才有自尊”等等，讲的就是重己先重人，要人己并重的意思。重人与重己应是相得益彰的，而不能顾此失彼，偏执一端。只知重人而不知重己，是没有骨气的奴才相，就像《法门寺》中的奴才贾桂一样，别人叫他坐下，他却说自己做奴才站惯了。当然，如只知重己而目中无他人，那么，就走向了另一个极端，这是不知天高地厚、唯我独尊的自大狂，是极端的自我中心主义者。卑躬屈膝的奴才是“人”所共斥的，狂妄自大的人同样为“人”所不齿。只有既重人又重己，不卑不亢，才合乎人我关系的中庸之道，才能感到自身的尊严和价值，才能尊重他人并赢得他人的尊重。

以上我们从人己关系方面阐述了中国古代人生美学中庸价值观的基本思想。当然，这并不是中国古代人生美学的生命存在论的全部，中国古代人生美学的人生价值理论是极为丰富的。但从以上中国古代人生美学生命存在论中最基本的理论中，不难看到其最重要的特征，就是“和为贵”的生命存有论的审美取向。无论是重人还是重己，强调的都是双方相互关系的“度”，重人亦重己，不过分偏重一方，不因重一方而鄙弃、否定另一方，而是把主体行为的自由度和行为的合目的性统一起来，为己利人，从而使看似矛盾的人己双方达到最完美的“和”的境界——宇宙万物的和谐、社会有机体的和谐、人我关系的和谐、个人内心的和谐。所以，从本质上讲，中国古代人生美学的生命存在论是中庸价值观。正是从这种中庸价值观出发，在人生态度方面，中国古代人生美学推崇一种中庸苦乐观。苦乐观是生态环境美学的大问题，它反映了一个人或学派对人生的态度。在如何对待苦乐的问题上，往往能显出各种生态环境美学独特的风格和价值取向。基督教文化声称“人”是带着“原罪”来到这个世界上的，“人”生来就是要受苦、受惩的，“人”生的意义就在于赎清由祖先亚当夏娃造成的先天罪孽，以便向全能的上帝证明自己最终的清白，从而获取死后跨入天国门槛的入场券。“人”生在世就是和痛苦的命运抗争，在无限的痛苦中获取、创造有限的快乐。因而在深受基督教文化影响的西方产生像叔本华那样的悲观主义的生态环境美学是不足为奇的，就连现代西方哲学的存在主义者也认为，人生在世就是没有头绪的畏、烦、痛苦的体验。所以，有人称西方文化是“罪感文化”。佛教也把现实人生看作无边无际的苦海，你所执迷的现实本来是虚幻的，是浮尘，“人”之生就是痛苦的梦。释迦牟尼在这种空虚中见到的尽是生老病死的苦难，所以他劝诫世人放弃现世的享乐，真正的幸福同样被放置在天国，只有行善积德，经受此世的痛苦的磨炼考验，才能享受来世的实在的快乐和幸福。于是裸身喂蚊、舍身饲虎等等便成了佛门弟子修成正果的经典功课。中国传统人生美学则异乎二者而呈现出一片明丽的色彩。林语堂说：“中国思想上最崇高的理想，就是一个不必逃避人类社会和人生，也能够保存原有快乐的本性的人。”“那种叫我们完全逃避人类社会的哲学，终究是拙劣的哲学。”[①] 重视现世，追求此生的幸福，少说或不说来世，是诸子百家的共同特点。就连道教这一真正中国土生土长的宗教，也讲究的是通过修行获得现世生命的永久延续，长生不老，而不是为来世精打细算。在《中国古代思想史论》中，李泽厚指出：“中国的实用理性使人们较少去空想地追求精神的‘天国’；从幻想成仙到求神拜佛，都只是为了现实地保持或追求世间的幸福和快乐。人们经常感伤的倒是‘譬如朝露，去日苦多’，‘他生未卜此生休’，‘又只恐流年暗中偷换’……总之，非常执著于此生此世的现实人生。”[②] 中国古代人生美学思想是否纯粹是实用理性的传统，在此暂且存而不论。仅就李泽厚对中国传统人生美学重视现实人生的论述而言，我们也是深表赞同的。

我们说过，中国古代人生美学思想的生命存有论的审美取向是“和为贵”，一切以适乎中道，既不过激也不固执为准则，追求一种“从心所欲而不逾矩”的自由。在中国古代哲人看来，无论物质生活上如何困顿，一个人如果在精神

① 林语堂著译：《人生小品集》，杭州：浙江文艺出版社，1990年，第25页。

② 李泽厚：《中国古代思想史论》，北京：人民出版社，1986年，第308页。

上达到无滞无碍的中和境界，便是得到了人生至大的乐趣。因而，翻开记载孔子言行的《论语》，我们不难看到其中处处洋溢着生活的乐趣，而中国古代人生美学思想中由孔子创立的儒家思想则充满着积极的乐观主义精神。《论语·雍也》中，孔子对他最心爱的弟子颜回称道不已："一箪食，一瓢饮，在陋巷，人不堪其忧，回也不改其乐！"粗茶淡饭，破屋败室，生活如此清苦，一般人免不了要怨天尤人，自暴自弃，而颜回却能处之泰然，"不改其乐"，一如既往地乐在其中。在孔子看来，这份乐观与超然是最得自己的处世精神实质的，于己心有戚戚焉，因而不由得连连赞叹："贤哉，回也！"孔子自己也说过："饭疏食饮水，曲肱而枕之，乐亦在其中矣。"（《论语·述而》）后世宋明理学家把这种身处贫困之中却保持恬然自得的心境称为"孔颜乐处"。寻求这种快乐，是中国人的"人"的生存态势之一。程颢就说："昔受学于周茂叔（即周敦颐。——引者注），每令寻仲尼、颜子处。"（《遗书》卷二上）这也就是孟子所谓的大丈夫"贫贱不能移"的人格境界。贫贱困苦本身并不能给"人"快乐，所乐的是能够身处其中而心志依然坚定不移，执着于自己的追求而无滞无碍。仅仅安于贫困却胸无大志，那是愚昧无知和不求进取的表现。真正的"君子""大丈夫"虽然生活环境不尽如"人"之意，但却能够超越物质生活的艰辛和困顿，执着于道，不断提升自己的人格精神。这样，内心世界的丰盈完满就足以弥补物质生活上的不足。《论语·卫灵公》记载，孔子师徒绝粮于陈时，子路很恼火地问："君子亦有穷乎？"孔子答道："君子固穷，小人穷斯滥矣。"意即君子执中，当行而行，身处困厄而矢志不移，无怨无悔。而对"小人"来说，富贵贫贱都不能填补心灵的空虚，因而快乐永远与他们无缘。所谓"君子坦荡荡，小人长戚戚"（《论语·述而》）。并且，对于成就理想人格来说，"千锤百炼出深山，烈火焚烧只等闲"，环境的险恶、生活的磨难反而有助于意志的坚定、心性的完善。所以孟子讲："天将降大任于斯人也，必先苦其心志，劳其筋骨，饿其体肤，空乏其身，行拂乱其所为，所以动心忍性，增益其所不难。"（《孟子·告子下》）

当然，中国古代人生美学思想也并不主张刻意追求生活上的贫困，事实上，中国古代哲人也相当重视物质生活的富足。如孔子就曾宣称："富而可求也，虽执鞭之士，吾亦为之。"（《论语·述而》）就是说，要是能够求得富贵的话，即使是干执鞭坠镫的贫贱差事，我也愿意。因此，孔子被围困于陈蔡之野，弟子们怨声载道，孔子犹欣然而笑对颜回说："颜回，你家中如果富有，我愿意到你家去做管家！"（见《史记·孔子世家》）在日常生活中，孔子也十分讲究。他认为，穿衣，夏要有夏衣、冬要有冬装，工工整整，“当暑，袗絺绤，必表而出之。缁衣羔裘，素衣麑裘，黄衣狐裘。亵裘长。短右袂。狐貉之厚以居。去丧，无所不佩。非帷裳，必杀之。羔裘玄冠不以吊”（《论语·乡党》），色彩、内外都要配套，而且“斋，必有明衣，布。必有寝衣，长一身有半”（《论语·乡党》）。“明衣”，斋前沐浴后穿的浴衣。斋戒之时，所穿服饰不同；睡觉则要“有寝衣”，并且“长一身有半”。“斋，必变食，居必迁坐”（《论语·乡党》）。“变食”，指改变平常的饮食。指不饮酒，不吃葱。所谓“食不厌精，脍不厌细。食饐而餲，鱼馁而肉败，不食。色恶，不食。臭恶，不食。失饪，不食。不时，不食。割不正，不食。不得其酱，不食。肉虽多，不使胜食气。唯酒无量，不及乱。沽酒市脯不食。不撤姜食。不多食。祭于公，不宿肉。祭肉不出三日。出三日，不食之矣。食不语，寝不言。虽疏食菜羹，瓜祭，必齐如也”（《论语·乡党》）。这就是说，在孔子看来，吃饭，色香味要俱佳，肉败色恶味不好闻的饭菜不吃，酱油放得过多或过少都不吃，甚至肉割得不方正也不吃，酒肉也必不可少。可见，孔子是很知衣食住行之乐、很会享受生活的“人”。不过，富贵终究是外在于己的。孔子对待富足生活，如同对待贫困生活的态度一样，都是以涵养性情、造化人格为前提和目的的，因此，他特别强调说：“不义而富且贵，于我如浮云。”（《论语·述而》）为富不仁，是要遭到儒家唾弃的。如孟子所指出的，真正的士人君子大丈夫不仅要做到“贫贱不能移”，而且更要做到“富贵不能淫”。同时，就两方面相比较而言，富贵比贫贱更能考验一个人的人格，即所谓“近之而不染者尤洁”（《菜根谭》）。这也就是程颢诗《秋日偶成》中所云：“富贵不淫贫贱乐，男儿到此是豪雄。”（《明道文集》卷一）

显而易见，贫也好，富也罢，都是培养精神境界的外在环境。无论自身处于何境，内心都应有一个持久而伟大的理想和信念，这样，你就可以以乐观向上的情怀面对人生。安于贫富，这是人格修养的基本要求，更高的境界是无论富贵贫贱，都拥有一颗融洽和乐的心。子贡曾问孔子，“贫而无谄，富而无骄”怎么样，孔子回答道：“可也。未若贫而乐，富而礼者也。”（《论语·学而》）“无谄”“无骄”可以说是做到了“正”，但还不算达到了“中”，“贫而乐，富而礼”才合乎中庸之道。《中庸》讲：“君子素其位而行，不愿乎其外。素富贵，行乎富贵；素贫贱，行乎贫贱；素夷狄，行乎夷狄；素患难，行乎患难；君子无入而不自得焉。”“自得”就在于“素其位”，不怨天尤人，不狂妄不狷介，不以物喜，不以物悲，这是一种豁达乐观的人生态度。“自得”也在于“不愿乎其外”，而以性情精神的平和怡然自乐，即《中庸》所谓的“反求诸其身”的自得之乐。孟子认为，“反身而诚，乐莫大焉。”（《孟子·尽心上》）“反身”之乐是对感性生活的超越。有一次，孔子问弟子子路、冉有、曾皙、公西华各自的志向是什么。子路以“千乘之国……加之以师旅”为志向，冉有对以治小国使民富足，公西华则“愿为小相”即当个赞礼先生。孔子听了都不甚满意，这时一直在鼓瑟自娱的曾皙回答说：“莫春者，春服既成。冠者五六人，童子六七人，浴乎沂，风乎舞雩，咏而归。”孔子闻之喟然长叹道：“我赞成曾皙的志向啊！”（《论语·先进》）根据二程的解释，其他三人都不能超脱于外在的功名利禄，不懂得礼义治国的道理，唯有曾皙的特立独行、挥洒自如显示出尧舜气象，故而深得孔子之志。朱熹也表达了类似的看法，认为曾皙言志“不过即其所居之位，乐其日用之常，初无舍己为人之意。而其胸次悠然，直与天地万物上下同流，各得其所之妙，隐然自见于言外。视三子之规规于事为之末者，其气象不侔矣。故夫子叹息而深许之”（《论语集注·先进》）。真正超越了功名利禄、物质环境等感性生活的羁绊，就可以以乐观的态度对“人”对己，以乐观的情怀拥抱世界。“学而时习之，不亦说乎？有朋自远方来，不亦乐乎？人不知而不愠，不亦君子乎？”（《论语·学而》）为远方朋友的到来而欣喜，不因他人的误解而烦恼，是乐观对人；乐于学习，是乐观待己。

与道家“为学日损”的看法相反，中国古代儒家学者认为，要提高品行，必须不断学习。以学习为乐事，是犯不着头悬梁锥刺股的，“知之者不如好之者，好之者不如乐之者”（《论语·雍也》），学习真正入了迷，自然就会“发愤忘食，乐而忘忧”，甚而“不知老之将至”（《论语·述而》），哪里还有困倦疲惫可言呢？通过学习思考修养，“人”的内心世界不断地充实丰富，“人”的品格情操也逐渐臻于仁智之境，从而达到学习的终极目的——成人，即成为真正的人，自觉于道的人。自觉的人是仁人，是智者，是充满快乐的“人”。孔子说：“知者乐水，仁者乐山；知者动，仁者静；知者乐，仁者寿。”（《论语·雍也》）智者能达于理事而周流无碍；就像水性流转无滞一样，智者从容行事，游刃有余，故常乐；仁者笃于义理，执于中道，贫贱不移，富贵不淫，沉静巍峨如山，不忧不惧，故长寿。对仁智之乐，孟子也有自己的表述。他认为“君子有三乐”：第一乐是人伦之乐；第二乐是内心的融洽，“仰不愧于天，俯不怍于人”；第三乐是“得天下英才而教育之”（《孟子·尽心上》）。这其中既有仁之乐，也有智之乐。与西方重感性欢悦不同，中国古代人生美学思想更推崇精神情感方面的愉悦。故而中国人总是以积极乐观的态度面对人生，面对社会，追求一种健全充实的人格，这从他们对音乐的重视中也可以看到。中国古代哲人精神境界的涵养挥发，是与他们对音乐的挚爱分不开的。墨家明确提出“非乐”，道家也认为“五音令人耳聋”，只有儒家却把“乐”作为君子必修的六艺之一，先秦也只有儒家才有系统的正面深入论述音乐的专门著作《礼记·乐记》《荀子·乐论》。孔子对音乐就极有研究，他精通乐理韵律，善于咏唱弹奏。音乐给孔子的生活增添了无穷的乐趣，即使在身处厄境，不见用于卫，拘留在匡，遇险于宋，绝粮于陈蔡以致弟子们都愁眉不展之际，他也能心安情怡，“讲诵弦歌不衰”（《史记·孔子世家》）。孔子还具有很高的音乐鉴赏品位。当他在齐国听到了《韶》乐时，认为《韶》乐尽善尽美，无与伦比，惊叹：“不图为乐之至于斯也！”（《论语·述而》）以至于心醉神迷于《韶》乐，三个多月不知肉的香味。音乐何以如此感人至深？中国人认为，音乐之本“在于人心之感于物”，它能够通顺伦理，调和性情。“君子以钟鼓道志，以琴瑟乐心”（《荀子·乐论》）。乐道心声，乐养心性，“故乐行而志情，礼修而行成，耳目聪明，血气和平，移风易俗，天下皆宁，美善相乐”（《荀子·乐论》）。音乐教化人心，节序人民，与百姓同气，与天地共和，它与礼相配，“乐由中出，礼由外作”（《礼祀·乐记》），内外相谐，增益文明，培植“人”的道德情怀，从而达到天人合一之中庸境界。正因为音乐有这样巨大的德化功用，所以我们就不难理解作为人生美学主流的儒家为什么这样看重、迷恋音乐了。这与墨家、道家执于一端，窒欲苦行或蔑弃礼教，极力排斥否定音乐形成鲜明的对比。难怪林语堂说：“孔子对教育与音乐的看法，其见解、观点是特别现代的。”[①] 对音乐的倾心也强化了儒家的乐观主义精神。

的确，中国古代人生美学思想重视人性修养，追求心性中和以及人伦秩序、天人秩序的中和。进入中和之境，就能刚直不阿、自强不息，积极勇敢乐观地面对人生。中国人执着于现实人生，认认真真做“人”、和和乐乐处世的精神，已经成为中国人的普遍意识，时时刻刻影响着中华民族的人生精神。这种乐观向上的人生情怀孕育了与西方文化和印度文化迥然不同的中国古代人生美学思想，借用李泽厚的话说，她是一种“乐感文化”。对待人生，中国人很

---

① 林语堂：《中国哲人的智慧》，北京：中国广播电视出版社，1991年，第2页。

少有真正彻底的悲观主义。一方面，重实际，黜虚妄；另一方面，又乐观地面对现实，乐观地展望未来。“它要求为生命、生存、生活而积极活动，要求在这活动中保持人际的和谐、‘人’与自然的和谐（与作为环境的外在自然的和谐与作为身体、情欲的内在自然的和谐）。因之，反对放纵欲望，也反对消灭欲望，而要求在现实的世俗生活中取得精神的平宁和幸福亦即‘中庸’，就成为基本要点。这里没有浮士德式的无限追求，而是在此有限中去得到无限；这里不是陀思妥也夫斯基式的痛苦超越，而是在人生快乐中求得超然。这种超越即道德又超道德，是认识又是信仰。它是知与情，亦即信仰、情感与认识的融合统一体。实际上，它乃是一种体用不二、灵肉合一，即具有理性内容又保持感性形式的审美境界，而不是理性与情感二分、体（神）用（现象界）割离、灵肉对立的宗教境界。审美而不是宗教，成为中国哲学的最高目标，审美是积淀着理性的感性，这就是特点所在。”①

五

中国古代人生美学思想重精神享受的特点在感性生活中也有体现。我们知道，感性生活中衣食住行是“人”生存的基本需要。但是，到底如何生存，如何对待“人”的基本的生活需要，受“礼乐”文化的影响，中国古代人生美学思想所推崇的衣食住行是极有审美诉求的。所谓食无求饱，居无求安。常言道：吃在中国。中国饮食文化在世界上可以说是首屈一指的，而饮食文化的发达，关键在于“烹调”的学问。“烹”就是讲做饭时的火候要不过不差；“调”是讲五味的调和要恰到好处；烧饭的大铁锅“鼎”被称为“调和五味之宝器”（《说文解字》）。我们必须指出，这种重火候、讲调和的烹调学，和中国古代人生美学思想的宗法人伦特点以及中庸之道有着密切的联系。儒家饮食之道对中国古代人生美学思想的确产生了很大影响，这一点在孔夫子那里就表现出来了。

中国古代人生美学思想在饮食方面也有不少论述，强调应该有所讲究，该吃什么，不该吃什么，何时吃，怎样吃，特别是祭祀活动。据《论语·乡党》记载，孔子曾经指出：“齐必变食，居必迁坐。”这里所谓的“齐”同“斋”。就是说，祭祀的时候，要斋戒，一定要与平常的饮食不一样，居住的地方也一定要搬移。在饮食方面，要求“食不厌精，脍不厌细。食饐而餲，鱼馁而肉

① 李泽厚：《中国古代思想史论》，北京：人民出版社，1986年，第310页。

败，不食。色恶，不食。臭恶，不食。失饪，不食。不时，不食。割不正，不食。不得其酱，不食。肉虽多，不使胜食气。唯酒无量，不及乱。沽酒市脯不食。不撤姜食。不多食”。在孔子看来，饮食不能随意，饭应该舂得越精越好，肉应该切得越细越好。食精脍细，有利于营养充分吸收。变味变色的食物不能吃，烹饪得火候不佳的食物不要吃，肉切得不方正，酱加得过多或过少也不要吃。肉虽香，但不要吃得过多伤了食气。酒不限量，以不喝醉为佳。从外边买来的酒肉可能不卫生，不要乱吃。另外不要吃得过饱。祭肉也要及时吃掉。吃饭时少说话为佳，纵使粗茶淡饭，也要饮水思源，沐浴干净奉奠祖先。由此，我们不难看出，孔子很注重饮食的中庸适度原则。饭菜酒肉，除了要合乎礼之外，还要卫生合理，色香味的搭配也要恰到好处。即使在今天看来，孔子的许多饮食之道也是符合科学饮食的要求的。

饮食之道也是中国古代人生美学思想的重要内容。方孝孺说：“养身莫先于饮食。”（《杂诫》）饮食适度得当，可以保持和促进身体健康，使身心愉悦，反之，则有损于身体。拿饮食的量来说，“食无过饱”，吃饭八分饱最好。长期过分少食不行，每顿吃十二分饱也没好处。“凡食之道，大充，伤而形不臧；大摄，骨枯而血冱。充摄之间，此谓和成。精之所舍，而知之所生。饥饱之失度，乃为之图。饱则疾动，饥则广思”（《管子·内业》）。“大充”就是过饱，“大摄”就是过饥，过饱过饥都有伤身体，饥饱适度，才是最好的状态，即“和成”。这段出自《管子》的话和儒家的中庸原则如出一辙。饮食除适度外，还要有“时”。如春秋气候温和，宜吃温和的食物；夏季炎热，多吃些清凉的食物；冬天寒冷，则宜多吃点热性食物。另外，酸甜苦辣咸淡都不能过火，色香味的搭配、调和也要恰到好处。

中国古代人生美学思想中也很重视饮食疗法。中国人常说，药补不如食补。许多中医典籍对各种食物的药理功效都有论述，像百合可以润肺，山药可以补脾，猪肾可以补肾，绿豆清热解毒，而感冒畏寒，一碗姜汤即可奏效。《内经》中说：“五谷为养，五果为助，五畜为益，五菜为充”，充分地利用自然之物，是中医最大的特色。而中医注重饮食结构，是为了使“人”体内阴阳谐和、寒热适度。阳过则济之以阴，阴过则假之以阳，如此取长补短，使阴阳寒热无过无不及，保持人体的“中和”状态。这与儒家的中庸精神又是完全一致的。

现代医学的科学分析则表明，人体内的酸碱度要保持平衡调和，而酸碱的适度又是与饮食密切相关的。食物根据其化学成分，可分为酸碱两类，酸类包括肉、蛋、豆类等，碱类包括蔬菜、水果等等。因而，鸡鸭鱼肉青菜萝卜都是人体所必需的，切不可偏食。肉蛋奶摄入过多会导致体内酸性物质增多，而素食主义者也会导致体内碱性物质增多，酸碱失调，身体就会出现种种不适。看来，所谓“醲肥辛甘非真味，真味只是淡”“爽口之味，皆烂肠腐骨之药，只五分便无殃”[①]都是有益于人体健康的经验之谈。从传统医学和现代医学以及许许多多的经验事实中，我们不难发现中国人以“中庸”为原则的饮食之道的现代意义。如果能够依乎“中庸”的原则，饭量适度，既不过饥也不过饱，一日三顿按时进餐，不暴饮暴食，一年四季因时而异地调整各类食物的搭配比例，同时不要为求“爽口”而偏食，使体内的阴阳寒热酸碱保持谐和，那么你自然不会再与苗条霜、减肥茶或形形色色的所谓滋补药品打交道了。可见，在日常饮食生活中坚持中庸之道，确实是养生健体的最佳选择。

在“人”的日常生活方面，中国古代人生美学思想非常重视衣饰之道，这和中庸之道的影响分不开。中国哲人认为，饮食是为了健体，衣饰则是为了“文”体。儒家认为，为人在世，不仅要重视体格的强健，而且要注意仪表仪态。他们认为，衣饰对“人”起着“文饰”的作用，属于“礼”的范畴，像《礼记》中的《檀弓》《玉藻》《表记》《礼器》《礼运》等许多篇章中都对服饰之礼有所论述。服饰事实上成了宗法人伦和人格情操的文化符号。中国古代人生美学思想对衣饰之道也是很有讲究的，什么人该穿什么衣服，什么时候穿什么衣服，都有章法。像魏晋玄学家们那样放浪形骸、衣衫不整甚至裸至赤身，万万使不得，因为那太有失彬彬君子风度。“君子服其服，则文以君子之容……是故君子耻服其服而无其容”（《礼记·表记》）。君子就应该穿符合君子身份、显示君子风貌的衣服，否则君子是以之为耻的。按“人”的身份地位来说，“君衣狐白裘……士不衣狐白。君子狐青裘……锦衣狐裘，诸侯之服也”（《礼记·玉藻》）；服饰方面，有“以文为贵”的规定：“天子龙衮，诸侯黼，大夫黻，士玄衣裳。天子之冕，朱绿藻十有二旒，诸侯九，上大夫七，下大夫五，士三。”有“以素为贵”的要求：“至敬无文，父党无容，大圭不琢，大羹不和；大路素而越席，牺尊疏布鼏，椫杓。”（《礼祀·礼器》）。君王、诸侯、士人各服其服，才能显示美的风范，否则便是僭越礼教，大逆不道。

按照“礼”的规定，穿衣要讲究“时”。“莫春者，春服既成”（《论语·先

① 《菜根谭》白话注译本，西安：华岳文艺出版社，1989年，第5页、第65页。

进》)。暮春时节，要穿春服；并且服饰的颜色也有规定，“君子不以绀緅饰，红紫不以为亵服”。这就是说，孔子认为，作为君子，不能采用深青透红或黑中透红的布镶边，不能以红色或紫色的布做平常在家穿的衣服。夏天穿粗的或细的葛布单衣，但一定要套在内衣外面。黑色的羔羊皮袍，配黑色的罩衣。白色的鹿皮袍，配白色的罩衣。黄色的狐皮袍，配黄色的罩衣。服饰的样式、长短都有定制，“亵裘长，短右袂”。平常在家穿的皮袍做得长一些，右边的袖子短一些。服饰的料材、不同场所的着装，以及装饰品等等，都有规定，“狐貉之厚以居。去丧，无所不佩。非帷裳，必杀之。羔裘玄冠不以吊。吉月，必服而朝。”(《论语·乡党》)用狐貉的厚毛皮做坐垫。丧服期满，脱下丧服后，便佩戴上各种各样的装饰品。如果不是礼服，一定要加以剪裁。去吊丧，不能够穿着黑色的羔羊皮袍和戴着黑色的帽子。每月初一朝拜君主，一定要穿着礼服去。所谓“吊则裘，不尽饰也”(《礼记·玉藻》)。春有春服，夏有暑衣，秋冬有秋冬之装，上朝有朝服，睡觉有寝衣，凭吊穿裘，服丧着孝，既合乎礼仪也合乎情理。换过来，夏穿棉袄冬穿纱，上班着睡衣，吊丧披红戴绿，不仅自己不舒服，也有违礼度，有碍观瞻，不合美的标准。

同时，穿着的颜色及佩戴的饰物也要搭配协调、合规符度。所谓“君子不以绀緅饰，红紫不以为亵服”(《论语·乡党》)。君子一般不用青绛色为领饰，家居时也不穿红紫色的衣服。“缁衣羔裘，素衣麑裘，黄衣狐裘”，黑羔羊皮袍子配黑面子，白羊皮袍子配白面子，而狐皮则配黄面子，即使用现代的眼光来看，我们也不能不承认孔子对衣裳颜色的和谐搭配很内行。“君子无故玉不离身，君子于玉比德焉”(《礼记·玉藻》)。君子佩戴玉器，行走动静之间，玉器相撞，发出悦耳动听的声音。所以，君子通常是玉器不离身，中规中矩，以表明自己玉洁冰清的品德。

通过此，我们可以发现，中国古代人生美学思想的服饰之道既有美的要求，也有德的要求。比较而言，后者更重要，能够表现君子品格精神的服饰，才是尽美尽善的。因此，《周易》把文饰看成“人文”的表现。请看《周易·贲卦》的卦辞：“初九：贲其趾，舍车而徒。”“六二：贲其须。”“九三：贲如濡如，永贞吉。”“六四：贲如皤如，白马翰如，匪寇，婚媾。”“六五：贲于丘园，束帛戋戋，吝，终吉。”“上九：白贲，无咎。”“贲”是“文饰”的意思，这里描绘了一个盛大的婚嫁场面。修饰足趾，意思是穿上漂亮的鞋子。胡须对古代男人来说，自然也是仪表美的标志，通过修饰要足以显示出温文尔雅的君子风范

（“贲如濡如”）。婚嫁的文饰更是大事情，不仅要使新娘花枝招展，新郎气宇轩昂，就是庭院车仗马匹，也要显出喜庆辉煌的气氛，这样整个场面才和谐。

但是，这一切都是有“度”的，即文质要相符，“质胜文则野，文胜质则史。文质彬彬，然后君子”（《论语 · 雍也》）。反之，“中不胜貌，耻也；华而不实，耻也”（《国语 · 晋语》）。由于对德行的重视，儒家并不鼓励刻意地去追求过分的外在装饰，中国人最瞧不起的就是“绣花枕头”式的“人”，“衣锦尚褧，恶其文太著也”（《中庸》）。衣服不论质地如何，整齐干净、合乎礼节就可以显示你的风采。子路不以穿着不好而在衣饰华贵者面前自惭形秽，孔子就十分赞赏：“衣敝缊袍，与衣狐貉者立，而不耻者，其由也与？”（《论语 · 子罕》）孔子自己也表示：“麻冕，礼也；今也纯俭。吾从众。”（《论语 · 子罕》）正是在儒家独具中庸特色的服饰之道影响下，形成了中国古代人生美学思想中以追求中和、重视文质相符为特色的传统服饰文化。如前所述，儒家把服饰的功能称为“文”，“文”就在于遮蔽打扮人体。中国人向来不欣赏西方那样的赤身裸体，也不喜欢服饰太直露，有伤风雅，或者奢华炫媚，刺人眼神。而是主张端庄素雅，含蓄恬淡。从古代人物画中的衣服形制我们也可以看到，传统服饰宽松可意，线条柔美明畅，色彩谐和宜人，清丽雅致，洒脱自如。穿在身上，使人觉得既超凡飘逸，又很具有生活情趣，可谓严整清雅形于外，潇洒风流得于中，充分展现了中华民族崇尚典雅平和、含蓄自然、德形相得的美感情怀。

生活起居之道是指“人”的日常生活行为方式。作为人生美学的一种具体体现，中国人的生活起居之道也不例外，具有浓郁的中庸色彩。中国人认为，生活起居务必合乎礼仪。“人”应该站有站相，坐有坐相，吃饭睡觉也要有吃饭睡觉的样子。孔子本人就是在生活起居中守礼守节的典范，他“席不正，不坐”；“寝不尸，居不容”。登车马时，“必正立执绥”，保持心体的中正。进入车中，“不内顾，不疾言，不亲指”（均见《论语 · 乡党》），不环顾左右，不大声喧哗或指手画脚。（《礼记》）也要求坐在车中时“顾不过毂”，这就是“礼”所规定的“度”。日常生活起居中要做到守礼合度，关键还在于“居处恭”（《论语 · 子路》），时刻怀着恭敬之心。否则，心狂气傲，表现在行为上便是不顾礼节，对人简慢，颐指气使；而自卑怯弱的人又过分谨小慎微，卑微有余，亢尊不足，行动同样没有君子风度。

中国古代人生美学思想对服丧期间的起居生活之礼更为关注，主张实行三年期的守丧制度，以报答父母对自己的养育之恩。居丧期间，生活起居一切从俭，“齐衰，苴杖，居庐，食粥，席薪，枕块，是君子之所以为悍诡其所哀痛之文也”（《荀子·礼论》）。身穿丧服，手持柴杖，住茅草搭的便棚，喝稀粥，睡在草铺上，枕着石块，以表示自己的哀痛、追悼之情。中国古代人生美学思想把生活起居看作修身养性、审美爱美的一条途径。朱柏庐《治家格言》云：“黎明即起，洒扫庭除，要内外整洁。即昏便息，关锁门户，必亲自检点。一粥一饭，当思来处不易；半丝半缕，恒念物力维艰。”这就是教诲子女在普通不过的日常起居生活中培养恪己、肃整、俭约、正直、和睦的生活态度。生活起居，往往是纯个人的生活。在这个时候，由于缺少了社会的约束，“人”往往懈怠随便，礼节规矩被置之脑后。所以，中国古代哲人强调指出“人”一定要“慎独”，即在独处的情况下要更加谨慎，经常省察自己。

中国古代人生美学思想还主张生活起居应当合理，别过分追求奢侈豪华的生活方式。“士而怀居，不足以为士矣”（《论语·宪问》）。脑满肠肥，食甘餍足，纵情于声色犬马之中而无所用心，是中国人最忌讳的。孔子说：“奢则不逊。”（《论语·述而》）以奢侈豪华为荣，必然狂傲不逊，而“以约失之者鲜矣”（《论语·里仁》），因俭朴、约制而犯过失的就不多见。“士志于道，而耻衣恶食者，未足与议也”（同上）。志与道是人生的正确道路，以衣衫破败食物粗疏为耻辱的“人”，是不值得推心置腹的。然而，中国人也并不喜欢苦行僧式的生活，“若一味敛束清苦，是有秋杀无春生，何以发育万物”（《菜根谭》）。如果一味地克制自己，像苦行僧那样吃不饱，睡不稳，整天劳作不休，“以自苦为极”（《庄子·天下》，就令“人”感到暮气沉沉毫无生气，如同大自然只有肃杀的秋天而没有和煦的春季，万物如何生长呢？中国人执中而行，追求一种“淡而不厌，简而文，温而理”（《中庸》）的合理洽人适意的生活方式，“故君子居常嗜好，不可太浓艳，亦不宜太枯寂”（《菜根谭》），日常生活喜好，不可过分奢侈铺张，也不必过分枯燥寂寞，简朴、温和中带着几分情趣，适中宜人是最佳的生活方式。正如清代张英所强调指出的，生活起居应按《中庸》的要求：“人之居家立身，最不可好奇。一部《中庸》，本是极平淡，却是极神奇。人能于伦常无缺，起居动作，治家节用，待人接物，事事合于矩度，无有乖张，便是圣贤路上人，岂不是至奇？！”[①]这些都是中西方人生美学在“放任”与“节制”问题上差异之所在。

---

① 张英：《聪训斋语》卷二。参见《中国传统人生哲学》，北京：中国工人出版社，1996年。

第二章　审美心境差别：内在性精神分析

应该说，“情”与“理”的矛盾是伴随着人的生成而产生的。人既来源于动物，同时又不同于动物。动物的生存只遵循两大法则，即本能与强力。为了求得生存与繁衍，必须依靠本能去寻找食物与求得配偶，并且依靠强力以解决冲突。因此，对动物而言，是无“理”可言的。换言之，就是说动物是不讲“理”的。人既然是从动物演化而来，是对动物的扬弃，因此，人为了生存也摆脱不了本能与强力这两大法则的作用，人为了自身的生存与繁衍，离不开本能与强力的作用，如黑格尔就强调指出，人是一种精神的存在，自我意识是人的存在的前提和标志，而“自我意识首先就是欲望”，“欲望的对象就是生命”，肯定并指出欲望是人的一种存在形式。但与此同时，人之为人，除了“食色”的欲求以外，还有其社会性的一面。因为人为了保证自身的生存，还必须接受“理”的制约。人具有本能需要，但同时人又要受“理”的制约，这样就产生了“情”与“理”，也即“欲”与“理”的矛盾。如何克服这一矛盾，中西方人生美学在其人生观上是有所不同的。

一

在中国古代人生美学思想中，苦与乐都属于“情”的范围。如荀子就曾在《荀子·正名》中对“情”的范围做过一个界定：“好恶喜怒哀乐谓之情。”“欲”也是一种情。《礼记·礼运》云：“何为人情、喜、怒、哀、乐、惧、恶、爱、欲，诸弗学而能。”就认为欲是七情之一。中国古代儒家哲人认为欲与理都是人生存所必不可少的，因此主张欲与理两者应该兼顾。孔子说：“富与贵，是人之所欲也；不以其道得之，不处也；贫与贱，是人之所恶也；不以其道去之，不去也。”（《论语·里仁》）在他看来，对财富与地位的追求与崇尚肯定存在欲望满足与否的作用。但这不是问题所在，关键是“得之”是否符合道德伦理规范；贫困与卑贱是“人”所不愿意的、憎恨的。但问题的关键还不是要不要厌恶“贫与贱”，而在于“去之”是否合乎“道”。换言之，君子与小人的区别并不在于求不求荣华富贵，而在于求之是否合于“道”。故而，孔子宣称自己在欲与理的问题上所持的态度是“富而可求也，虽执鞭之士，吾亦为之。如不可求，从吾所好”（《论语·述而》）。这也就是说，孔子的人生态度是财富多一些没关系，但在获得财富的途径上应遵守“道”的规定。所谓“君子爱财，取之有道”。孔子之所以主张君子“谋道不谋食”“忧道不忧贫”，其中一个重要原因就是孔子坚信“谋道”不会贫，基于学而优则仕、仕则得俸禄的信念：“耕也，馁在其中矣；学也，禄在其中矣。”（《论语·卫灵公》）

对于社会治理问题，孔子则主张对百姓应先让其富起来而后再进行教育。所谓“‘既庶矣，又何加焉？’曰：‘富之’；‘既富矣，又何加焉？’曰：‘教之’”（《子路》）。先让其富裕起来然后再教育之的教化治世思想是中国古代人生美学思想的传统观点。孟子认为“人”之为“人”的依据在于“人”具备仁义礼智四项善端。欲和利在人生中的地位在他这里较之孔子有所下降，但他也不否认欲是“人”的一种存在形式，认为口色声味、名利富贵都是人所欲求的。他说：“口之于味也，有同嗜焉；耳之于声也，有同听焉；目之于色也，有同美焉。”（《孟子·告子上》）又说：“天下之士悦之，人之所欲。”“好色，人之所欲。”“富，人之所欲。”“贵，人之所欲。”（《万章上》）“欲贵者，人之同心也。”（《告子上》）他还从政治哲学的角度，出于其行仁政、建王道的主张，肯定人欲的满足，主张富民。他说：“有恒产者有恒心，无恒产者无恒心。”（《滕文公上》）又说：“是故明君制民之产，必使仰足以事父母，俯足以畜妻子，乐岁终身饱，凶年免于死亡；然而驱而之善。”（《梁惠王上》）在他看来，只有解决了老百姓的温饱问题，免除其生存危机，使其能够养活妻儿老小，才能对他们进行教化，使他们趋善避恶。如果“民之产，仰不足以事父母，俯不足以畜妻子，乐岁终身苦，凶年不免于死亡”（同上），每个人竭尽全力去救自家性命都来不及，哪有什么闲工夫学习礼仪呢？

在中国古代人生美学思想家中最重视人的欲望的是荀子。他充分肯定了欲望在人生中的地位。在他看来，欲望是人一生下来就有的本能。他说："人生而有欲。"（《荀子·礼论》）又说："饥而欲食，寒而欲暖，劳而欲息，好利而恶害，是人之所生而有也，是无待而然者也。"（同上，《荣辱》）他认为，"人"不仅追求生存欲望的满足，而且追求享受欲望的满足及追求至富、至贵、至名，"夫贵为天子，富有天下，名为圣王，兼制人，人莫得而制也，是人情之所同欲也。……重色而衣之，重味而食之，重财物而制之，合天下而君之；饮食甚厚，声乐甚大，台榭甚高，园囿甚广，臣使诸侯，一天下，是又人情之所同欲也……故人之情，口好味而臭味莫美焉，耳好声而声乐莫大焉，目好色而文章致繁，妇女莫众焉，形体好佚而安重闲静莫愉焉，心好利而谷禄莫厚焉；合天下之所同愿兼而有之，皋牢天下而制之若制子孙，人苟不狂惑憨陋者，其谁能睹是而不乐也哉！"（《王霸》）所以他又认为，"不餍足"是人的本性，"人之情，食欲有刍豢，衣欲有文绣，行欲有舆马，又欲夫余财蓄积之富也，然而穷年累世不知足，是人之情也。"（《荣辱》）同时，他认为，欲望直接关系到"人"的生死存亡。因此，他指出："有欲无欲，异类也，生死也，非治乱也。欲之多寡，异类也，情之数也，非治乱也。"（《正名》）"人之所欲，生甚矣；人之所恶，死甚矣。"（同上）因而他既反对孟子的寡欲说，更反对无欲说，而主张足欲。并且，他还强调指出，理与欲是人生都不可缺少的，"义与利者，人之所两有也，虽尧舜不能去民之欲利，然而能使其欲利不克其好义也。虽桀纣亦不能去民之好义，然而能使其好义不胜其欲利也。"（《大略》）主张理与欲、义与利不应相克，而应相生。相生之道就是以理异欲，以礼养情，就是统一于理或礼。他指出："人一之于礼义，则两得之矣；一之于情性，则两丧之于矣。故儒者将使人两得之者也。"（《礼论》）竭力使理欲两得，的确是中国古代人生美学思想的精神。

到汉代，董仲舒认为："正其谊（义）不谋其利，明其道不计其功。"（《汉书·董仲舒传》）他竭力发挥孟子"唯义所在"的思想，但他也认为义与利都是人生不可缺少的。他说："天之生人也，使之生义与利。利以养其体，义以养其心。心不得义不能乐，体不得利不能安。"（《春秋繁露·身之养重于义》）又说："天两有阴阳之施，身亦两有贪仁之性；天有阴阳禁，身有情欲栣（节制），与天道一也。"（《春秋繁露·深察名号》）贪欲与仁德同是人的本性，只是人应该崇仁德、节情欲。而王充则发挥了《管子》一书中的"仓廪实，而知礼节；衣食足，而知荣辱”的思想，认为“礼义之行在谷足”，只有在满足衣食等基本需要的前提下，才谈得上礼义。他说：“让生于有余，争起于不足。谷足食多，礼义之心生……故饥岁之春，不（与）食亲戚；穰岁之秋，召及四邻。不食亲戚，恶行也；召及四邻，善义也。为善恶之行，不在人质性，在于岁之饥穰。由此言之，礼义之行，在谷足也。”（《论衡·治期》）求生是人的本能，如果自身难保，就谈不上行礼践义了。因此，荀子不同意孔子“去食存信”（参阅《论语·颜渊》）的思想。他说：“孔子教子贡去食存信，如何？大去信存食，虽不欲信，信自生矣；去食存信，虽欲为信，信不立矣。”（《论衡·问孔》）他认为，食不果腹，“以子为食”（同上），何“信”之有？而能饱食暖衣，也就不会去施恶于人了，“信”自然而立。同时，他也不赞成“弃礼义求饮食”（《论衡·非韩》），而是既主张“足食”又主张“养德”。魏晋以降，历经宋朝，直至明初，思想界深受老、庄思想（如玄学）和佛教思想的影响（如程朱理学和陆王心学），大力倡导“无欲”“窒欲”“灭人欲”“理”论膨胀，“欲”论萎缩，但他们仍然认为基本的生存需要是人所不可缺少的，肯定了追求“饮食男女”的合理性。只是由于他们把人欲压迫得过甚，致使其思想与道、佛相差无几。

明清之际的思想家如李贽、王夫之、颜元、戴震等人，极力反对理学家和心理学“灭人欲”的思想，重新肯定“欲”在人生中的地位。

第一，他们从人性的角度肯定欲望是人性的一部分。李贽认为人性就是“人心”，这个“心”并不是王明阳所说的“纯乎天理而无人欲之杂”的纯粹精神，而就是“私心”。“夫私者，人之心也。人必有私，而后其心乃见；若无私，则无心矣”（《藏书·德业儒臣后论》）。这就是说，所谓“私心”就趋利避害之心，“趋利避害，人人同心。”（《焚书·答邓明府》）也即所谓“势利之心”，“虽大圣人不能无势利之心。则知势利之心亦吾人秉赋自然矣。”（《明灯道古录》上）黄宗羲也说：“有生之初，人各自私也，人各自利也。”（《明夷待访录·原君》）他认为，这是“天下之情”，即使是圣人也不例外。王夫之说：“饮食男女之欲，人之大共也。”“货色之好，性之情也。”（《诗广传》卷三）颜元说：“人为万物之灵，而独无情乎！故男女者，人之大欲也，亦人之真情至性也。”[①]（《存人编》卷一）把男女性爱看作人的“真情至性”，实乃千古绝唱。

① （清）颜元：《习斋四存编》，上海：上海古籍出版社，2000年。

戴震认为“性之实体”是“血气心知”[①]（《孟子字义疏证》卷中），而“血气心知”之性的实质内容就是欲、情、知。“人生而后有欲，有情，有知，三者，血气心知之自然也。”（《孟子字义疏证》卷下）情欲为人的本性所有。

第二，他们高度肯定情欲在人生中的作用。一方面，没有情欲，就没有生命。李贽说：“富贵利达，所以厚吾天生之五官，其势然也。”（《焚书·答耿中丞》）戴震说：“凡出于欲，无非以生以养之事。”（《孟子字义疏证》卷上）又说：“人之生也，莫病于无以遂其生。”（同上）另一方面，情欲是人生的最初推动力。李贽认为，人所有的作为都服从于私欲的推动，他说：“农无心，则田必芜；工无心，则器必窳；学者无心，则学必废。”反之则不然，“服田者私有秋之获，而后治田必力；居家者私积仓之获，而后治家必力；为学者私进取之获，而后举业之治必力”。人之所以愿意做官，也是出于对利益的考虑，如果只有官而没有俸禄，那么就没有人想做官，“官人而不私以禄，则虽召之，必不来矣”，“此自然之理”也（《藏书·德业儒臣后论》）。戴震也认为情欲是作用于人生事业的最初推动力。他指出：“凡事为皆有于欲，无欲则无为也；有欲而后有为。”（《孟子字义疏证》卷上）又指出：“生养之道，存乎欲者也；感通之道，存乎情者也；二者自然之符，天下之事举矣。”（《原善》）明确地把情欲看作人生的最初推动力，是李贽和戴震的理论创见。在他们之前，儒家学者大都把追求至善视为人生的根本动力。

第三，他们认为，理离不开欲，理源于欲、存乎于欲，理不能害欲。如李贽就认为：“穿衣吃饭，即是人伦物理；除却穿衣吃饭，无伦物也。”（《焚书·答邓石阳》）黄宗羲则进一步认为：“人心本无所谓天理，天理正从人欲中见，欲恰到好处，即天理也。向无人欲，则亦无天理之可言也。”（《南雷集·与陈乾初论学中》）王夫之和戴震不仅指出“私欲之中，天理所寓”（《四书训义》卷二十六）、“理者存乎欲者也”（《孟子字义疏证》卷上），而且指出“理”不通在欲。王夫之说：“害人欲者，则终非天理之极至也。”（《读四书大全说·孟子》）戴震说：“道德之盛，使人之欲无不遂，人之情无不达，斯已矣。”（《孟子字义疏证》卷下）正是据此观点，所以，他斥责宋代儒生是“以理杀人”。

---

① （清）戴震：《孟子字义疏证》，北京：中华书局，1961年。

二

在中国古代哲人看来，人的欲望主要可从三个大的方面来进行分类：一是从欲望的对象和范围进行划分，其主要目的是想通过此以把握“人”究竟有多少欲望。这是基于对欲望的事实性分析而做的客观性把握。二是在此基础上对“人”的欲望进行高低层次的划分。这种划分既包含事实分析，又包括价值判断，其目的是想通过此以展示欲望的价值等级。三是从价值判断的角度对“人”的欲望进行善恶区别，其目的是想通过此以具体回答“人”应该追求哪些欲望，应该放弃或灭除哪些欲望。

儒家哲人用食、色、暖、息来描述人的生存欲望。告子说：“食色，性也。”孟子说：“好色，人之所欲也。”（《孟子 · 万章上》）荀子说：“饥而欲食，寒而欲暖，劳而欲息，好利恶害，是人之所生而有也。”（《荀子 · 非相》）《礼记 · 礼运》云：“饮食男女，人之大欲存焉。”事实上，在对人的生存欲望这一问题的思考上中国古代各派哲人基本上是取得了共识的。道家主张“无欲”，并不是说不要任何欲望，而是要摒弃生存欲望之外的欲望，劝导人不要执着于生存欲望。老子说“圣人为腹不为目”（《老子》十二章），“是以圣人之治，虚其心，实其腹，弱其志，强其骨，常使民无知无欲”（《老子》三章）。“为腹不为目”“虚心、实腹、弱志、强骨”都是讲只求生存欲望的满足，并且不刻意追求其满足，这就是“无欲”了。佛教也是如此。佛教讲禁欲，也不是禁绝一切欲望，而是要人灭除对欲望的执着。如禅宗六祖惠能就认为“迷即俗，悟即佛”，能否成佛在于迷悟，不在于有欲无欲。所以，他指出：“若只百物不思，念尽除却，一念绝即死，虽处受生，是为大错。”（《六祖坛经 · 坐禅品第五》）他还强调指出：“淫性本是净性因，除淫即是净性身。”（《六祖坛经 · 付嘱品第十》）就其基本观念来看，他提倡“无欲”只是劝导人不要因“贪、嗔、痴”而迷失自己的本性，而并不是禁绝一切欲望。总之，在中国古代各派哲人看来，生存欲望的满足仍是必需的。

儒家哲人用声、色、嗅、时、安逸来描述人的享受欲望。孔子说：“食不厌精，脍不厌细。”（《论语 · 乡党》）孟子说：“口之于味也，目之于色也，耳之于声也，鼻之于臭也，四肢之于安佚也，性也。”（《孟子 · 尽心下》）这里的“味”是指美味；“色”是美色，泛指一切能够引起人的感官（眼睛）愉悦的物质现象；“臭”即嗅，是指芬芳的气味；“声”指好听的声音；“安佚”是指身体的安逸舒适。孟子认为，追求美味、美色、悦耳的声音、芬芳的气味、身体的安适，是人的天性。荀子也认识到追求享受是人的天性，并进一步扩大了人追求享受的范围，增加了强度。他指出："目好色，耳好声，口好味，心好利，骨体肤理好愉佚，是皆生于人之情性者也。"（《荀子 · 性恶》）又指出："人之情，口好味而臭味莫美焉，耳好声而声乐莫大焉，目好色而文章致繁妇女莫众焉，形体好佚而安重闲静莫愉焉，心好利而谷禄莫厚焉。"（《荀子 · 王霸》）

在儒家哲人看来，富、贵、仕、达则是人所具有的成就性欲望。"富"是指物质财富的多寡、物质生活的富裕；"贵"是指政治地位的高低、社会身份的尊贵；"仕"就是仕途，也就是做官；"达"，广义讲是指实现了自己的愿望和理想，狭义讲是指得到统治阶级的重用，自己的政治主张得以施行，政治抱负得以达成，与"得志"的含义差不多。儒家哲人认为，富、贵、仕、达也是人生来就有的欲望，是人的追求。孔子和孟子都认为富与贵是"人之所欲"（《论语 · 里仁》）、"人之同心"（《孟子 · 告子上》）。荀子更是把人追求富贵的欲望提高到无以复加的程度。他认为，"富"就要富到"富有天下"的程度；"贵"则要贵到"贵为天子"的地位。对"仕"与"达"，儒家哲人基于君子与小人之分和社会生活中农工商贾与士人之分，大都认为"仕"与"达"只属于士君子。这并不奇怪，因为士人就是读书人，属学者阶层，只有他们才有"仕"与"达"的机会。但是随着科学制度的实行，这种界限实际上被打破了。富、贵、仕、达是相互联系的。与富贵相对的是贫贱，"达"无疑包含着富贵，所以儒家哲人又常常将"达"与"穷"对举，如孟子说："穷不失义，达不离道。"又说："穷则独善其身，达则兼善天下。"（《孟子 · 尽心上》）"穷不失义，达不离道"同孔子所说"贫而乐，富有好礼"（《论语 · 学而》）意义相近；"达则兼善天下"是将孔子"己欲达而达人"的思想推至天下，也就是施惠于民。"达"是一个先贵后富的过程，但在正统儒家那里，"达"主要是指获得了施展政治抱负的机会。因而要"达"，就必须"仕"，只有"仕"才能"达"。所以儒家并不反对做官，"贵"本身就是指做大官。孔子说："学而优则仕。"（《论语 · 子张》）孔子的学生子路说："不仕无义。……君子之仕也，行其义也。"（《论语（微子》）孔子本人就是"三月无君，则皇皇如也"（《礼记 · 檀弓》）。有人问孟子："古之君子仕乎？"他回答："仕。"认为士人做官就如农夫种地一样是尽自己的本分；士人失官就像诸侯失国一样可怕（《孟子 · 滕文公下》），可见是非常重视仕途的。只是他们把仕途视为"治国平天下"的必由之路，而不是像那些挖穴钻洞之徒把它看作敛财聚富之道。

在儒家哲人看来，人要获得富贵仕达就必须通过“学”，“学而优则仕”，仕则富、贵、达。荀子说：“我欲贱而贵，愚而智，贫而富，可乎？”曰：“其唯学乎！”科举制度实行后，读书—做官—富、贵、达就成了中国人的唯一选择。“万般皆下品，唯有读书高”，“书中自有黄金屋，书中自有千钟粟，书中自有颜如玉”，是妇孺皆知、家喻户晓的“至理名言”。要想富、贵、仕、达，就必须读书，这是所有中国古代哲人的共同信念。

儒家哲人认为，名是人所具有的超越性欲望。“名”就是指名誉、声望，是指做出了被当时的人和后人所称誉的行为而获得的尊重和崇敬。孔子说：“君子疾没世而名不称焉。”[①]（《论语·卫灵公》）又说：“四十、五十而无闻焉，斯亦不足畏也。”（《论语·子罕》）默默无闻是君子所引以为憾的。孔子的学生子贡说：“君子恶居下流，天下之恶皆归焉。”（《论语·子张》）这就是说，君子若是居于下流，所有的坏名声都会集中在他的身上，因而君子憎恨处于下流的地位。荀子说：“欲荣而恶辱，是禹、桀之所同也。”（《荀子·君道》）求名之心是人人都有的。那么，人应该追求什么样的名声呢？在儒家看来，一是好，二是大，三是久，也就是“成圣人之名”（《荀子·礼论》），追求“不朽之名”，用荀子的话说就是“名声若日月，功绩如天地，天下之人应之如景向”（《荀子·王霸》）。成名的途径就是“立德、立功、立言”。“大上有立德，其次有立功，其次有立言。虽久不废，此谓之三不朽。”（《左传·襄公二十四年》）以“立德”为魂，兼顾“立功”“立言”，就能达到“不朽”。在儒家哲人看来，立德是成名的根本，无德之人即使有功有言也不足成就“不朽”之名。孔子说：“君子去仁，恶乎成名？”（《论语·里仁》）又说：“有德者必须有言，有言者不必有德。”（《论语·宪问》）正由于儒家哲人极为注重“立德”在成名中的地位，所以名声与功利就没有什么本质的联系。如荀子就认为，君子“穷则必有名，达则必有功”[②]（《君道》），把“穷”与“名”联系起来。他还把“儒”分为俗儒（相当于孔子所说的“小人儒”）、雅儒（相当于孔子的“君子儒”）和大儒（实际上就是圣人），对大儒称颂备至：“彼大儒者，虽隐于穷阎漏屋，无置锥之地，而王公不能与之争名……通则一天下，穷则独立贵名。天不能死，地不能埋，桀、跖之世不能污，非大儒莫不能立，仲尼、子弓是也。”

① 程树德：《论语集释》，北京：中华书局，1990年。

② 梁启雄：《荀子简释》，北京：中华书局，1983年。

(《儒效》)显而易见，在他看来，成名的途径主要在于"立德"。以后，凡是尊德性、轻功利的儒家哲人都把"立德"视为"成圣人之名"的唯一途径。正是有鉴于此，晚清学者魏源才力主将"立德、立功、立言"统一起来，他将"立德、立功、方立、立节"，谓之四不朽。他说："自夫杂霸为功，意气为节，文词为言，而三者始不皆出于道德。而崇道德者又或不尽兼功、节、言，大道遂为天下裂。君子之言，有德之言也；君子之功，有体之用也；君子之节，仁者之勇也。故无功、节、言之德，于世为不曜，无德之功、节、言，于身心为无原之雨，君子皆弗取焉。"(《默觚学篇》)将德、功、言三者相提并论，看得一样重要，实在是精辟之致。儒家哲人把"成圣人之名"也视为人所共求的欲望，这就为人的自我超越指出了一条路径。

儒家哲人极为珍惜生命，这表现在他们对"寿"的追求上。寿，即长寿，与"夭"(短命)相对。孔子说："未知生，焉知死？"(《论语·先进》)又说："知者乐，仁者寿。"(《论语·雍也》)表达了他重生祈寿的情感。所以，当他得知自己的得意门生颜回中年早逝后，非常悲痛，他哀叹地说："有颜回者好学，不幸短命死矣。"(同上)但是，儒家更注重精神的永生。与精神的永生相比，肉体的长寿就变成次要的了。孔子强调"无求生以害人，有杀身以成仁"，孟子强调"舍生取义"，都表达了儒家对生与死、寿与夭的态度。汉朝韩婴、荀爽的话可以说是对孔、孟的这一态度做了很好的注释。韩婴说："王子比干杀身以成其忠，柳下惠杀身以成其信，伯夷叔齐杀身以成其廉。此三子者，皆天下之通士也。岂不爱其身哉？为夫义之不立，名之不显，则士耻之。故终身以遂其行。"(《韩诗外传》)荀爽说："古代哲人有言，死而不朽。其身殁矣，其道犹存，故谓之不朽。夫形体固朽弊消亡之物，寿与不寿，不过数十岁；德义立与不立，差数千岁，岂可同日言也哉？"(徐干《中论·夭寿》)寿命的长与短不过几十年之差，而精神的存与亡却有数千年之别，人应该以身殉道。以身殉道的人死而不朽、虽死犹生。这一思想不能不说是一种非常伟大的思想，如果要问：中华民族之魂何在？就存在于这里。因此，儒家哲人对待寿命的态度是非常积极、合理的。他们一方面肯定长寿不是坏事，另一方面又认为人应该具有以身殉道的精神，当生命与道义发生冲突时，人应该"杀身成仁""舍生取义"。这是对生命更高层次的肯定。

重视生命，追求肉体的长寿，也是道家的一大宗旨。老子提出了"长生久视”[①]（《老子》五十九章）的思想，庄子将之发挥，形成了一套“保生终年”的思想。在庄子看来，声色嗅味、名利富贵、从仕达志都是残生害生的。因而，要全生保身，上述诸欲都应加以摒弃。他嘲笑世人只“知有用之用，而莫知无用之用”[②]（《庄子·人间世》）。无用之用就在于它能够“全生”“尽年”。他以“散木”为例说明他的观点：“散木也，以为舟则沈（沉），以为棺椁则速腐，以为器则速毁，以为门户则液樠，以为柱则蠹。是不材之木也，无所可用，故能若是之寿。”（《人间世》）正是因为“散木”没有任何用处，所以才保住了性命，能够“终其天年而不中道夭（折）”（《大宗师》）。而那些可用的树木随时都可能被砍伐，所以庄子说：“予求无所可用久矣。”（《人间世》）为了“全生”“尽年”，他还提出了一套以无欲无为、借助导引之功为主要内容的长生之术。对“治身奈何而可以长久这一问题”这一问题庄子的回答是：“无视无听，抱神以静，形将自正。必静必清，无劳汝形，无摇汝精，乃可以长生。目无所见，耳无所闻，心无所知，汝神将守之，形乃长生。”（《在宥》）他还指出：“吹呴呼吸，吐故纳新，熊经鸟申，为寿而已矣。”（《刻意》）老庄哲人的这种注重“保生”全生”“养生”“尽年”的思想为后来的道教所发挥，形成了系统的“长生学”。道教把老庄那种具有浓厚诗意美学意味的长生不死的境界变成了神仙世界，把他们以自然为师的思想变成了遁居山林的隐世之道，把他们的精神超越变成了药物保养、气功导引、节制饮食和房事，这样一来，“人”祈求长寿的愿望就变得可望可即了。

三

人生而有欲，这是人生的客观事实。如何满足已经产生的欲望，这是人生亟待解决的现实问题；如何对待人的欲望，则是伦理学和人生美学思考的课题。在“对于人的欲望应持何种态度”这个问题上，中西方哲人在以“理”节“情”的观点上是大致相仿的。但是西方偏重于宗教因素，而中国则侧重于宗法伦理因素。

在以“理”节“情”的问题，西方禁欲主义人生观源于一种根深蒂固的观念，即肉体与灵魂的对立。灵魂是纯洁神圣的，肉体是罪恶的，故而，只有否

① 朱谦之:《老子校译》，北京：中华书局，1984年。
② 郭庆藩:《庄子集释》，北京：中华书局，2004年。

定肉体才能使灵魂得到拯救。这种信念的源头可以追溯到产生于古希腊文明之前的奥菲教。他们关于人之起源的神话是这样的：在远古时代，地球上生活着一种巨人族，他们凶恶狡诈如魔鬼。有一次巨人族把天神宙斯的儿子撕碎并吃掉了，宙斯大发雷霆，以闪电和霹雳将巨人族烧死，然后以巨人族的灰烬重新创造了人。因此，人具有双重性，集天使与恶魔于一身。灵魂是天使，是纯洁的不朽的；肉体属恶魔，是人之罪行的根源，是短暂的存在。肉体是灵魂的牢狱，灵魂只有脱离肉体才能恢复本性。按照奥菲教的教义，根据人在世上的生活方式，灵魂可以获得永世的乐土或遭受永恒的痛苦。因此，人生目的就是要使灵魂达到纯洁，克服肉体的种种欲望，恢复人原初的天性。为达到这一人生目的，奥菲教实施了一套净化生活的教礼，以使人接近神性。奥菲教信徒基本上过着苦行的生活。他们不追求肉体的快乐，心驰神往的是与神合而为一的精神沉醉。在他们看来，现世生活是痛苦与无聊的，人被束缚在一个转轮上，在永无休止的生死循环里转动着。真正的生活属于天上的，但人却被束缚在地上。因此只有采取一种严格的苦行生活方式来折磨与否定肉体，人的生命才能得到净化，灵魂才能摆脱永恒轮回之苦，从而最终达到与神融为一体的精神境界。奥菲教的禁欲主义不但对古希腊哲学产生了直接的影响，而且还通过此对整个西方思想都产生了深远的影响。毕达哥拉斯教派、柏拉图以及基督教都深受其影响。罗素曾对此发表过一个精辟的论断，他说："大致可以说，具有宗教气质的人都倾向于奥菲教。"[①] 从西方思想史来看，禁欲主义倾向在古希腊时期就已经表现出来。古希腊人有一种强烈与浓厚的理性精神，他们以哲学的语言来揭示灵魂与肉体的对立状态。柏拉图就是这样的一个人。他提出过著名的精神恋爱观。在他看来，爱情是高尚与神圣的，因此恋人之间的对话与交流是纯洁而神圣的灵魂与灵魂的交流，在恋爱的喜悦中，肉体的快乐是微不足道的；不仅如此，他还认为，恋爱中情欲的冲动近似犯罪。显而易见，柏拉图的这种爱情观有浓厚的禁欲色彩，故而，后来人们往往称那种反对情欲冲动的恋爱观为柏拉图式的。

柏拉图的灵魂观也表现出禁欲主义倾向。在他的一篇名叫《斐多篇》的对话中他表述了自己的灵魂观。这篇对话写的是古希腊大哲学家苏格拉底一生最后时刻的谈话，即他被判死刑后、临饮鸩之前的谈话以及饮鸩之后直至死亡

---

① 罗素:《西方哲学史》(上卷)，北京：商务印书馆，2010年，第47页。

时的谈话。在临刑之前，苏格拉底视死如归，神色自若，泰然处之。他获准同他的朋友们自由谈话，当他把哭哭啼啼的妻子送出去之后，就开始大谈灵魂问题。苏格拉底认为灵魂是不朽的，死不过是灵魂与肉体的分离而已。任何一个有哲学精神的人都不怕死，相反地应该欢迎死，死不过是到智慧而善良的神那儿去，到已经故去的“人”那里去，那儿有许多美好的希望在等待死者。“人”不禁要问，既然死是如此美好，那么“人”为什么不以自杀来了结自己的生命以便早日进入极乐世界？对此，苏格拉底是这样回答的，他认为人就是囚犯，人是没有权利打开门逃跑的。人是神的所有物，神是人的牧人，没有神的召唤人就没有权利以自杀来逃避人生，否则神会生气的。因此，在神召唤之前，人必须在这个世上苦行，一心只关注灵魂以等候神的召唤。他说：“人应该尽量地离弃身体而转向灵魂。”哲学家不应该为饮食操心，不应该萦心于恋爱的欢乐，也不应该迷恋华贵的衣饰，一句话，不要关心自己的身体，而应该全心全意去关注自己的灵魂。当然，《斐多篇》中的苏格拉底的言语实际上表达的是柏拉图自己的思想。在柏拉图看来，人应该追求真正的知识，诸如理念、绝对的正义或绝对的善。而一切真知识皆属于灵魂，灵魂先天就具有知识，学习知识的过程就是灵魂回忆的过程。由此出发，柏拉图认为肉体有双重的罪恶：其一，它使我们求知识的愿望得不到满足。由于有身体这层屏障，求真理时人好似雾里观花，得不到真正的善知识。故身体是知识的障碍。其二，身体是欲望的根源。由于有肉体，它使人驰心于外在世界，争名夺利，沉湎于声色酒肉之中，扰得人不能求知识，看不到真理。它总是打断人对理念世界的思考，扰乱人心灵的宁静。

在古希腊人看来，一切妨碍获取知识的东西都有罪，因为“求知是人的天性”，古希腊哲人最大的爱好便是追求自然与人生的知识。由这一信念便足以唤起哲人对肉体的憎恨。柏拉图认为人必须摆脱这愚蠢的肉体，使“人”纯洁化，而纯洁化就是灵魂与肉体的分离，也就是死亡。真正的哲学家，并且唯有真正的哲学家，才永远在寻求灵魂的解脱。沉思哲学即练习死亡。如果人不能死亡，那也必须使肉体不妨碍灵魂的纯洁与神圣。

柏拉图的这些观点对后期的斯多葛主义和基督教产生了深刻的影响。不过，尽管古希腊思想中具有禁欲主义的倾向，但古希腊民族在生活上主要还是崇尚健康、快乐、力量、勇敢和美。真正的禁欲主义生活在罗马帝国后期才开始风行，这主要体现在犬儒学派和斯多葛学派上。在公元前3世纪早期，西方盛行犬儒主义。犬儒主义者身穿褴褛的大氅，粗茶淡饭，睡在硬板床上。他们中有两个著名的代表人物，这就是安提斯泰尼与其弟子狄奥根尼。安提斯泰尼主张不要政府，不要私有财产，不要婚姻，他鄙视奢侈与一切感官快乐。他有句名言："我宁愿疯狂也不愿意追求欢乐。"其弟子狄奥根尼在苦行方面比其师有过之而无不及。据说他住在一个大桶内，像印度的托钵僧那样以行乞为生。在物质生活上，他决心像狗一样活下去，故被称为"犬儒"，即像犬一样生活的学者。他认为和德行比起来，世俗的财富根本不值一提，人只要对财富无动于衷，就不会有恐惧和不安。犬儒主义以清苦生活向世人表明：没有物质财富是多么轻松惬意，简朴的饮食一样可以生活幸福，不穿华贵的衣服同样可以不挨冻。他们还认为对自己的家乡依依不舍或悲悼自己的孩子或朋友的死亡十分愚蠢。犬儒学派的这些观点被斯多葛学派所采纳。

斯多葛主义的箴言和生活准则是：除你自己的德行以外，其他一切均与你不相关。斯多葛学派崇尚自然，认为人应按自然的方式来生活，不过这不是说人应该按其生理或本能的冲动来生活。依照他们的理解，按照自然来生活就是严格地按照理性来生活；按照德性来生活，也就是按人的本性来生活。在他们看来，一个人的生命中只有德行才是唯一的善，其他的一切，诸如健康、幸福、财产、妻儿兄弟朋友等，都是身外之物，不值得我们去关心，这些都是人的累赘，如果人背上这些重负就会被压垮。"人"应该为自己有德行而自豪和宽慰。他可以很穷，但这又有什么关系呢？他仍然可以贫而有德，君子固穷嘛。暴君可以把他关进监狱，但他仍然可以坚持不懈地理性生活下去；他可以被处死，但他可以高贵地死去，就像伟大的苏格拉底那样。旁人的力量只能左右身外之物，而德行却完全由自己把握。人唯有返求诸己，才是最真实的生活，才拥有完全的自由。可以说，对于斯多葛主义而言，德行本身就是目的。

斯多葛主义代表人物之一芝诺认为有德的人是冷酷无情的。他只服从道德原则，不应有任何情感活动，因为一切情感活动都有可能与人的理性或道义相冲突。当妻子或孩子死亡时，他便想着这件事不要成为自己德行的障碍，因此他并不深深地感到痛苦。友谊诚然可贵，但你千万不能为了友谊而破坏自己的神圣德行。在芝诺看来，德行远远地高于亲情或友情。可以说，德行高于一切。

斯多葛派的另一代表人物爱比克泰德有一则关于父子之情与善的对话。他说："善比一切恩义更可取，我不是同我父亲发生关系，而只是同善发生关系。”有人反驳他说：“你就是这样硬心肠吗？”他回答说：“我的本性就是这样的，如果把善解释为优美和公正事物的话，那么父子、兄弟、国家等一切全部滚开吧，难道我会忽视我的善而把它让给他们吗？”有人说道：“那是你父亲呀！”爱比克泰德回答说：“但不是我的善。”[①] 圣人有德而无情，这便是斯多葛主义。这里有一种明显淡化家庭的色彩，透露出以后的出世迹象。

在斯多葛派看来，灵魂与肉体同样是对立的。他们认为，肉体是灵魂的牢狱。西塞罗在《论老年》中写道：“我们被关在肉体牢狱里的时候，我们是迫不得已而辛苦劳作，因为我们的灵魂是天上的东西，降落于地，当然不合于其神圣而永恒的本质。”他认为，只有当灵魂摆脱了肉体的桎梏时才有智慧，死亡就是不朽的灵魂摆脱肉体牢狱。肉体的快乐是微不足道的，“属于身体的一切是一道流水。”[②] 肉体感官的快乐也是不稳定的、无常的。对我来说是快乐的，对别人来说就不一定快乐；今天快乐的东西，明天也许就不再快乐。故肉体的快乐对人不会有任何好处，反而只会败坏、损污人的灵魂，使人的道德堕落。爱比克泰德也说：“对于有理性的人来说，肉体毫无价值。”通过神话与哲学，禁欲主义为自己打下了坚实牢靠的基础：第一，肉体是罪恶的，死亡可以使灵魂得到彻底的解脱，但人又不允许通过自杀以消灭身体。由此禁欲主义便成为解救灵魂的唯一道路。人不允许自戕身体，但被允许折磨身体，因此以苦行来折磨身体的行为被赋予崇高神圣的价值。第二，世界是不好的，让我们遗世而独立吧。身外之物靠不住，那就靠我们内心的德行吧。逃离这个世界去寻找灵魂的乐土。在这个世界上我们都是异乡人，唯有禁欲生活才能引导灵魂返回其永恒的安息之所。

后来，西方兴起的基督教的禁欲主义同样建立在灵魂与肉体对立的理论基础上，不过其神学更加系统地、充分地渲染了这种对立。《圣约·新约》认为，每个人的心中都存在两种律法：一种是神圣的律法，包括仁爱、和平、忍耐、恩慈、善良、温柔、节制等；另一种是情欲的律法，诸如奸淫、污秽、邪恶、仇恨、醉酒等。神圣的律法是上帝或基督的旨意在人心中的体现，是灵魂的法则；情欲的律法出自肉体或本能的需要，这两种律法相互对立。情欲的律法与神圣的律法之间的战争是一场悠久而永恒的战争。人是有罪的，因为人的始祖亚当犯了罪。人之所以会有罪，根源在肉体，凡属于肉体的一切皆会导致罪恶。在基

---

① 引自《爱比克泰德言论集》，北京：商务印书馆，2009年。

② 见马可·奥勒留《沉思录》。

督教那里，灵魂与肉体已成为不共戴天的仇敌。要接近上帝就必须抛弃肉体的一切，包括情欲、财富与家庭生活。《加拉太书》说："凡追随耶稣基督者，是已经把肉体连同肉体的邪情私欲一同钉在十字架上了。"灵魂属于天国，而肉体生活却属于尘世，肉体与灵魂真可谓有天壤之别。耶稣说："不要爱尘世以及尘世上的一切事物，如果有人爱尘世，对上帝的爱就不在他心中，因为尘世中所有的一切，肉体所欲和耳目所欲，以及生活中所有值得夸耀的东西都不是属于上帝的而是属于尘世的。"[①] 使徒保罗告诫那些信基督的人要折磨肉体，不仅要摒弃那些粗俗的感官快乐，而且要摒弃那些审美的快乐，以及在世人眼中使生命光辉灿烂的一切。基督说，不要想你的生活，考虑你的灵魂的纯洁吧。

在基督教看来，尘世生活不是真实的生活，现世的生活是衰朽的，虚幻的，无价值的。在人生活的这个世界上不会有真正的生活和真正的善。基督徒是属于来世的，他们的生活在天国。在尘世中，他们只是异乡人的朝拜者。一个旅行者对于异邦的事物不会产生任何兴趣，他所能做的最好事情只是忍受它们。基督徒对这个世界也是如此行动。他们只是身体在这个世界上，而灵魂却在天上。肉体的快乐与欲望是这个世界努力束缚他们灵魂的枷锁，因此基督信徒要不断折磨自己的肉体，压制自己的欲望，就像对待自己的仇敌那样，快乐也是魔鬼诱捕灵魂以把它锁在尘世上的诱饵。

世上的人都在渴求幸福，他们往往以为肉体的满足与快乐就是幸福，就像伊壁鸩鲁学说所认为的那样。针对这种思想，基督教强调幸福是属于灵魂的。肉体越痛苦与不幸，灵魂就越高尚纯洁。神学家托马斯 · 阿奎那曾猛烈地批判"幸福就是快乐"的观点，他从许多方面论证。他指出，首先，人生最终的目的不是追求身体的快乐。例如，吃饭是为了活命，结婚是为了延续后代，这些快乐都不是最后的目的，所以不能用"幸福"这个字眼。其次，身体的快乐不是人独有的追求，动物也希望有身体快乐。因此，决不能把幸福降低为快乐。最后，把快乐说成幸福或善与现实生活的经验也不符合，人并不把快乐主义者称为善人，而是把节制快乐的人称为有德的人。故他认为快乐是阻止人走向天堂幸福的最大障碍，只有剔除快乐，沉思上帝，才可能获得幸福。在虔诚的基督徒看来，财富是没有任何价值的，人只要拥有能够维持其生存的东西就足够了。财富不仅无价值，而且还有危险，财富会引诱占有者使用它、利用它过优

① 《马太福音》第5章第32节。

越的感官生活。按照基督教的观点，生活的奢侈安逸也就是人堕落的开始。在福音书里人经常可以见到有关财富危险性的警告。如耶稣说："一个富人想进天堂，比一只骆驼穿过针眼还难。"[①]有一次，耶稣对一位善良且富有的年轻人说："去吧，卖掉你所有的东西，把卖得的给穷人，你的宝藏将在天国。"[②]根据基督教神学，权力与名望也应该加以摒弃。在基督教看来，谦卑和服从才是最优良的德性。基督徒决不允许去寻求和索取世俗的权力和荣誉，耻辱和嘲弄恰是他的光荣。耶稣对他的门徒说："人若因我而辱骂你们、迫害你们、捏造各种罪名诽谤你们时，你们就有福了，应当欢喜快乐，因为你们在天上的赏赐是大的，在你们之前的先知，人们也是这样迫害他们。"[③]在这里，基督教实际上说明了这样一个道理：这世界是以正义者和纯洁者的死为代价而存在下去的。根据一个古老的传说，如果想要一座建筑物持久，就必须把一个纯洁的生命埋进它的基础结构之中。历史也是这样把纯洁的生命筑进它的基础之中，民族的生存要归功于那些最善良、最无私、最纯洁的人的自我牺牲，他们得到的报答是：误解、轻视、流放或死刑。因此被尘世所侮辱是基督徒不回避的。根据神学，真正的基督徒必须能忍受世俗的耻辱，坦率地表明自己决不渴望尘世的荣誉、显耀或辉煌的成功，轻侮和藐视尘世间的一切以及被尘世高度评价的东西。在天国人的眼中，这些一文不值。即如圣徒路加的福音所说："人们都说你们好的时候，你们就有祸了。因为他们的祖先对待假先知也是这样。"在对待婚姻家庭生活方面，基督教虽然并不完全排斥家庭生活，但仍然把它看作追求至善的一个累赘。耶稣自己就是一个离家出走的人，因此他只要有机会就要求那些追随他的人切断他们的血缘关系。他说："如果有人来我这儿而不厌恶他的父母妻儿和兄弟姐妹甚至他自己的生命，那他就不可能成为我的门徒。"[④]切断自然的血缘关系被视为基督徒品格完善的标志，圣徒们常因果断地与家庭划清界限而得到公开的赞扬。

卡西安在其著作《论科罗比亚的制度》中给他们讲述了这么一则故事：一个名叫缪拉斯的富人，放弃了他的财产，带着他唯一的一个八岁半的男孩，要求进入一个修道院。修道院接纳了他，然后便着手训练他的灵魂。他已经忘记

① 《马太福音》第6章第7节。
② 《马太福音》第19章第21节。
③ 《马太福音》第5章第11、12段。
④ 《路加福音》第14章第26段。

了他曾是一个富人，他还须忘记他是一个父亲。于是修道院把他与其儿子分开，让他的小孩穿肮脏的衣服，受各种严厉的惩罚，待遇饮食极其糟糕。就这样，父亲看到他的儿子一天一天悲惨地消瘦下去。但是正是对上帝的爱，使父亲的心坚定而不动摇，他对孩子的眼泪想得很少，而只焦虑他自己的谦恭和德性的完善。最后修道院院长命令他自己把他的儿子扔到河里去，他没有一句怨言，甚至也没有表现出一点悲哀的样子，马上着手去做这事。只是在最后的时候，修道士们才插手，在河边救起了孩子。这则故事展现了基督徒对于血缘关系的绝对冷漠态度，它以极端的方式赞赏抛弃一切、追随上帝的人。基督教虽不禁止其教徒结婚，但它明显偏好独身生活。圣徒保罗说："不接触一个妇女对一个男人来说是件好事。""未结婚的人关心的是属于主的事情以及他怎样使主欢乐，而结了婚的人关心的是尘世的事情以及他怎样使自己的妻儿欢心。"[①]婚姻是肉体软弱性的表观。在基督教中，独身或处女的贞洁被奉为纯洁的象征。公元315年，安西拉会议甚至宣布任何牧师升任执事后不能结婚。公元3世纪以后，原始基督教的这些观点与生活态度成为基督徒生活的最高理想。禁欲的隐修主义在西方风靡起来。人们遁入荒野或修道院中独守空房，自甘贫困，退隐默想，远离尘世去追随上帝。据教会史记载，生于埃及科普特的安东尼是基督教隐修主义的创始人。他对基督向年轻的财主说的话深有所感[②]，于是抛弃了财产，在他生活的村庄开始过禁欲生活。15年后，他进一步远离人群，来到沙漠边缘，独自隐居，实行节食，过极其严酷的自我克制生活。他不断祈祷，用克制欲望的方式以求同上帝亲近。不久，许多人开始仿效安东尼的隐修方式，有的独自隐居，有的成群结伙。他们按自己的想象自由地决定自己的崇拜方式和潜修形式。在当时埃及的尼特里亚和斯西梯斯的旷野上，遍布着许多隐士。这些修道主义者以舍弃一切的精神来实行自己的宗教信仰。在此期间出现了许多极端的苦行方式，如有个叫安提阿的修士，在埃及东部某处，曾在一根柱子上独居达30年之久，直到去世。后人把他称为"坐柱修道派"。另据记载，法国有一修道士独自一人待在半山腰的悬崖峭壁上，每日依赖人们从山顶上往下吊食物为生，苦修了30年。另外有的躺在粗糙的沙砾上睡觉，或把自己堵在洞穴内面壁多年，或身上长了痈疽任其腐烂以款待蝇蛆，如此等等，不一而足。公元315—320年，埃及一位名叫帕科缪的修道人把旷野隐修

① 《哥林多前书》第7章。

② 《马太福音》第19章第21节。

的方式改为修道院隐修的方式。在修道院中，每个修道士都有一间很狭小的单身小室。修道士们每天必须进行长时间的祈祷、劳作，从事诸如种田、种菜园、打铁、制革等体力劳动。修道士们饮食简陋，衣服粗糙，斋戒严格，他们要不断地祈祷，沉思冥想。他们必须严格遵守修道院的清规戒律。公元529年，圣·本尼狄克[①]修道院规定：修道士每天需要祈祷7次，其时间至少要4个小时，有时深更半夜也要爬起来进行祈祷；不管在什么时候都不准发怒，不准发牢骚，不许说笑，不许贪吃贪睡；每天都要想到死亡就在眼前，应当害怕末日审判，应该害怕下地狱；要想到上帝每时每刻都在监视自己的言行，天使时刻都会向上帝汇报自己的所作所为；一有邪念就要报告；每天要叹息流泪，向上帝认罪；要以爱基督的心去爱仇敌；要做到与世无争，能愉快地接受任何不公正的待遇；要甘居贱位；要时时刻刻想到自己罪孽深重，如同站在审判台前；要坚持劳动，每个修道士每日两餐，经常吃素；等等。由此可见，西方禁欲主义的目的是要克服人的“自然状态”，通过摒弃人的肉体之欲，使人摆脱各种自发性的享乐冲动的影响，摆脱对外界与自然的依赖，以确保灵魂的自由与得救。它反映了人对至善、圣洁、超越、永恒境界的向往，同时也显示了人的顽强的意志自制力和坚韧无比的精神力量。但是禁欲主义人生观以一种极端的方式取消一切肉体生活，它不仅反对奢侈豪华的纵欲生活，也反对正常适度的感官生活，它憎恨人的丑陋与罪恶，也禁止人对爱与美的追求。它把天国生活与世俗生活完全对立起来，为了彼岸的来生幸福而完全放弃此岸的现实生活。因此，在16世纪的西方文艺复兴运动和17—18世纪的启蒙运动的冲击下，禁欲主义生命存在论逐渐被西方人所抛弃。

四

中国古代的儒家也是主张节欲的。有关方面的内容，我们已在其他章节论及。究其主要精神而言，中西方的禁欲主义是有所不同的，即西方宗教色彩较浓，偏重于对来世的追求与天国的向往；而中国则是伦理、道德的色彩较重，偏重于心灵的自我完善与对自然纯真本性的还原。同时，如果我们审思明辨、深究细察儒家内部各个思想家对节欲之程度的认识和把握，就会发现，在节欲

① 圣·本尼狄克（480—550年），天上教本笃会创始人。

这条主流的下面荡漾着几股潜流，有孔子的节欲说、孟子的寡欲说、荀子的足欲说、程朱陆王的窒欲说、戴震的遂欲达情说。

被儒家尊为“至圣先师”的孔子，在如何对待个人欲望的问题上，似乎是很矛盾的。一方面，他认为只要追求富贵的愿望合乎道，并且在自身的能力范围之内，“富而可求”，就应该努力去追求，并最终达成；另一方面，他又认为人应该看轻富贵，甚至把“不欲”看作“成人”的条件之一。有一次，子路向孔子请教何为成人，孔子答道：“若臧武仲之知，公绰之不欲，卞庄子之勇，冉求之艺，文之于礼乐，亦可以为成人矣。”[①]《论语·宪问》）他一方面轻视享受，称赞颜回那种“一箪食，一瓢饮，居陋巷”也不改其乐的精神，并且说自己也是“饭疏食饮水，曲肱而枕之，乐亦在其中矣”（《述而》）；另一方面又大讲养生之道，对衣、食、住、行都非常讲究，如“食不厌精，脍不厌细”，变色、变味、时间放长了的肉不食，烹调不好的不食；衣服要有冬夏之分、分工之别，做不同的事穿不同的衣服，不能混淆；要有狐貉皮的厚毛做坐垫，睡觉的被子要舒适；出门要有马车；等等。这固然是为了“文之于礼乐”，但也表明孔子比较重视物质生活的享受。从孔子在精神境界追求与对物质享受的重视的矛盾心态中我们恰好可以发现他的真实想法，这就是任由人的本性，“从心所欲不逾矩”（《为政》）。也就是说，在孔子看来，只要“不逾矩”就完全可以“从心所欲”，饮食男女、名利富贵都是值得人去追求的。所以，孔子说：“邦有道，贫且贱焉，耻也；邦无道，富且贵焉，耻也。”（《泰伯》）处身在社会治理得很好的时期，政治清明，礼乐兴盛，经济繁荣，如果身处贫贱，这是个人无能，是耻辱；处身在社会动乱时期，政治昏暗，礼坏乐崩，生产落后，通过发不义之财而身居富贵，这是个人不“仁”无德，也是耻辱。因而他主张有道则仕，无道则隐。同时，孔子认为，“从心所欲”必须“不逾矩”。礼义是绝对不能逾越的。人的欲望一旦同礼义发生冲突，欲望必须让位于礼义。因而他要求人们见利思义、克己复礼、杀身成仁，要求人用理智和道德克制自己的欲望，抑制自己的冲动，也就是要求人节欲，如有必要，甚至为义、礼而寡欲。

在此基础上，被儒家尊为“亚圣”的孟子进一步把孔子思想中的寡欲倾向发展为“寡欲”说，孟子反对多欲，主张寡欲。他说：“无为其所不（当）为，无欲其所不（当）欲，如斯而已矣。”[②]（《孟子·尽心上》）这也就是说，不要

① 刘宝楠：《论语正义》，北京：中华书局，1990年。

② 焦循：《孟子正义》，北京：中华书局，1987年。

去做那些不应该做的事情，不要去向往那些不应该向往的东西。这之中显然包含寡欲的意思，但从中还推不出寡欲论。孟子主张寡欲，是从修身养心的角度而言的，认为寡欲是修身养心的最好办法。他说："养心莫善于寡欲。其为人也寡欲，虽有不存焉者，寡矣；其为人也多欲，虽有存焉者，寡矣。"（《尽心下》）这就是说，那些尽可能地减少欲望而达到欲望少的人，也可能不具备仁义礼智之心，但这种人是少见的；反之，欲望很多而又尽可追求欲望满足的人，也可能具备仁义礼智之心，但这种人也是少见的。因此，要"存心""养心""求其放心"，最好的办法就是减少欲望，最佳的审美存有状态就是面对物质利益"不动心"（《公孙丑上》）。正因为这样，所以孟子发下誓言说，如果他有一天得志，高高的殿堂、宽宽的屋檐，他不要；满桌的菜肴、成群的妻妾，他也不要；饮酒作乐，骑马打猎，前呼后拥，他还是不要，他只是要忠实地践行他自己的寡欲主张。

这之后，荀子又进一步从积极的方面发挥了孔子的"节欲"论，反对孟子的寡欲说，提出了足欲说。荀子认为，无论从欲望的范围还是深度上讲，人生来就是多欲的人，宋钘和孟子的"情欲寡"说是错误的。战国时期的思想家宋钘认为人的情欲本来就是很少的，他说："人之情，欲寡，而皆以己之情为欲多，是过也。"[①]（见《荀子·正论》）孟子则认为人之"欲求"应该寡，"养心莫善于寡欲"。前者是从人之"欲求"的存有状态而言的，属事实判断；后者是从人之"欲求"的应有状态而言的，是一种审美价值取向，但都提倡寡欲。并且，从其主张来看，宋钘与孟子有一个共同的观点，这就是他们都认为寡欲有利于治世，多欲必然乱世。荀子反对这一观点，并针锋相对地提出了"人欲本多"和"欲的多寡与世的治乱无关"的思想。他指出：先王"以人之情为欲多则不欲寡。故赏于富厚，而罚于杀损也，是百王之所同也。故上贤禄天下，次贤禄一国，下贤禄田邑，愿悫之民完衣食。今子宋子以是之情为欲寡而不欲多也。然则先王以人之所不欲者赏，而以人之所欲者罚邪？乱莫大焉。"（《荀子·正论》）这段文字的大意是说，人之"欲求"本来很多，因而君王治世应遵从人性、依顺人情，来奖赏人之所欲（如富贵），惩罚人以所恶（如贫贱）。如果按照宋钘人欲本寡的观点，那么，群王治世就会赏人以贫穷，罚人以富贵，天下必然大乱。接着，他又强调指出："欲之多寡，异类也，情之数

---

① 荀子著，王先谦集释，沈啸寰、王星贤点校：《荀子集释》，诸子集成本．北京：中华书局，1988年。

也，非治乱也。欲不待可得，而求者从所可。欲不待可得，所受乎天也；求者从所可，所受乎心也。……心之所可中理，则欲虽多，奚伤于治！……心之所可失理，则欲虽寡，奚止于乱！故治乱在于心之所可，亡（不）于情之所欲。”（《正名》）在他看来，欲的多寡与世的治乱没有必然联系，关键在于欲是否“中理”，“中理”欲多世也能治理好，“失理”欲寡世也会乱。因而是他认为治世在于治心，不在于制欲；不在于寡欲、去欲，而在于遂欲、足欲，导之于礼义。基于此，荀子明确地提出“欲不可尽，但可近尽”的思想。他说：“性者，天之就也；情者，性之质也；欲者，情之应也。以欲为可得而求之，情之所必不免也。……故居为守门（之人），欲不可去，性之具也。虽为天子，欲不可尽。欲虽不可尽，可以近尽矣；欲虽不可去，求可节也。所欲虽不可尽，求者犹近尽；欲虽不可去。所求不得，虑者欲节求也。道者，进则近尽，退则节求，天下莫之若也。”（《正名》）在他看来，人不仅追求欲望的满足，而且也追求欲望的完全满足；欲望虽然不能全部地获得满足，但可以接近于完全满足。因此，在“中理”的前提下，能满足的就应该尽可能地给以满足，实在是难以满足的才求之于节，节制欲望是在情势不得已的情况下采取的明智之举。他认为这才是对待欲望的真道理。为了更加详尽、深刻地表述“尽欲”“足欲”论，荀子又提出了“权欲”的观念。他指出，人为什么要“权欲”呢？这是因为，“凡人之所取，所欲未尝粹而来也；其去也，所恶未尝粹而往也。故人无动而不可以不与权俱。”（《正名》）所谓“粹”，是纯粹、完全的意思。所谓“福兮祸所至，祸兮福所倚”。在现实生活中，既没有纯粹的福，也没有绝对的祸，只是福与祸所占的比重不同而已，因而在求福去祸之时必须加以权衡。“欲恶取舍之权”就是“见其可欲也，则必须后虑其可恶也者；见其可利也，则必前后虑其可害也者；而兼权之，孰（熟）计之，然后定其欲恶取舍，如是则常不失陷矣”。（《不苟》）这是说，当你看清楚到底是可欲之物和有利可图的时候，应该反复考虑其中的可恶可害之处，然后加以比较，看到利大于弊还是弊大于利，在此基础上再加以取舍，就不会陷于被动了。如果不全面地考虑其中的利弊福祸，鲁莽行事，势必陷于被动。所以他又说：“凡人之患，偏伤之也。见其可欲也，则不虑其可恶也者；见其可利也，则不顾其可害也者，是以动则必陷，为则必辱，是偏伤之患也。”（《正名》）片面地看问题，必然使自己受到伤害。而要权衡，就必须有标准，并且标准还必须正确。

第三章　审美趋向：超越性感性验证

总体而言，无论是中国还是西方，都有着乐天与非乐天的因素存在，中国人生美学的“忧患意识”，弥漫在整个中华文化史之中，屈原的愁神苦思，愤怼不容，沉江而死；墨子的“劳身苦志，以振世之急”；司马迁的“发愤著书”，以及刘勰的“志思蓄愤”，这些其实质皆是非乐天的文化因素。悲愁哀怨，在中国文化中是常见的现象。然而，这并不妨碍我们探讨中国的人生美学，也不妨碍我们对人生美学进行中西的比较研究。

大体而言，西方文化及文学艺术之中有一个核心思想，即以痛苦为美，以痛苦的升华为美，或者说有一种热爱痛苦、表现痛苦的倾向；而中国人生美学及文学艺术中却有一种相反的因素，即以忘却痛苦为美，有一种逃避痛苦、压抑欲望，乃至掩饰痛苦的倾向。这种倾向，也可以说是以“发”（司马迁）和“忘”（庄子）掉痛苦为核心的，以压抑和“掩饰”痛苦为手段的“乐天”文化的表现。的确，热爱痛苦，从痛苦中升华而达到美，是西方文化与文学的一大特点；而“忘”掉痛苦，乃至逃避、掩饰痛苦，是中国文化与文学的一大特色。对这一差异，我们在此通过西方“崇高”范畴与中国“雄浑”范畴的比较，来加以深入论述。

一

为什么中国古代戏剧缺乏西方的那种毁灭性的悲剧结局？“大团圆”的公

式世代相传，津津乐道？为什么中国文学如此热衷于道德气节的赞颂，从“愚公”一直延续到样板戏的“高大全”英雄？我们希望从中西美学范畴的比较之中，能予人一点点启迪。一方面加深对中国古代“雄浑”范畴的认识，另一方面也能以小见大，从中西美学范畴中更深刻地认识中国人生美学的民族色彩，从而真正认识其价值与痼疾。

崇高的本质是什么？康德认为，崇高的本质是一种消极的快感，即一种由痛感转化而来的快感。他指出：“崇高的情绪的质是：一种不愉快感。”那么，不愉快的东西，又怎么能给予人以快感呢？这中间得有一个转换机制，“那就是这样的，它经历着一个瞬间的生命力的阻滞，而立刻继之以生命力的因而更加强烈的喷射，于是，崇高的感觉便产生了。”此刻，“心情不只是被吸引着，同时又被不断地反复地被拒绝着。对于崇高的愉快不只是含着积极的快乐，更多的是惊叹或崇敬，这就是所谓消极的快乐。”[①] 这种“阻滞”生命力的东西是什么呢？或者说这种引起“不愉快感”的东西是什么呢？那就是自然界中令人可怕的对象，令人痛苦和恐怖的东西。例如，好像要压倒人的陡峭的悬崖，密布在天空中迸射出迅雷疾电的黑云，带着毁灭威力的火山，势如扫空一切的风暴，惊涛骇浪中的汪洋大海……这些令人恐怖的现象使人心惊胆战，使我们的抵抗力在它们的威力之下相形见绌，因此，康德指出，“假使自然应该被我们评判为崇高，那么，它就必须作为激起恐惧的对象被表象着”。也就是说，能激起崇高的感觉的，一定是能引起我们恐惧的东西，无论是无底的深渊，阴风惨惨的洞穴，还是狂风恶浪，雷鸣电闪。不过，如果我们真正处身于危险恐惧之中，生命无保障，面对着死亡的威胁，我们有的仅仅是恐惧和痛苦，而谈不上其他。要产生崇高感，我们必须自身处于安全地带而面对恐惧的对象，此时，才会有由痛感转化为一种快感的可能，在恐惧中经历着一个瞬间的生命力的阻滞，而立刻继之以生命力的更加强烈的喷射，从而产生崇高感。康德举例道：在观看高耸入云的山岳，无底的深渊，里面咆哮着的激流，阴影深蔽着的诱人忧郁冥思的荒原时，观看者被摄入一种状态，接近到受吓的惊呼，恐怖和神圣的战栗。但他又清楚地知道他自身处在安全之中，不是真实的恐惧，只是一种企图，让我们通过想象力达到那境界。那么，这种时候，“这景象越可怕，就对我们越有吸引力。我们称呼这些对象为崇高，因为它们提高了我们的精神

① 康德:《判断力批判》第23节，北京：商务印书馆1964年，第84页。

力量，超过了平常的尺度，而让我们在内心里发现另一种类的抵抗的能力，这赋予我们勇气来和自然界的全能威力的假象较量一下”[①]。这就是由痛感而转化来的快感。从康德的论述中我们可以看到，崇高感基于痛感，基于由于恐怖而转化来的一种消极的快感。

从西方美学史上来看，康德的这一具有代表性的论点显然汲取了柏克的观点。康德本人并不掩饰这一点。他在《判断力批判》中指出，“柏克在这一类处理方法里也值得被看作最优越的作者。”他还引用了柏克的这样一段话：“崇高的情绪植根于自我保存的冲动和基于恐怖，这就是一种痛苦，这痛苦，因为它不致达到肉体部分的摧毁，就产生出一些活动，能够激起舒适的涩滞物，固然不是产生了快乐，而是一种舒适的战栗，一种和恐惧混合着的安心。”实际上，柏克比康德更加强调崇高中的痛感。他认为，崇高的根源就是痛苦和恐惧。“任何东西只要以任何一种方式引起痛苦和危险的观念，就是说，任何东西只要它是可怕的，或者和可怕的对象有关，或者以类似恐怖的方式起作用，那它就是崇高的来源。”柏克认为，崇高的巨大力量，就在于以一种无法抗拒的力量来震慑人们，使心灵无法进行推理活动。而在所有的情绪之中，没有一种像恐惧那样有效地剥夺人们心灵进行推理活动的能力了。因此，所有令人恐惧的东西，所有令人非常害怕的东西，也就是崇高的。只要人们与可怕的对象保持一定距离，处于安全地带，越痛苦越害怕，那就越具有崇高感。只要恐惧并不立即威胁到人的生命，那么这些情绪就能够产生一种欢愉之情。由此产生消极的快感——崇高[②]。无论康德与柏克怎样论述，其核心只有一个，即崇高来源于痛感。

二

如果我们回过头来看看中国的“雄浑”范畴的话，会发现这种“痛感”与“雄浑”很难对合到一起。是的，青铜饕餮之中的狞厉美，《招魂》中那令人恐惧的描写，韩愈的怪怪奇奇，李贺的虚幻荒诞，皆与这种痛感说十分近似。这说明中西审美心理有其共同之处。不过，这些离奇怪诞的作品，在整个中国文

① 康德：《判断力批判》第28节，北京：商务印书馆，1964年，第101页。

② 柏克：《关于崇高与美的观念起源的哲学探讨》（中译本），参见《古典文艺理论译丛》第五辑。并参见朱光潜《西方美学史》上册，北京：人民文学出版社1979年，第237页。

学艺术中并不占主导地位。尤其重要的是，从整个理论形态来看，即从先秦的“大”，到南北朝的“风骨”，从孟子的“至大至刚”之气，到清人姚鼐的“阳刚之美”，似乎都与痛感无缘，与那令人心惊胆战的恐惧无多大关系，更不能说“雄浑”之感根源就在于痛苦与恐惧。

从《周易》的“天行健，君子以自强不息”之中，从《庄子》所描写的水击三千里，扶摇直上九万里，绝云气，负青天的大鹏的形象上，我们所体会到的“大”和雄浑之美，并没有使人毛骨悚然的恐惧和痛感，而是使人感到一种自豪、豪迈之美；从孔子所提倡的“仁以为己任”的“大”，到孟子所涵盖的至大至刚的“浩然之气”，我们所感到的也不是危险和痛苦，也是一种伟大的胸怀和牺牲精神。建安时期的慷慨之气，《文心雕龙》的“风骨”，司空图那具备万物、横绝太空的“雄浑”，姚鼐那如电、如长风出谷的“阳风之美”都没有让人觉得恐怖、危险、痛苦、可怕，而是给人一种自豪雄壮的美感。事实上，中国的“雄浑”之感基本上没有什么恐惧之痛感，即便是韩愈所倡导的“怪怪奇奇”的“刺手拔鲸牙”，“百怪入我肠”的横空硬语，杜牧在《李贺集序》中评论李贺的诗，认为其诗作“鲸吸鳌掷，牛鬼蛇神，不足为其虚荒诞幻也”。刘熙载所说的“以丑为美”也不具备如西方柏克和康德所说的那般危险和恐惧之强烈痛感。是的，中国人生美学的“雄浑”范畴，也强调形象的巨大，力量的强大，也描绘出了柏克、康德所描绘那种高山大海的巨大形体和力量。从外表上来看，这是相同的。试比较以下两段关于崇高与雄浑巨大形体力量的描述。康德：“高耸而下垂威胁着人的断崖，天边层层堆叠的乌云里面挟着闪电和雷鸣，火山的狂暴肆虐之中，飓风带着它摧毁了的荒墟，无边无界的海洋，怒涛狂啸着，一个洪流的高瀑。”[①]司空图：“具备万物，横绝太空。荒荒油云，寥寥长风。”“行神如空，行气如虹。巫峡千寻，走云连风。”“天风浪浪，海山苍苍。真力弥满，万象在旁。”（《二十四诗品》）这两段形象性的理论描述，都用自然的巨大与力量来说明问题，都描写了高山大海，狂风怒涛，其中的力量与气势，形体的巨大雄奇，确有其一致之处。

不过，如果我们仔细体会一下，又会发现在相似之中却蕴含着截然不同之处：康德所描绘的高山断崖，飓风怒涛，是着意渲染自然界的威胁人的暴力，所以有“狂暴肆虐”“狂啸”“摧毁”“威胁着人”等字眼，这些威胁着人的暴力，

① 康德：《判断力批判》，北京：商务印书馆1964年，第101页。

自然令人恐惧、害怕，从心惊胆战之中感受到生命力受到威胁的痛苦，觉得“我们对它们抵拒的能力显得太渺小了”！因而产生了生命力受到“阻滞”的痛感。而司空图所说的“雄浑”，虽然十分强调形体的巨大雄伟，力量的强大无比，但却并非是威胁着人的暴力。恰恰相反，这巨大的形体与无比的力量，正是人们蓄积涵养而来的，体现了人的巨大胸怀与主体力量：“大用外腓，真体内充。返虚入浑，积健为雄。具备万物，横绝太空。荒荒油云，寥寥长风。超以象外，得其环中。持之非强，来之无穷。”从《雄浑》一品之中，我们所感受到的，是人的伟大，而非威胁着人的暴力：看那通体充满了真实，外形上才呈现浑灏壮宏，从虚无转入浑成之境界，积刚健之气才成为瑰丽奇雄。这雄浑包含了世间的万象万物，横绝于无边无际的太空，就像那莽莽苍苍的云彩，犹如那浩浩荡荡的长风。在这里，我们看到的高山大海，走云连风，都展示出了伟大心胸与内心的刚健之力量。所谓“真体内充”“积健为雄”，指的都是主体内心的涵养与充实，“内充”之真体，积劲健之力得以成为雄，内在充实了光辉才发之于外，也才能具备万物，横绝太空。“植之而塞于天地，横之而弥于四海”。万物皆备于我。唐代诗歌即是这种乐天的雄浑美的鲜明体现。

唐代是中国诗歌的黄金时代，文坛上真可谓百花齐放，竞相争奇斗艳！雄浑豪放之作，也独秀一枝。尤其是醉心于长河落日、黄沙瀚海、金戈铁甲、边城烽火景象描写的边塞诗更是雄浑频频闪光之处。“烽火照西京，心中自不平。牙璋辞凤阙，铁骑绕龙城。雪暗雕旗画，风多杂鼓声。宁为百夫长，胜作一书生！”初唐诗人杨炯的这首《从军行》，多么像曹植的《白马篇》，充满了青春的朝气和豪迈的情感，体现了唐王朝那强大国力声威与民族自信心。“国朝盛文章，子昂始高蹈。”开创有唐一代雄浑诗风的陈子昂，力倡汉魏风骨，其诗作也充满了悲凉苍劲的雄浑美。由初唐而盛唐，雄浑美得到了更进一步的高扬，雄浑气象笼罩着整个盛唐诗坛。正如严沧浪说：“唐人与本朝人诗，未论工拙，直是气象不同。”唐人何种气象？“李杜数公，如金翅擘海，香象渡河”（《沧浪诗话》）。马时芳《挑灯诗话》也指出：“严沧浪云：……李杜韩三公如鵾擘海，香象渡河，龙吼虎哮，涛翻鲸跃，长枪大剑，君王亲征，气象自别。”[①] 这个“气象”，正是所谓“气象浑厚”“笔力雄壮”之雄浑美。无论是写边塞、咏山水，还是叹身世、饮美酒，无不体现了盛唐诗作的最突出特征——

① 郭绍虞：《沧浪诗话校释》，北京：人民文学出版社，1983年，第177页。

雄浑。你看那沙场苦战，杀气雄边："校尉羽书飞瀚海，单于猎火照狼山。山川萧条极边土，胡骑凭陵杂风雨。战士军前半死生，美人帐下犹歌舞。""杀气三时作阵云，寒声一夜传刁斗。相看白刃血纷纷，死节从来岂顾勋！君不见沙场征战苦，至今犹忆李将军！"（高适《燕歌行》）真可谓悲壮激烈、慷慨昂扬！你看那边塞雄浑景象，长河落日，八月飞雪，大漠紫烟，绝域苍茫，"君不见走马川行雪海边，平沙莽莽黄入天！轮台九月风夜吼，一川碎石大如斗，随风满地石乱走！匈奴草黄马正肥，金山西见烟尘飞，汉家大将西出师。将军金甲夜不脱，半夜行军戈相拨，风头如刀面如割。""北风卷地白草折，胡天八月即飞雪，忽如一夜春风来，千树万树梨花开。散入珠帘湿罗幕，狐裘不暖锦衾薄；将军角弓不得控，都护铁衣冷难着。瀚海阑干百丈冰，愁云惨淡万里凝。……"这边塞大漠的雄浑景象，与杀气雄边的军人豪气紧密结合，形成了唐代边塞诗无与伦比的壮美！那些边塞景象，那遍地飞石、狂风怒吼、冰天雪地、黄沙蔽日的恶劣地理气候，在诗人眼里都化为十分壮美的意象。似乎越是险恶，越能体现戍边勇士的豪情壮志，这是真正的雄浑美！它具体生动地体现了战士们为国献身的英雄气概，而且体现了人对大自然的自豪和超越的乐天意识。难怪人说唐诗"多悚耳骇目之句"（殷璠《河岳英灵集》评王昌龄）。

除了边塞诗以外，唐代咏山水的诗作数量亦不少，并且不乏雄浑之作。其中最突出的是大诗人李白的作品。其脍炙人口的《蜀道难》，为我们描绘了一幅极为雄伟壮阔、惊心动魄的景象："噫吁嚱，危乎高哉！蜀道之难，难于上青天！蚕丛及鱼凫，开国何茫然！尔来四万八千岁，不与秦塞通人烟。西当太白有鸟道，可以横绝峨眉巅。地崩山摧壮士死，然后天梯石栈相钩连。上有六龙回日之高标，下有冲波逆折之回川。黄鹤之飞尚不得过，猿猱欲度愁攀援。青泥何盘盘，百步九折萦岩峦。扪参历井仰胁息，以手抚膺坐长叹。问君西游何时还？畏途巉岩不可攀。但见悲鸟号古木，雄飞雌从绕林间。又闻子规啼夜月，愁空山。"你看那地崩山摧，天梯石栈，黄鹤难飞，猿猱愁度，畏途巉岩，悲鸟哀号，飞湍瀑流争喧豗，砯崖转石万壑雷，剑阁峥嵘。这难于上青天的蜀道描绘，给人一种乐天而又壮美的感受，我们似乎感受到一种乐天的快感，一种雄浑的美！这种雄浑美，我们在李白的《梦游天姥吟留别》等不少诗作中都可以感受到。李白描写了不少自然山水雄浑壮阔的景象，其间充满了一种宏大的气势和力量："黄河西来决昆仑，咆哮万里出龙门。"（《公无渡河》）"共工赫怒，天维中摧，鲲鲸喷荡，扬涛激雷。"（《百忧童》）"云垂大鹏翻，波动巨鳌没，风潮凶汹涌，神怪何翕忽。”（《天台晓望》）“海水昔飞动，三龙纷战争，钟山危波澜，倾倒骇奔鲸。”（《留别金陵诸公》）这些描写，确实让人感受到一种乐天的雄浑美，可谓“清人心神，惊人魂魄”（任华《杂言寄李白》），“诚可谓怪伟奇绝者矣”（《唐宋诗醇》卷六评语）。盛唐诗苑是一片繁花似锦的景象，各种诗作、各类风格都在这里争奇斗艳，竞吐芬芳。但是雄浑却是一种占主导地位的审美特征。难怪严沧浪说：“唐人与本朝人诗，未论工拙，直是气象不同。”（《沧浪诗话》）唐诗之“气象”有什么特征呢？严沧浪指出：“盛唐诸公之诗，如颜鲁公书，既笔力雄壮，又气象浑厚。”（《答吴景仙书》）

显然，中国人生美学的雄浑不具备西方崇高范畴所强调的痛感，至少不倡导那种面临危险而产生的恐惧感。相反，中国的雄浑观念使人产生一种乐观进取的豪迈感。《周易》对大而刚健之美的赞颂，给我们展示了一种多么宏大而又壮阔的境界！在这种境界中，那无比广大的宇宙，充满着生生不息的生命，充满着刚劲强健的力量，日月星辰不断运行，云行雨施，祥龙腾飞。而这种宇宙之大美又与人格精神的伟大崇高结合在一起，刚健的天，自强的人，奋发直前，自强不息！这里没有暴虐的自然，而是对人的力量的正面的积极的肯定，充满着一种积极奋发、自强不息的自豪感，将人的情绪引向昂扬奋发，永远进取。这里没有过分强调恐惧、害怕和痛感，有的更多的是一种乐天的豪迈！正因为中国人生美学雄浑范畴的主导倾向是一种乐天的豪迈的美感，而不具备西方柏克、康德等人所认为的那种由恐惧、痛感而转化来的快感。所以姚鼐才干脆将雄奇之伟美称为“阳刚之美”。这种名称，本身就体现了中国古典雄浑范畴给人的不是痛感，而是美感。你看姚鼐将那“阳刚之美”的力量和气势描述得多美：如霆似电，如长风之出谷，如崇山峻崖，如大川溃决，如骐骥奔腾，如杲日冉冉升起。不但文学如此，中国绘画、书法、雕塑等，无不是以正面的豪迈为尚，而不倡导那种恐怖的痛感。清代黄钺《二十四画品》亦列《沉雄》一品，其论述中充满豪迈雄气：“目极万里，心游大荒。魄力破地，天为之昂。括之无遗，恢之弥张。名将临敌，骏马勒缰。诗曰魏武，书曰真卿。虽不能至，夫亦可方。”这魄力破地、天为之昂的气势和力量，充分展示了沉雄的豪迈气概！西方的崇高范畴，往往强调一种面对危险之时植根于自我保存的冲动和恐惧感，强调人的生命受到威胁时的痛苦感；中国的雄浑范畴怎样看待危险及生命受到威胁时的心理感受呢？“岁寒，而后知松柏之后雕”。孔子的这句话，最能说明雄浑范畴的心理感受和内心境界。它是一种临危不惧的乐天的正义感和超越死亡恐惧的献身精神。康德似乎曾经意识到这种正义感和献身精神能产生崇高感，他指出，尽管理论上证明基于生命的自我保存的冲动而产生恐惧，产生崇高。但对于人的观察却往往得出相反的结论，并且成为通常判断的根据。即为什么野蛮人能成为最大的观赏对象呢？“这就是，一个人，他不震惊、不畏惧、不躲避危险，而同时带着充分的思考来有力地从事他的工作。就是在最文明、最进步的社会里仍然存在着这种对战士的崇敬[①]。在这里，康德明智地看到了问题的另一面，即崇高感产生于一种无畏地面对危险和死亡，产生于一种献身精神，而不是对死亡与危险的恐惧和害怕。很可惜，这一看法在这位哲学巨人的脑海中一闪即逝，他仍旧回到了柏克的立场，坚持认为崇高的本质是一种由痛感、恐惧而转化来的消极的快感。可以说，中国古典雄浑范畴恰恰更加强调这积极的献身精神的一面，提倡无畏地、乐天地面对危险和死亡。

屈原作品的雄浑品格，绝不是源于他对死亡的畏惧和害怕，恰恰相反，正是来源于他无畏地面对死亡，无情地鞭挞社会政治的邪恶势力，苏世独立，以死相抗。这才具有一种震撼人心的崇高感，并升华为精彩绝艳、气势磅礴的雄浑美。从理论形式上来看，孟子的“至大至刚”之气，强调的就是这种舍身取义的献身精神。孟子认为这种“浩然之气”，是“集义所生”的，没有“仁义”，其气就馁。而坚持仁义，就是要坚持一种献身精神。孔子说：“志士仁人，无求生以害仁，有杀身以成仁。”（《论语·卫灵公》）这就是强调无畏的勇气和献身的精神，“士不可不弘毅，任重而道远。仁以为己任，不亦重乎！死而后已，不亦远乎！”（《泰伯》）这种杀身取义、死而后已的无畏和献身精神，就是孟子至大至刚的“浩然之气”所需的“义”。因而孟子亦大力倡导一种无畏的品格：“富贵不能淫，贫贱不能移，威武不能屈。”（《孟子·滕文公下》提倡“以身殉道”（《尽心上》）。只有具备了这种无畏和牺牲精神，才会有充实于胸中之浩然正气，也才能升华为至大至刚的雄浑之美。古往今来，孔孟倡导的这种为仁义而献身的精神，造就了多少仁人志士，升华为多少刚健雄浑之作！“人生自古谁无死，留取丹心照汗青！”文天祥的这句诗，可谓无畏和献身精神的最集中体现，同时也是中国古代雄浑美心理感受的最佳说明。从“苏世独立，横而不流”“秉德无私，参天地”的屈原，到“老骥伏枥，志在千里”的曹操，

① 康德：《判断力批判》，北京：商务印书馆，1964年，第102页。

“仗清刚之气”的刘琨；从“念天地之悠悠，独怆然而涕下”，倡导“汉魏风骨”的陈子昂，到忧国忧民、诗风雄浑的韩愈杜甫；从至死不忘国耻国难的陆游到高唱“八百里分麾下炙，五十弦翻塞外音”的辛弃疾；从“怒发冲冠”“壮怀激烈”的岳飞，到呼吁天公重抖擞的龚自珍……其间多少英雄泪，报国志！多少鞠躬尽瘁，多少赤胆忠心！多少临危不惧，视死如归！都化作那雄浑豪迈的伟大诗章，谱写出中华民族的正气歌！那些音韵铿锵、气势雄浑而又饱蕴着爱国深情、和着血泪写就的诗作，就是铁打的汉子也得感动！只要我们仔细品味一下，就不难发现，这雄浑之美中所包蕴的，不正是那仁以为己任、忧国忧民的拳拳之心吗？不正是那杀身成仁、临危不惧、甘赴国忧、视死如归的英雄气概吗！它绝不是害怕死亡，绝不是痛感和恐惧，而是一种崇高献身精神，一种伟大的牺牲感。一种超越了死亡恐惧的至大至刚的浩然正气！综观西方所有崇高观念的深层内蕴，我们不难发现这样一个事实：西方的崇高范畴之中深深埋藏着一颗内核——痛苦。崇高是由痛苦导出的，是痛苦情感的迸发。由痛苦升华为那震撼人心的崇高之美，升华为那数的崇高与力的崇高，升华为那光辉灿烂之最高境界！

三

总而言之，痛苦是文学艺术审美快感的真正来源，更是崇高范畴的真正来源，由痛苦升华为快乐，由痛苦升华为崇高，这不仅是古希腊艺术的悲剧精神，也是西方崇高理论的核心论点。崇拜康德与叔本华学说的王国维，正是从这一角度来认识文学艺术的。他认为，生活就是痛苦，“呜呼，宇宙一生活之欲而已！而此生活之欲之罪过，即以生活之苦痛罚之，此即宇宙之永远的正义也。自犯罪，自加罚，自忏悔，自解脱。”而文学艺术，就是要描写生活中之痛苦，求其解脱，升华为审美静观，“美术之务，在描写人生之苦痛与其解脱之道”（《红楼梦评论》）。这种以痛苦为核心的艺术观，正是叔本华观点的翻版。王国维的崇高（壮美）观点亦如此：“若此物大不利于吾人，而吾人生活之意志为之破裂，因之意志遁去，而知力得为独立之作用，以深观其物，吾人谓此物曰壮美之情。”王国维认为，引起壮美的事物皆为痛苦恐惧之物，如“地狱变相之图，决斗垂死之象，庐江小吏之诗，雁门尚书之曲，其人固氓庶之所共怜。其遇虽戾夫为之流涕”（《红楼梦评论》）。

让我们回过头来看看中国。除了王国维这种从西方贩运来的崇高论以外，中国的雄浑范畴，有无与西方相类似的、以痛苦为核心的雄浑观念呢？应当说，中国也并非完全没有这种由痛苦而升华为文学艺术作品，升华为雄浑境界之论。我们前面曾经提及的司马迁的发愤著书说，即为一例。司马迁认为，文学乃是人们心怀郁结，不得通其道的痛苦情感的喷发。当人们在逆境之中，在痛苦之际，在不得志之时，往往会发愤著书。他以屈原为例，指出："夫天者，人之始也；父母者，人之本也。人穷则反本，故劳苦倦极，未尝不呼天地；疾痛惨怛，未尝不呼父母也。屈平正道直行，竭忠尽智以事其君，谗人间之，可谓穷矣。信而见疑，忠而被谤，能无怨乎？屈平之作《离骚》，盖自怨生也。"（《史记·屈原传》）这种由痛苦而升华为文学作品之论，其实也正是司马迁自己的深切体会。司马迁在受了刑以后，痛苦万分，他认为祸莫大于欲利，悲莫痛于伤心，行莫丑于辱先，诟莫大于宫刑。因此，他"肠一日而九回，居则忽忽若有所亡，出则不知所往。每念斯耻，汗未尝不发背沾衣也！"（《报任安书》）钱钟书先生在《诗可以怨》一文中说："尼采曾把母鸡下蛋的啼叫和诗人的歌唱相提并论，说都是痛苦使然。这家常而生动的比拟也恰恰符合中国文艺传统里的一个流行意见：苦痛比快乐更能产生诗歌，好诗主要是不愉快、苦恼或'穷愁'的表现和发泄。"①

的确，在中国古代，主张痛苦出诗人之论，代不乏人。钟嵘《诗品》评李陵曰："文多凄怆，怨者之流。陵，名家子，有殊才，生命不谐，声颓身丧，使陵不遭辛苦，其文亦何能至此！"韩愈则提出了"不平则鸣"的观点，认为"其歌也有思，其哭也有怀。凡出乎口而为声者，其皆有弗平者乎！"（《送孟东野序》）这种歌哭之思与怀，不正是痛苦使然吗。陆游则深有感触地说："盖人之情，悲愤积于中而无言，始发为诗。不然，无诗矣。"（《渭南文集》卷十五）痛苦出诗人，发愤则著书，在这一点上，中西人生美学确有相通之处。同样，雄浑范畴也与崇高范畴有一些相似之处，即由痛苦升华为悲壮雄浑之境界。黄宗羲十分赞同韩愈"和平之音淡薄，而愁思之音要妙；欢愉之辞难工，而穷苦之言易好"的说法。认为那些传世之作，皆是逐臣、弃妇、孽子、穷人，发言哀断，痛苦之极的产物。而那雄浑之作，正是这极痛惨怛、哀怨愤诽之中的迸发。他在《缩斋文集序》中评其弟泽望说，泽望"其以孤愤绝人，彷

① 《比较文学论文集》，北京：北京大学出版社1984年，第32页。

徨痛哭于山巅水澨之际”。痛苦郁于心中，其作品遂升华为雄浑之境界：如铁壁鬼谷，似瀑布乱礁，如孤鸣鸱啸，似鹳鹤缊笑。黄宗羲认为，这种文章好比天地之阳气，壮美刚劲。“今泽望之文，亦阳气也，无视葭灰，不啻千钧之压也！”[①]不仅个人的痛苦如此，整个时代的痛苦也能酿成雄浑之美，“夫文章，天地之元气也”。元气在平时，昆仑磅礴，和声顺气，无所见奇。而在痛苦的时代，就会喷薄而出，升华为雄浑之阳刚大美：“逮夫厄运危时，天地闭塞，元气鼓荡而出，拥勇郁遏，坌愤激讦，而后至文生焉。”[②]这段话，也完全适合于动乱的建安时代所产生的建安风骨。主张这种雄浑来自痛怨激愤的观点，并不止黄宗羲一人，中国不少文论家对此都有所认识。刘勰说：“刘琨雅壮而多风，卢谌情发而理昭，亦遇之于时势也。”（《文心雕龙·才略》）刘琨时逢永嘉丧乱，国破家亡，心怀郁结，欲展其匡世济俗之志而不可得，一种壮志难酬之气，激荡心胸，发为诗歌，则必然仰天长啸，壮怀激烈，其诗雄浑壮美，雅壮多风。李贽等人所主张的，更是愤愤激昂、欲杀欲割、发狂大叫、流涕痛哭的雄浑美。

尽管中西方人生美学都有痛苦出诗人之说，痛苦产生雄浑崇高之论，但我们仍然不难感到，中西方人生美学对痛苦的态度是不一样的。西方人对文学艺术中的痛苦有着特殊的热爱，他们认为，激烈的痛苦，令人惊心动魄的痛感，正是艺术魅力之所在，也正是崇高的真正来源。中国则与西方不完全一样，尽管中国也有“发愤著书”之说，“穷而后工”之论，“发狂大叫”之言，但这些并非正统理论。平和中正，“乐而不淫，哀而不伤”的乐天之论，才是正统的理论，什么激烈的痛苦，惊心魂魄，愤愤激讦，这些都是过分的东西，都是“伤”“淫”之属。因此，大凡哀过于伤，痛楚激讦之作，差不多都是被正统文人攻击的对象。屈原及其作品，即为突出的一例。

在中国文学史上，屈原可以说是最富于悲剧性的大诗人。其作品充满了精彩绝艳的雄浑美。因而鲁迅在《摩罗诗力说》中所推崇者，唯屈原一人。鲁迅认为，屈赋虽然终篇缺乏“反抗挑战”之言，但其“抽写哀怨，郁为奇文，茫洋在前，顾忌皆去，怼世俗之浑浊，颂己身之修能，怀疑自遂古之初，直至百物之琐末，放言无惮，为前人所不敢言”。但是这位抽写哀怨、放言无惮的悲剧性诗人，遭到了后世正统文人的激烈攻击。扬雄认为，屈原内心痛苦，投江

① 《中国历代文论选》三，上海：上海古籍出版社，1980年，第260页。

② 《中国历代文论选》三，上海：上海古籍出版社，1980年，第264页。

自杀是极不明智之举。他认为君子应当听天安命，不应当愤世嫉俗，“君子得时则大行，不得时则龙蛇。遇不遇，命也；何必湛身哉！”（《汉书·扬雄传》）班固则更激烈地抨击屈原为过激，而主张安命自守，不应露才扬己，愁神苦思，“且君子道穷，命矣。故潜龙不见是而无闷，《关雎》哀周道而不伤。蘧瑗持可怀之志，宁武保如愚之性，咸以全命避害，不受世患。故大雅曰：‘暨明且哲，以保其身。’斯为贵矣。”班固认为不应当有痛苦，更不应当表现出来，甚至无论受到什么不公平遭遇也应当安之若命，不痛苦不悲伤。屈原恰恰不符合这种“无闷”“不伤”的要求，他内心极为痛苦，作品极为放肆敢言，情感极为浓烈怨愤，于是乎班固激烈攻击道：“今若屈原，露才扬己，竞乎危国群小之间，以离谗贼。然责数怀王，怨恶椒兰，愁神苦思，强非其人，忿怼不容，沈江而死，亦贬絜狂狷景行之士。多称昆仑宓妃冥婚虚无之语，皆非法度之政，经义所载。”（班固《离骚序》）班固这种几乎不近人情的要求，充分体现了中国古代的正统观念。这种观念对待痛苦的态度是，不应当有太过分的痛苦，因为过分的痛苦就会产生激愤怨怒之作，就会过淫、太伤，这不仅对统治不利，对“教化”不利，并且对人的身心健康也不利。《乐记》说：“奸声乱色，不留聪明；淫乐慝礼，不接心术；惰慢邪辟之气，不设于身体。”因此，文艺的目的，并不是发泄欲望，宣泄痛苦，而是节制欲望，反情和志；不是表现极为痛苦悲惨的场面令观众惊心动魄，而是表现平和中正、不哀不怨的内容让人心平气和、安分守己，“故曰：乐者，乐也”。所谓乐（指一种音乐、舞蹈、诗歌三合一的上古乐舞），就是让人快乐的，而不是让人痛苦的；是节制欲望的，而不是宣泄欲望的。所以说，“君子乐得其道，小人乐得其欲。以道制欲，则乐而不乱；以欲忘道，则惑而不乐。是故君子反情以和其志，广乐以成其教”。“反情”，孔颖达疏：“反情以和其志者，反己淫欲之情以谐和德义之志也。”即节制情感使其不过淫过伤，就能保持平和安分的状态，这样便国治家宁，身体健康了。“故乐行而伦清，耳目聪明，血气和平，移风易俗，天下皆宁。”（《乐记》）这种“乐而不淫，哀而不伤”的正统观念，数千年来，一直被中国文人奉为金科玉律，在很大程度上，淹没了中国文学中的悲剧观念，也遏制了中国雄浑观念的进一步深化。无论是令人惊心动魄、催人泪下的悲剧，还是令人恐惧痛苦的文学作品以及叫嗥怒张，发狂大叫，反抗挑战的崇高雄浑，都被这抑制情感所“乐而不淫，哀而不伤”的中和美抹去了棱角，被拘囿于“发乎情，止乎礼义”的无形囹圄之中，而丧失了其生命的活力，最终在“温柔敦厚”攘条中失去了力量。难怪梁启超说，中国文艺“于发扬蹈厉之气尤缺”。在“温柔敦厚”的正统观念的统治和压抑下，所有反叛的企图都不可能得逞，李贽之死就是一大明证。我们甚至还发现这样一个不正常的现象，在中国古代，不少具有雄浑色彩的作家作品，都与异端密切相关。例如：屈原的放言无惮，司马迁的发愤著书，建安诗人的洒笔酣歌，李白不肯摧眉折腰，李贽的发狂大叫，龚自珍的疾声高呼……尽管人们不得不承认这些作家及作品的伟大，但是在正统文人看来，这些人皆是些狂狷景行之士，所以屈原受责骂，司马迁被说成是作“谤书”，曹操为“奸雄”，李白是狂生，李贽等人更是令正统观念所不容。至于主张痛感的雄浑理论，也不被正统所容，如韩愈及其弟子的怪怪奇奇之论，李贽等人的流涕痛哭、欲杀欲割之说，等等。

近百年来，中国学术界一直在争论，中国究竟有无悲剧？如有，为什么与西方的悲剧不一样？如没有，那为什么中国产生不了悲剧？这些问题长时期以来一直困扰着中国的学术界。近些年来，又引起了中国有无崇高范畴之争。笔者认为，不少人在探讨这些问题时，都忘记了追寻它们的最终根源——中西方对情欲，尤其是对痛苦的不同态度。

为什么中国没有西方那种给人以毁灭感的令人惊心动魄的悲剧？最重要的原因是中国文化形成的这种抑制情感的“温柔敦厚”说在起作用。西方人宁愿在艺术中描写痛苦，欣赏毁灭的痛感，而中国人却尽量避免痛苦，反对哀过于伤，更不愿看到惨不忍睹的毁灭性结局，宁愿在虚幻的美好结局之中获得平和中正的心理平衡，而不愿在激烈痛苦的宣泄之中获得由痛感带来的心理平衡，而不愿在激烈痛苦的宣泄之中获得由痛感带来的快感。这种不同的文学艺术传统及不同的审美心态，正是西方崇高范畴与中国雄浑范畴产生的不同土壤。从某种意义说，西方文学艺术传统里有一种偏爱痛苦的特征，因此，西方将悲剧尊为文学类型之冠，将崇高视为美的最高境界。因为它们都是激烈痛苦的最高升华。与西方相反，中国文学艺术往往具有一种尽量避免激烈的痛苦、尽量逃避悲剧的倾向。因此，即便是悲剧，也要加进插科打诨，即便结局不幸，也要补一个光明的尾巴，以冲淡过于哀伤的气氛，以获得平和的心理效果。雄浑范畴也尽量讲浩然正气，阳刚之美，而不重看由痛感激起的惊惧恐怖、雄奇伟大。

值得指出的是，中国古代这种克制情欲、回避痛苦、逃避悲剧的倾向，并非仅仅受儒家“乐而不淫，哀而不伤”“温柔敦厚”等观点的影响，而且还受到道家归真返璞、柔弱处世、乐天安命观念的影响。当然，如果从哲学意义上讲，道家思想是充满了悲剧色彩的。如前所述，老、庄都极睿智地认识到：人生即痛苦，人生便是悲剧。老子说："吾所以有大患者，为吾有身。及吾无身，吾有何患！"（《老子》十三章）因为有身就有欲，有欲就有痛苦。有身就有死，有死就有悲哀。"人生天地之间，若白驹之过隙，忽然而已。……已化而生，又化而死。生物哀之，人类悲之。"（《庄子·知北游》）这个看法与叔本华等人的观点十分近似，完全具有生命的悲剧意识了。不过面对欲望与死亡的悲剧，老、庄不是直面惨淡的人生，而是想方设法回避它。对于欲望，老子主张克制它，只要克制了欲望，知足安分，即可去悲为乐，"祸莫大于不知足，咎莫大于欲得。故知足之足，常足矣"（《老子》四十六章）。"知足不辱，知止不殆，可以长久。"（《老子》四十四章）庄子说："安时处顺，哀乐不能入也。"（《庄子·大宗师》）只要安时处顺，知足长乐，欲望得不到实现的痛苦，就顿时化解了。对于死亡之悲剧，老子主张"归根复命"，这样便能长久（《老子》十六章》。庄子则主张回到大自然，与大自然同化（物化），达到"天地与我并生，而万物与我为一"（《庄子·齐物论》的境界，就可以获得长生，而逃避死亡的悲剧。

老庄这种消极退避的哲学，极大地化解了中国文人的悲剧意识。因为它不像西方悲剧意识那样，积极地与可怕的大自然斗争，与可怕的命运相抗，而是回避、退让。"知其不可为而安之若命"。这种乐天安命思想，是逃避人生悲剧的最好防空洞。数千年来，多少失意文人在老庄哲学中找到了归宿，在消极退让中逃避了人生的悲剧！仕途失意者、情场失恋者以及承受各种各样的人生痛苦者，都可以在老庄哲学中找到归宿，得到释躁平矜、逃避痛苦的慰藉。在这里，不需要将血淋淋的痛苦表现出来，而是在安之若命的训条之中淡化人生的痛苦，免去人生的悲剧。中国古代那些多得数不清的山水诗、田园诗、水墨画，就有不少属于那些逃避悲剧者的杰作。青山绿水，花香鸟语，古刹清钟，白云闲鹤，在这清幽淡远的意境之中，安时处顺，与天地同乐，消尽了人间的烦恼，化解了生活之痛苦，解除了抗争之意志。这是逃避悲剧的多么美好的一处桃花源！当然，中国古代也有以悲为美的文学艺术传统，悲秋伤时，愁绪满怀，感时叹逝，在绝大多数文人作品之中都不难找到。从宋玉的"悲哉秋之为气也！"到杜甫的"万里悲秋常做客"，从曹植的"高台多悲风"，到李白的"抽刀断水水更长，举杯浇愁愁更愁"；从李煜的"问君能有几多愁，恰似一江春水向东流”，到李清照的“梧桐更兼细雨，到黄昏，点点滴滴。这次第，怎一个愁字了得！”愁啊悲啊！感哟伤哟！谁说中国没有悲愁痛苦？不过，谁都不难体会出来，这种哀哀怨怨，如春江流水，似梧桐细雨般的悲愁，自然不能与西方文学中那神鹰啄食人的肝脏，儿子亲手杀死母亲那种令人恐惧的悲痛相提并论。在中国文学艺术中，悲秋感怀、伤时叹逝等淡淡的悲愁哀怨，成为最时髦的情感。因为它符合“乐而不淫，哀而不伤”的要求，微微的哀，淡淡的愁，既能释躁平矜，获得心理的平衡，从而逃避人生的痛苦，又对社会无害，不会产生“乐而不为道，则乱”的效果。有时，这种淡淡的悲愁，甚至由于时髦而落了俗套，似乎谁不言愁就无诗意，不言愁就不高明。于是不少诗人作诗，往往是“为赋新诗强说愁”。这种似悲秋、如流水、如点点滴滴的黄昏雨般的悲愁，并没有成为中国雄浑范畴的内核，相反，这哀哀愁愁的悲愁，恰恰强化了中国古代文学的力量和气势等阳刚之美，使中国古代文学艺术的美学色彩更加阴柔化，更加细腻，也更加女性化。粗犷的、野蛮的、凶猛的东西，在这里绝无市场。中国的雄浑范畴，根本不能从这种悲悲切切、凄凄惨惨之中，汲取那令人惊心动魄的、令人热血沸腾的美。这种哀哀怨怨的悲，决不是西方悲剧的悲，也决不是雄浑崇高的来源。而是“哀而不伤”的悲。

我们承认，主张抑制情感、试图逃避悲剧的儒家与道家，都产生了雄浑观念。但应当看到，这些雄浑观念与西方崇高范畴的来源是不尽相同的。儒家的“大”，那至大至刚的“浩然之气”，更多的是来源于仁义道德的充实，是道德上的崇高气节与身精神。而道家的“大”，那“水击三千”的大鹏形象，是与大自然化为一体，在“物化”中回归大自然的归根复命；是归真返璞，从而达到“天地与我并生；万物与我为一”的超越性境界的产物。这两者皆与柏克、康德等人所说的崇高来源不相同。认识到这一差别，才算真正认识到了中国的人生美学，同时也才能认识到中国古代为什么没有出现西方式的悲剧，为什么没有出现西方那种主体与客体的强烈对抗，由恐惧痛感而产生的崇高（sublime）。更重要的是应当从这种比较之中，认识到中西方文化的不同特征，承认它们各自的特色。

第四章　审美取向性范式归因

人生不可能总是充满欢乐。历史学家汤因比曾把人类文化的起源与发展概括为挑战与应战。挑战，是指人类的生存受到根本性的威胁和压力；应战，是指人类针对这种根本性的威胁和压力所进行的有效斗争。正是在这种挑战与应战中诞生了人类的文化，同时促进了人类文化的成长。挑战给人类文化带来困境，而应战则又使这种困境得以消解，使人战胜毁灭，不断发展。挑战与应战给人类带来现实的悲剧性并随之产生一种具有意识形态性的悲剧意识。这种悲剧意识既暴露了人类、文化的困境，同时又从形式上和情感上弥合了人类、文化的困境。它可以“转移”痛苦，化“悲”为“乐”。从这个意义上讲，这种弥合也就是人类对挑战的应战。亚里士多德说：“悲剧是对于一个严肃、完整、有一定长度的行动的模仿。”这里所谓的“严肃”，就是指陷入困境，受到挑战，而所谓“一定长度”，则意味着将这种困境给以艺术与形式化。人给困境一定的艺术与形式化，人就把握并消解了这种困境。司马迁认为审美创作活动的发生与开展“盖自怨生”，是创作主体“意有所郁结，不得通其道也，故述往事，思来者”，是“发愤著书”。所谓“怨”“郁结”，就是指陷入困境，而“述往事，思来者”，“著书”则是给这种“怨”与“郁结”以一定的艺术形式，并把握住这种情感，并消解、净化这种情感，以转“悲”为“乐”，获得心理的平衡。具体分析起来，中西方人生美学在对待这种悲剧意识上是既统一又有所不同的。如果说西方表现为拿别人的痛苦来“享乐”，以“转移”痛苦，消解悲剧意识的话，那么，中国的人生美学则表现为如何平衡自己的心理，“忘”掉世俗之“累”，通过自我的一种活动，来“逃避”痛苦，化“悲”为“乐”。

一

柏拉图与亚里士多德二人，既是师生，又都是西方思想界与文论界的奠基者和伟人，而他们二人在对悲剧意识的认识以及在对待给人以美的享受的文学艺术上，却观点迥异。亚里士多德认为文学应当描写人生痛苦，描写乱伦、互相仇杀，即主张文学艺术应当激起人们的“恐惧”与“怜悯”的情感。但柏拉图看来，这种情感是丑陋的。这种情感，无非是“拿旁人的痛苦来让自己取乐”[①]。正如波瓦洛所坦然承认的：“为我们娱乐，那悲剧涕泪纵横，替血腥的俄狄浦斯发出惨痛的呼声，替弑母的俄瑞斯忒斯表演出惊惶震骇，它迫使我们流泪却为着我们遣怀。……倘若戏剧动作里出现的那感人的冲击，不能使我们的心头充满甘美的‘恐惧’，或在我们灵魂里不能激起‘怜悯’的快感，则你尽管摆场面、要手法，都是枉然。”[②]“恐惧是痛感，但诗人将它变成了快感，这里所谓‘甘美的恐惧’（a gratifying terror）[③]，正说明了它是痛感中的快感，是令人毛骨悚然之中的‘甘美’”。“愉快的怜悯”（a beguiling pity）同样是丑中之美。亚里士多德想要激起的，正是被柏拉图称之为“拿别人的痛苦来取乐”的这种情感，这种“癖”（哀怜癖、感伤癖）。亚氏在《诗学》中指出，我们要求悲剧给人以“一种它特别能给的快感”，那就是从痛苦之中，从恐惧之中激起我们的怜悯与恐惧之情，使之“惊心动魄，发生怜悯之情”，因为“恐惧乃是一种痛苦的或困恼的情绪”，“怜悯乃是一种痛苦”[④]。为了表现这种痛苦并使观众感到“痛苦”，诗人就要专门研究一下，“哪些行动是可怕的或可怜的”（《诗学》14章）。自然，这些“可怕”的“痛苦”的行动，多半是仇杀、死亡，是“丑”，正如博马舍所说：“在我读古代悲剧的时候，我就被一种个人的愤怒的感情所侵扰，我反对残酷的诸神，他们让如此可怕的灾祸堆在无辜者的身上。俄狄浦斯、伊俄卡斯达、费德拉、亚里阿德尼、费罗克忒忒斯、俄瑞斯忒斯等等……在那些剧本里，每件事在我看来都似乎是奇怪而且可恶的：不加约束的激情，万恶的罪行……在全部这类悲剧中，我们经历不到别的，只有毁灭、血

---

① 柏拉图：《理想国》卷十，参见《柏拉图文艺对话集》，第86页。

② 波瓦洛：《诗的艺术》，译文参见《西方文论选》，第295–296页。

③ 英文参见 Critical Theory Since Plato, edited by Hazard Adams, New York, 1971，下同。

④ 亚里士多德：《修辞学》第五章、第八章，译文参见缪朗山《西方文艺理论史纲》，北京：中国人民大学出版社，1985年，第88页。

海、杀人无算，最后无非是达到下毒、谋杀、乱伦、弑亲的结尾。”[①] 而亚里士多德要诗人们所应当“研究”和“摹仿”的，正是这些“可怕”与“可怜”行动，并要求诗人用这些“毁灭”“血海”“下毒”“谋杀”等痛苦的、丑恶的、恐怖的行动和事件来让观众“取乐”“获得快感”，令人从恐惧和“惊心动魄”“毛骨悚然”的激动和情绪之中“惊”出“愉快”，体验到由痛感转化来的快感与“美”。

应当说，亚里士多德这种由痛感化快感，由丑情化为审美享受的文艺理论观点，包含极为深刻的艺术哲理。这种“热爱痛苦”“欣赏痛苦”的艺术观，正是西方悲剧精神的支柱。尼采的名著《悲剧的诞生》正是抓住了这一点，才显得作者似乎“独具慧眼”。正如尼采自己所说:“我开始抓住了一个危险的问题——我抓住了它的角，就像抓住魔鬼（Old Nick）的角一样——那是个十分棘手的问题:博学者之研究的问题。”[②] 尼采抓住的是什么问题呢？那就是“到底是什么因素使得希腊人倾向悲剧”？“我们应如何阐释希腊人之对于丑恶的欲求，或对于早期希腊人之悲观主义教条之严格的承诺？或者是他们对于人类经验上为丑陋的、邪恶的、混乱的、倾颓的、不吉利的悲剧精神之承诺吗”[③]？经过研究，尼采终于发现，希腊悲剧精神就是将人生的痛苦转化为审美的快乐，他指出:“希腊人很敏锐地觉知存在之恐惧与怖慄，但无论如何，为了能够生存下去，他们得置身于奥林帕斯之炫惑的幻想之前。……贪婪的兀鹰在啄食那伟大的博爱主义者——普罗米修斯；聪明的俄狄浦斯，他那悲惨的命运；对于阿特留斯家族的诅咒，使向奥莱斯特斯变成了谋杀母亲的凶手：所有这一切令人怖慄的哲学，简而言之，以其神话性的譬喻，以这些虚妄的奥林帕斯，竟一而再，再而三地使得伊特鲁里亚灭亡，也使得希腊人被征服了——起码，使得他们从人们的眼中消失。无论如何，为了生存，希腊人得建构这个神，阿波罗式之美的需要，必须使得奥林帕斯从原来的巨大的恐怖群，而慢慢地，一点点儿地改变成快乐群，就如同玫瑰花在多刺的薮聚中扬葩吐艳一般。除此而外，生命还有什么可能会从这些如此神经过敏的、如此强烈的情绪的、如此乐于受折磨的民族中诞生下来呢？也是同样的驱策力，使得艺术成为可

① 博马舍:《论严肃戏剧》，见《西方文论选》，第399–400页。

② 尼采:《悲剧的诞生》中译本，长沙：湖南人民出版社，1986年，第3页。该书译名与前引书译名稍有不同。

③ 同上书，第7页。

能，使得艺术成为存在之完整的体现。”[①] 尼采发现的，正是亚里士多德早就意识到的化恐惧、痛苦为艺术美，从血淋淋的“苦难”之中让艺术之花扬葩吐艳。痛苦、恐惧、毛骨悚然，这些被博马舍称为丑的情绪，恰恰是悲剧之艳丽花朵的沃土，这就是亚里士多德向我们展示的艺术哲理——化丑情为美感。

亚里士多德大概不会不知道柏拉图对诗人“不道德”的谴责，因为诗人们最喜欢将人性之丑恶赤裸裸地展现出来，他们热衷于“摹仿罪恶、放荡、卑鄙和淫秽”[②]。然而古希腊人的生活本来就比较放荡，正如马克思所说：“希腊人中，自始至终在男子中流行着极端的自私自利。”“淫荡——文明繁盛时期在希腊和罗马城市是如何骇人听闻。”[③] 有什么样的社会生活，就会产生什么样的文艺作品，而这也同时会铸造出喜欢并欣赏描绘这类生活的文艺作品的观众，作家们热衷于模仿罪恶、乱伦、谋杀、放荡、淫秽、冒险、杀人，观众就在这人性丑恶的展示之中认识到这血淋淋的社会和人生，并且从中感受到恐惧、战栗、痛苦、哀伤和怜悯。诗人们告诉了人们什么呢？在柏拉图看来：“他们说，许多坏人享福，许多好人遭殃；不公正倒很有益，只要不让人看破，公正只对旁人有好处，对自己却是损失。”[④] 依照柏拉图的逻辑，古希腊绝大部分作品都在“败坏人心”，因此应当被否定，绝大多数作家应受到谴责，并将他们赶走。然而，这不过是柏拉图的一厢情愿罢了。古希腊人并不听从这位“老迂腐”“老学究”的絮絮叨叨，而是如痴如狂地在广场上，在剧场中欣赏着这些冒险、乱伦、谋杀和淫荡。面对这一现实，亚里士多德用其“化丑为美”的艺术哲理，为作品中表现的人性丑恶找到了可令人接受的解释。

在《诗学》中，我们丝毫看不到亚氏对诗人描写人性丑恶的谴责，恰恰相反，亚氏要求作家就是要写“好人遭难”，而且这种“遭难”，往往是与仇杀、乱伦等丑恶联系在一起的。“因为怜悯是由一个人遭受不应遭受的厄运而引起的”（《诗学》13章）。而要达到这种效果“只有当亲属之间发生苦难事件时才行，例如弟兄对弟兄、儿子对父亲、母亲对儿子或儿子对母亲施行杀害或企图杀害，或作这类的事——这些事件才是诗人所应追求的”（《诗学》14章）。读到这一段话，人们常常会十分困惑，一贯主张“美德”的亚里士多德，为什么

---

① 尼采：《悲剧的诞生》中译本，北京：中国人民大学出版社，1980年，第34页。

② 柏拉图：《理想国》卷二至卷三，见《柏拉图文艺对话集》，第62页。

③ 马克思：《摩尔根〈古代社会〉一书摘要》，北京：人民出版社，1956年，第30–40页。

④ 《柏拉图文艺对话集》，第46页。

却偏偏教导诗人描绘亲人互相仇杀的故事去“败坏人心”呢？对此，许多理论家皆避而不谈。

其实，亚里士德并非善恶不分的糊涂人，恰恰相反，他是一个是非分明、头脑异常清楚、极有理性的人。他清醒地认识到，艺术不是政治和伦理道德，不能用政治观点来强迫诗人，因为“衡量诗人与衡量政治正确与否，标准不一样”(《诗学》25章)。(亚氏所说的“政治”，包括伦理道德)柏拉图衡量诗，就是用政治的标准来衡量的，因此他得出了将诗人赶走的不合情理之见。亚氏认为，诗要达到的效果，与政治要求的秩序与稳定不一样，与世人的伦理尺度也不一样。诗的目的在于激起人的情感，并使种种恐惧、痛苦、悲哀、怜悯之情绪得到宣泄、发散、净化和陶冶。因此，艺术恰恰可以模仿人性之丑来激起人的恐惧与怜悯，并使这种情感得到净化，令人达到心气平和之境[①]，从而达到化人性丑为艺术美的目的。人们不但从乱伦、仇杀、罪恶的艺术模仿之中获得了审美的快感，而且也得到了一种“净化”。西方现代艺术的“恶之花”，在某种程度上正是这种文论思想的继承和实践。因写出诗集《恶之花》的波德莱尔，曾被社会谴责为“诲淫”，“妨害公共道德”，他与出版商均被法院处以罚款。然而正是这“恶之花”，使他真正成为西方现代派文学的伟大先驱。波德莱尔的文艺思想，就是化丑为美。他说：“在我看来，把恶之美提炼出来是有趣的。”“丑恶经过艺术的表现化而为美，带有韵律和节奏的痛苦使精神充满了一种平静的快乐，这是艺术的奇妙的特权之一。”[②]波德莱尔所说的这种化丑为美”的艺术的“特权”，正是亚里士多德坚持诗与政治的不同之处。

需要特别指出的是，人性之丑不但成为西方现代派文学着笔的焦点之一，而且还成为西方当代文艺思想的引人注目的主题。弗洛伊德的学说及其影响之下的文艺理论，正着力探讨人性丑与艺术之美这个使人困惑又令人着迷的艺术哲理。“俄狄浦斯”，这个被亚里士多德在《诗学》中多次用过的例证，也同样被弗洛伊德作为例证，而且是作为最重要的例证。“杀父娶母”的乱伦，被提升为人类一种普遍的情绪，这就是所谓“俄狄浦斯情结”(Oedipus-complex)。事实上，弗洛伊德与亚里士多德的引证并非巧合，二者有着理论上的渊源关系。据朱光潜先生研究，弗洛伊德精神分析学派的产生，与学术界关于亚里士多德提出的悲剧的“净化”作用的讨论密切相关。他指出：“有一些情况似乎

① 曹顺庆：《亚里士多德的Katharsis与孔子的“发和说”》，《江汉论坛》1981年第6期。

② 龚翰熊：《现代西方文学思潮》，成都：四川大学出版社，1987年，第61页。

能说明，把亚里士多德净化说与弗洛伊德心理学联系起来是不无道理的。”首先，魏勒、贝尔内及其一派学者的著作中，有很大部分都十分接近把艺术看成潜意识愿望的升华这种弗洛伊德派的观点。强调给情绪以宣泄的机会的必要性，承认郁积的情绪像致病体液一样能导致精神病，似乎已露出了弗洛伊德派压抑概念的端倪。他们承认净化是“对灵魂起作用，就像药物对肉体起作用一样”，净化是被抑制的情绪的“缓和性宣泄”，可以使精神恢复平静。这种思想和弗洛伊德的思想显然是一致。其次，弗洛伊德本人常常把他探索潜意识深处的特殊方法称为“净化疗法”。“正是这种‘净化疗法’的发现掀起了精神分析运动”。弗洛伊德多次举例他与同事勃吕尔医生（R. Breuer）如何治好一个患疾病的年青姑娘的故事，弗洛伊德就是用“净化疗法”来解释这个病例的道理。因此，可以说，“弗洛伊德的心理学理论大概有许多地方得益于早在他写作之前诗学界就已热烈进行的关于悲剧净化作用的讨论”[①]。如果说弗洛伊德关于“压抑”（主要是性压抑）升华的精神分析学是一个理论之果，那么亚里士多德关于由人性丑转化为艺术美的观点就是一粒生命力极强的种子；从种子萌发到果实长成，其间经历了漫长的理论探索。然而，其基本内核却是早就种下了的：那就是人性之丑可以转化（升华）为艺术之美。只不过弗洛伊德几乎赤裸裸地肯定人性之丑为艺术创造和艺术鉴赏的直接原因，“杀父娶母”这样令人尴尬和使人难以接受的丑恶动机，居然是艺术杰作的根本动因。艺术家们不过是让他自己同时也让观众（读者）“体面地”发泄心中不可告人的丑恶，文学艺术不过是人类许许多多丑恶心理的艺术升华。这就是弗洛伊德坦率地向人类揭示的一个古老秘密——柏拉图所提出的人们为何喜欢“拿别人的痛苦取乐”。

其实，当人们沉浸在文学艺术作品之中时，不仅仅拿别人的痛苦取乐，同样也在拿自己的痛苦取乐，他们在从旁人痛苦之中取乐的同时，也释放了自己心中埋藏着的痛苦、压抑和不快，在欣赏完别人的“悲欢离合”之后，自己也得到了某种释放和缓解，这就是亚里士多德的“净化”（katharsis）与弗洛伊德“升华”的共同理论内涵。因此，亚里士多德与弗洛伊德的理论之间，不仅仅有理论上的渊源关系，而且更是文学艺术规律使然，所谓“势自不可异也”。中国古代的“发愤著书”（司马迁）、“蚌病成珠”（刘勰）等文艺思想，或多或

① 以上论述及引文参见朱光潜《悲剧心理学》，北京：人民文学出版社，1983年，第185–188页。

少与此有相似之处，当然，更多的是相异。这种相异，最鲜明地体现在老庄思想之中，体现在老、庄力图通过消解人的欲望，“忘”掉世俗之“累”，从而达到一种“至乐”的境界。这一点正是中国人生美学的核心精神之一。

二

“我是谁”？这是人类有史以来就不断困扰哲人们的一大问题。“认识你自己”，这是西方哲人的一句名言。老庄是如何认识自己的呢？老子一语道出了令人心颤的人类生存状况：“吾所以有大患者，为吾有身，及吾无身，吾有何患！”（《老子》13章）这句话，深刻言说了人类悲惨的生存状况。魏源解释道：“人唯自私其身，有欲则有患。……然则凡养身之可欲者，非大患而何？而人专重之，一若与生俱生而不肯暂舍焉，是岂非贵大患若身乎！”[①]确实，人类生存在一个被欲望所充塞的世界之中，人生之痛苦，人类之悲剧，正从这欲望充塞之中滚滚涌出：“今吾告子以人之情；目欲视色，耳欲察味，志气欲盈。人上寿百，中寿八十，下寿六十。除病瘦死丧忧患，其中开口而笑者，一月之日不过四五日而已。……小人殉财，君子殉名，其所以变其情，易其性，则异矣；乃至于弃其所为，而殉其所不为，则一也。”上自圣人君子，下至鄙俗小人，谁个不在欲望充塞之中苦苦煎熬：“且夫声色滋味权势之于人，心不待学而乐之”，人们无不“贪财而取慰，贪权而取竭”。即便圣人君子的高尚追求，不过也是悲惨的下场，如“比干剖心”，“子胥抉眼”（以上均见《庄子·盗跖》）。庄子哀叹这为欲望所役使的可悲人生：“人之生也，与忧俱生。”（《庄子·至乐》）人一来到这个世界上，便注定是要受苦受难的，“可不谓大哀乎”（《庄子·齐物论》）！人类这种痛苦悲惨的生活状况，其根源何在？老、庄认为是“欲”，正是无休止的欲望导致了人类的“终身役役”，“小人殉财，君子殉名”，“终生役役而不见成功，苶然疲役而不知所向，讳穷不免，求通不得，无以树业，无以养亲，不亦悲乎！人谓之不死，奚益！”一辈子忙忙碌碌却没有事业上的成功和建树，疲惫不堪地工作却找不到努力的方向，心里很希望摆脱穷困的境地却无法做到，想要谋求显达出人头地也做不到，无法成就自己的事业，甚至连父母妻儿都无法养活，这难道不是悲哀的事情吗？人们都说这种人

① 魏源：《老子本义》。

不死，活在世上有什么用处！？老子说："祸莫大于不知足，咎莫大于欲得。"（《老子》46章）"夫富者，苦身疾作，多积财而不得尽用，其为形也亦外矣。夫贵者，夜以继日，思虑善否，其为形也亦疏矣。人之生也，与忧俱生，寿者惛惛，久忧不死，何苦也！其为形也亦远矣。烈士为天下见善矣，未足以活身。吾未知善之诚善邪，诚不善邪？"（《庄子·至乐》）。因此，老、庄开出的拯救人类的药方首先是要消解人的欲望。只有消解了欲望，人类才可能从欲海深渊之中解脱出来。老子大力倡导无欲、知足："常使民无知无欲。"（《老子》3章）"知足之足，常足矣。"（46章）"我无欲而民自朴。"（57章）庄子说："同乎无知，其德不离；同乎无欲，是谓素朴。素朴而民性得矣。"（《马蹄》）老子还提出了消解欲望的方法——"不见可欲"："不尚贤，使民不争，不贵难得之货，使民不为盗，不见可欲，使民心不乱。"（《老子》3章）庄子提出"不撄人心"，所谓"撄"，即触动人心，扰乱人心。只要不撄人心，不挑起人的欲念，就可拯救人心，使社会安宁。《庄子·在宥》："老聃曰：'女慎无撄人心。……昔者黄帝始以仁义撄人之心，尧舜于是乎股无胈，胫无毛，以养天下之形，愁其五藏以为仁义，矜其血气以规法度，然犹有不胜也……于是乎喜怒相疑，愚知相欺，善否相非，诞信相讥，而天下衰矣……天下脊脊大乱，罪在撄人心。"让人们不见可欲，不撄人心，不引起人们的欲望，是为了让人们"同乎无欲"，达到恬淡无为之心境状态。"平易恬淡，则忧患不能入"（《庄子·刻意》）。鲁迅先生将这种"不撄人心"视为中国文化的劣根性，因为"不撄人心"的结果，是令人缺乏进取精神，打击了天才人物的创造性，造成了中国文化"宁蜷伏堕落而恶进取"的保守愚民倾向。鲁迅指出："中国之治，理想在不撄。……有人撄我，或有能撄人者，为民大禁，其意在安生，宁蜷伏堕落而恶进取，故性解之出，亦必竭全力死之。"（《摩罗诗力说》）鲁迅的确目光犀利，准确地抓住了中国文化之根本特征。然而，防欲，仅仅是消极的办法，实际上，人欲是难以真正堵住的。更好的消解，是"忘"，即忘掉欲望，从根本上杜绝欲念的搅扰。庄子主张，忘掉利欲是非，忘掉仁义道术（《大宗师》），人就能获得一种不受欲念支配的心灵自由，犹如鱼儿相忘于江湖一般，"鱼相忘于江湖，人相忘于道术"（《刻意》），只有"忘"，才能得到"适"，即舒适惬意，"忘足，履之适也；忘要（腰），带之适也；知忘是非，心之适也"（《达生》）。在"忘"的过程中达到恬淡素朴之境界，"无不忘也，无不有也，淡然无极而众美从之"（《刻意》）。不过，防欲也好，忘欲也好，只涉及老、庄对人类生存状态的关怀，还没有触及其核心问题——对生命意义的追求，而这一点，恰恰是老、庄对自我的消解中最深刻之处。

生命是什么？生命意味着欲望，欲望必然导致痛苦，“夫大块载我以形，劳我以生，佚我以老，息我以死”（《庄子·太宗师》）。生命不仅仅是痛苦的，而且是极为短暂无常的，“天与地无穷，人死者有时，操有时之具而托于无穷之间，忽然无异骐骥之驰过隙也”（《盗跖》）。从这“悲之”“哀之”的感叹之中，我们不难感受到庄子那强烈的对生命的关怀和眷念。不过，既然死亡不可避免，那么何必去悲叹痛苦呢？老庄对这一点是非常清楚的：“飘风不终朝，骤雨不终日；孰为此者，天地。天地尚不能久，而况于人乎？”（《老子》23章）“死生，命也，其有夜旦之长，天也。”（《大宗师》）面对死亡的悲哀，老庄既没有走向享乐的玩世主义，也没有走向类似于儒家“仁以为己任”的伦理性超越，即所谓“立德、立功、立言”三不朽；更没有走向宗教天堂的宗教性的彼岸世界。而是主张直面死亡，消解自我，这种消解自我，建构起了老庄独特的生命价值和人生意义。老、庄是直面死亡的，老子“患吾有身”，即包含对生命意义的独特看法，而庄子就说得更明白了。既然人生是痛苦，是忧患，是担心，是恐惧，总而言之，是生命之“累”（《庚桑楚》），那么死并非什么可怕之事，或许正是一种解脱。所以庄子提出：“以生为附赘县疣，以死为决疣溃痈。”（《大宗师》）活着不如死去。在这里，生命的意义被消解了。庄子妻子去世，庄子反而鼓盆而歌。这则故事，典型地体现了庄子对生命意义的消解：“庄子妻死，惠子吊之，庄子则方箕踞鼓盆而歌。惠子曰：‘与人居，长子、老、身死，不哭亦足矣，又鼓盆而歌，不亦甚乎！’庄子曰：‘不然。是其始死也，我独何能无概（慨）然？察其始，而本无生；非徒无生也，而本无形；非徒无形也，而本无气。杂乎芒芴之间，变而有气，气变而有形，形变而有生，今又变而之死。是相与为春秋冬春四时行也，人且偃然寝于巨室，而我嗷嗷然随而哭之，自以为不通乎命，故止也。”（《至乐》）消解生命的意义，即消解除了人间的痛苦，免却了生活之累。庄子对生命意义的消解，已经近乎宗教悲观厌世主义了。然而，老、庄却并没有真正迈向宗教的彼岸，这正是中西文化的最显著差异之一。

走向消解生命意义的老、庄，为什么没有走向宗教彼岸？其中体现了中国文化之深层精神。探源到此，追问到此，才算真正触摸到了中国文化及其艺术精神的真正根源。以死亡来解脱人间痛苦烦恼，这是老、庄与几乎所有宗教相似之处，然而，死了以后怎么样？是进天堂还是下地狱？是投胎富贵人家，还是变牛变马？这是所有宗教的一般思维模式。无论是基督教、佛教、伊斯兰教还是其他宗教，几乎都共同认为，死后的前景取决于生前的行为，为善者进天堂，作恶者下地狱，善有善报，恶有恶报。然而老、庄却偏偏没有走到这一步。死了就是死了，化为大自然的一部分，无所谓天堂，无所谓地狱，没有所谓为恶为善，亦没有所谓善恶相报，“死生，命也，其有夜旦之常，天也。人之有所不得与，皆物之情也”（《大宗师》）。善也好，恶也好，尧舜圣人，盗跖小人，死后都不过是腐骨一堆，黄土一抔。死，在老、庄看来，并没有宗教上的庄严意义，不是灵魂的救赎，天堂的飞升，也不是地狱之惨烈，轮回之祸福。死亡就如落叶归根，悄然返回大自然而已。“生也死之徒，死也生之始”（《知北游》）。“形变而有生，今又变而知死，是相与为春秋冬夏四时行也”（《至乐》）。没有这庄严、惨烈，也就消解了天堂、净土那辉煌灿烂的魅力，消解了神灵偶像那令人战战兢兢的威力。老、庄对生命意义的思考，不是指向彼岸天国，而是立足于此岸世界，这就是老、庄独特的“乐天”思想。死，其实是很容易的，在生的边缘多跨出一步，就达到了死亡的彼岸。老庄并不推崇这轻易而轻率的死亡。老、庄提倡的是一种超越自我、超越生命、超越死生的存在方式，一种战胜世俗利欲，战胜自我欲念，战胜死亡恐惧的齐万物、齐死生，与道合一的悠然自得的诗意般的人生栖息方式。这种诗意般的生存方式，绝非轻易可以达到。它需要直面现实人生，在欲海横流之中蝉蜕于秽浊，在利欲诱惑之中泯灭欲念，在死亡威胁之中忘却恐惧，总而言之，要从生活之“累”中解脱出来，才能战胜世俗，战胜自我，从而达到诗意般的生存方式。怎样来达到这种人生方式呢？老、庄的方法就是消解自我。老子说：“致虚极，守静笃。……夫物芸芸，各复归其根，归根曰静，是谓复命，复命曰常，知常曰明，……没身不殆。”（《老子》16章）魏源《老子本义》引苏辙的话解上文道：“万物皆作于性，皆复于性；犹华叶之生于根而归于根。性命者万物之根也，苟未能自复其性，虽止动息念以求静，非静也。故唯归根以复于命，而后湛然常存矣。”所谓“止动息念”“归根复命”，就是一种战胜欲念的消解自我方法。庄子的方法更明确，他提出“忘”这一路径，通过“忘”而达到战胜世俗欲念，消解自我。所谓“忘”，就是忘掉世俗利欲，忘掉人间是非，忘掉知，忘掉形，直至忘掉自我。“忘”的过程，就是一种消解过程，从忘利欲是非，到忘物、忘己，就是从战胜物欲到消解自我的过程，当达到“忘己”，消解了自我之时，也就是诗意人生实现之日：“忘乎物，忘乎天，其名为忘己。忘己之人，是谓入于天。”（《天地》）“无不忘也，无不有也，淡然无极而众美从之。”（《刻意》）这种“忘”，是有层次的，最高层次的“忘”为“忘己”，消解自我，与道合一。这就是庄子借假孔子与颜回的对话而提出的“坐忘”：“颜回曰：‘回益矣’，仲尼曰：‘何谓也？’曰：‘回忘仁义矣。’曰：‘可矣，犹未也。’他日复见，曰：‘回益矣，’曰：‘何谓也？’曰：‘回忘礼乐矣。’曰：‘可矣，犹未也。’他日复见，曰：‘回益矣。’曰：‘何谓也？’曰：‘回坐忘矣。’仲尼蹴然曰：‘何谓坐忘？’颜回曰：‘堕肢（枝）体，黜聪明，离形去知，同于大通，此谓坐忘。’仲尼曰：‘同则无好也，化则无常也，而果其贤乎！丘也请从而后也。”（《大宗师》）在这里，颜回不但忘掉了仁义礼乐，而且忘掉了自己的肢体，抛开了自己的聪明，离弃了形体，忘掉了知识智慧，与大道融通为一。当达到“堕肢（枝）体，黜聪明，离形去知”之时，也就是彻底消解了自我之时，也就是达到与大道或与存在本体合一的诗意人生境界。在这种境界中，已经没有人生之“累”，不但没有世俗之欲念，甚至没有死亡的恐惧，有的只是一切放下、一切忘却的澄明心境。这是一种独特的生命超越方式，是中国式的诗化人生。从忘物到忘天下，从忘己到忘掉死生，进入一种澄明的境界，一种无死无生的超脱。听听庄子的描述吧：“吾犹告而守之，三日而后能外天下；已外天下矣，吾又守之，七日而后能外物；已外物矣，吾又守之，九日而后能外生；已外生矣，而后能朝彻；朝彻，而后能见独；见独，而后能无古今；无古今，而后能入于不死不生。”（《大宗师》）从“外天下”（忘世俗世故）、“外物”（不被物役）、“外生”（忘掉死生），然后到达“朝彻”，即一种澄明洞彻之心境，体悟到绝对的道（见独），这种“道”，从某种意义上说即是“存在”“本质”等最根本的东西。与道同一，才能最终达到超越时空（无古今），超越生命，入于不死不生，不受生死之羁绊的最高境界。这种境界，决不是宗教彼岸境界，而是一种随心所欲的“游”的境界，是摆脱了世俗、仁义、痛苦、外物乃至死亡之羁绊的，无牵无挂的逍遥境界，“夫得是，至美至乐也。得至美而游乎至乐，谓之至人”（《庄子·田子方》）。这也就是所谓“无不忘也，无不有也，淡然无极而众美从之”的诗意般的人生境界。老庄这种对自我的消解，恰恰从某种意义上肯定了自我，老庄否定的是世俗世界的为利欲所羁绊的假我，而肯定了自由自在、无牵无挂的真我，这种纯真逍遥的乐天人生境界，充满了艺术精神。所以徐复观先生认为，老、庄，尤其是庄子这种由忘物、忘知、忘天下、忘己的功夫而达到的超越生命的境界，完全是一种艺术性的人生境界："从他们由修养的功夫到达的人生境界去看，则他们所用的功夫，乃是一个伟大艺术家的修养功夫，他们由功夫所达到的人生境界，本无心于艺术，却不期然而然地会归于今日之所谓艺术精神之上。也可以这样的说，当庄子从观念上去描述他之所谓道，而我们也只从观念上去加以把握时，这道便是思辨的形而上的性格。但当庄子把它当作人生的体验而加以陈述，我们应对于这种人生体验而得到了悟时，这便是彻头彻尾的艺术精神。""庄子所追求的道，与一个艺术家所呈现出的最高艺术精神，在本质上是完全相同，所不同的是：艺术家由此而成就艺术的作品；而庄子则由此而成就艺术的人生，庄子所要求、所待望的圣人、圣人、神人、真人，如实地说，只是人生自身的艺术化罢了。"①

三

从具体的途径来看，如果说西方文化在消解人生痛苦、化悲为乐方面所表现出的特点是拿别人的痛苦来"享乐"的话，那么中国人生美学所推崇的则是通过"游"与"忘"，以逃避痛苦并化悲为乐，消解现实生活给自己带来的痛苦。并且这种"忘"与"游"又具体地体现在通过审美创作活动，通过游历想象中的神仙境界、走向自然，与自然山水相游相戏，或通过饮酒与梦游等来忘掉痛苦、消解痛苦而获得审美的快感和喜悦的途径之中。首先，中国人生美学所标举的是通过审美创作活动来逃避痛苦并化悲为乐。通过审美创作化"痛"为"乐"与以"忘"对"忧"是中西人生美学的一个共同特点。就中国古代文化而言，这一现象可以追溯到先秦时期的审美创作实践，如《诗经》中的一些诗句就流露出作者作诗的动机是"心之忧矣，我歌且谣"，"君子作歌，维以告哀"，"维是褊心，是以为刺"。从事诗歌审美创作的动机是由于有"忧""哀"与"不平"等情感需要发泄，通过一种价值的转移，找到一种安慰的途径消解心中的非乐天因素，以求得心灵的宁静与愉悦。故后来孔子在对《诗经》的创作实践进行总结时说："诗可以怨。"屈原对审美创作的动机说得更为直截了当："惜诵以致愍兮，发愤以抒情。"有"愤"要抒，要消解，并使之转化为审美的

① 徐复观:《中国艺术精神》，台北：台湾学生书局，第50、56页。

快乐，始有诗歌审美创作的发生。这是先秦时期的作者从审美创作实践中所得到的体会和感悟。这也就是说，审美创作的心理动力是一种忧闷愤郁情感的宣泄和排遣，是化“痛”为“乐”，通过此，使创作主体的心理获得和谐与平衡，并从中探索审美的快乐。按照心理学的原理，情感是人对客观事物与人的需要之间的关系的反映，或者说是人对客观事物是否符合人的需要而产生的体验。因此，情感与需要是紧密联系在一起的。需要的满足与否可以引起情感的变化。尽管情感多种多样，但总归起来可划分为快乐与不快乐两大类。需要得到满足，引起主体快乐的情感，反之，则引起不快乐的情感。《管子》说：“凡人之情，得所欲则乐，逢所恶则忧，此贵贱之所同有也。”就指出人的本性是只要满足了自己想要满足的需要，就感到愉快和欢乐，遇上不能满足自己需要的时候，就感到不愉快、不快乐，产生幽怨的感情。从审美心理学的视角来看，审美情感通过审美体验来反映客体与人的需要之间的关系。审美体验活动中，由于审美主体的审美心理结构的作用，不愉快的情感也能通过审美需要的满足转化为一种审美快感，即经过净化的陶冶所产生的愉悦感受。因而，可以说，人们进行审美创作活动，主要就是追求通过对不愉快和不快乐情感的发泄与消解以使自己的本性需要和审美需要得到一定的满足，并由此获得审美的愉悦。显然，这也就是中国古代审美创作动机论所蕴含的主要美学思想和理论依据。

我们认为，中国古代作者从自己的审美创作实践中，直觉地体悟到审美创作的需要乃是一种“愤怨”的不愉快情感的排遣与消解，是“夺人酒杯，浇己块垒”，“寓化人解脱之意”，是渴望获得审美愉悦的需要，从而揭示出中国审美创作动机论的基本思想，这是十分可贵的。但是也应该看到，《诗经》作者的心“忧”而作歌谣以倾吐“哀”情，与屈原的“发愤以抒情”，从而获得对痛苦的消解与心灵的慰藉等对于审美创作心理需要的表述，以及孔子的“诗可以怨”，都仅仅是一般表述而已，涉及了中国审美创作动机论的基本思想，他们还没有也不可以对其具体内涵做更深一层的阐述。到了汉代，随着文学审美创作的发展，司马迁在对历史上的创作实践进行总结的基础上，通过自己的切身感受，始对化“痛”为“乐”这一审美创作动机做了比较具体、全面的论述。他在《史记·太史公自序》中说：“夫《诗》、《书》隐约者，欲遂其志之思也。昔西伯拘羑里，演《周易》；孔子厄陈、蔡，作《春秋》；屈原放逐，著《离骚》；左丘失明，厥有《国语》；孙子膑脚，而论兵法；不韦迁蜀，世传《吕览》；韩非囚秦，《说难》《孤愤》；《诗》三百篇，大抵贤圣发愤之所为作也。此人皆意有所郁结，不得通其道也。故述往事，思来者。”这里就明确指出生成审美创作的心理动力为“愤”，其具本内涵是“意有所郁结”，是压抑的心理状态需要消解。有了“愤”，且需要抒“发”，故有了“述往事，思来者”的审美创作的生成。这也就是说，著书的心理动力是为了使“不得通其道”之“郁结”心理有地方发泄、舒展与消解，从而达到“遂其志之思”，以获得消解，即获得审美愉悦的目的。不难看出，司马迁所认为的审美创作需要是创作主体通过对现实生活的深刻体验，积累了强烈的难以抑制的情感冲动，产生了发泄需要，渴望把自己所感受到的悲愤感伤之情用审美创作活动表现出来，以获得消解，即获得精神的解脱与心理的平衡，化“痛”为“乐”，得“遂其志之思”的观点，已经基本上形成中国古代审美动机论的理论框架。

司马迁提出的“发愤著书”的命题，在汉代就得到支持和继承。如东汉桓谭就借贾谊的遭遇为例，推崇“发愤著书”说。他说：“贾谊不左迁失志，则文采不发。”在他看来，贾谊之所以能写出那样优秀的作品，就是因为有志不得申，心有怨愤，渴望获得消解，化“痛”为“乐”的结果。何休也指出：“男女有所怨恨，相从而歌，饥者歌其食，劳者歌其事。”除了承袭“发”“愤”“遂”“志”，化“痛”为“乐”的基本观点外，他还进一步指出饥饿与劳苦等生活际遇给人带来的痛苦需要转换、消解，以获得精神超越是审美创作需要产生的动力。魏晋时期，审美心理学思想日趋成熟，并出现了刘勰这位卓越的文艺美学理论家。在他这里，“发”“愤”“遂”“志”，化“痛”为“乐”的基本观点又有了新的阐发和论述。他在《文心雕龙·明诗》中说：“人禀七情，应物斯感，感物吟志，莫非自然。”中国古代，在刘勰之前就有七情说，如《礼记·礼运》说：“何为人情？喜怒哀惧爱恶欲，七者弗学而能。”刘勰继承了前人的观点，肯定喜怒哀乐等情感的生成，有人生理的、心理的、天赋的一面，它以心理定式的形式作为接受审美对象所提供的信息的准备，又以已经形成的审美需要作为一种推动整体的内驱力，使审美创作主体的全身心都处于一种积极的期待状态，这样，一旦有了外“物”的刺激，在心理定式效应中的审美知觉，就会“自然”而敏锐地予以捕捉和接受，“应物斯感”，使之与审美需要的内力相撞击，从而将审美动机从心灵的深处唤醒。刘勰这样就从审美心理学的角度对“发”“愤”“遂”“志”，化“痛”为“乐”的审美创作动机论给予了理论上的丰富和肯定。不仅如此，在《情采》篇中，他又强调指出真正能够彪炳千秋的不朽之作，大多是发愤之作，是审美创作主体“志思蓄愤，而吟咏情性”，使愤怨心理得以消解，以通过此恢复遭到破坏的创作主体与外环境的和谐关系，保持在强烈的刺激下引起震动的内心平衡状态，从而满足审美创作需要的结果。《杂文》篇也说：“原兹文之设，乃发愤以表志。身挫凭乎道胜，时屯寄于情泰，莫不渊岳其心，麟凤其采，此立本之大要也。”就提出“志思蓄愤”说与“发愤表志”说，强调审美创作活动的产生与开展，是为了抒发与消解主体内心的烦闷与愤怨，宣泄主体自己的思想、情感、理想、愿望，化“痛”为“乐”，转悲为乐，达到自我实现，确证自己的本质力量；是为了创作主体有所失落与求而不得的失衡心理得到一种补偿，从而使其心理得到充实，使之达到平衡。同时，也揭示了中国艺术的精神实质是转悲为乐，展示了中国士大夫的乐天心态。

四

现代西方审美心理学的研究也表明，之所以需要审美，是因为人们有实现心理平衡的需求。审美心理的平衡主要通过两个途径来实现：一个是心理的空缺得到相应的补偿，使心理由不平衡达到平衡；一个是通过自由创造，在自己创造的精神产品、物质产品中充分展现、确证自己的本质力量，从而使心理得到充实和展现，以实现新的更高层次的心理平衡。中国古代“发”“愤”“遂”“志”，化“痛”为“乐”审美创作动机论所揭示的这种补偿与自我实现也是审美心理的基本原则之一。所谓补偿原则是指通过接纳外物审美特性和通过自我调节以弥补心灵的空缺，使生理、心理由失衡达到平衡、和谐。故而，刘勰强调所发之“愤”一定要真，只有在发自内心的怨愤心理推动之下，才能产生真正的化“痛”为“乐”审美创作需要，创作出来的作品也才能感发人意。如果“心非郁陶”（《楚辞·九辩》云：“岂不郁陶而思君兮。”王逸注：“愤念蓄积盈胸臆也。”），即没有真实的愤怨心理激发，而单是“为文而造情”，则不能使心理定式处于积极的期待状态，以产生强烈的审美创作冲动。因而，即使是写出作品，也必定是无病呻吟、苍白无力的。

同时，刘勰还指出，引起心理失衡的原因是多方面的。《辨骚》篇说：“观其骨鲠所树，肌肤所附，虽取熔经意，亦自铸伟辞。故《骚经》《九章》，朗丽以哀志；《九歌》《九辩》，绮靡以伤情；……《卜居》标放言之致，《渔父》寄独往之才。”他认为，从作品所表现的审美意蕴来看，有的“标放言之致”，有的“寄独往之才”；有的为“规讽之旨”；有的是“比兴之义”；有的则为“忠怨之辞”；有的又是“狷狭之志”，不管怎样，总的来看，不外“哀志”与“伤情”两类，或有所失落或求而不得，就人的天性而言，有所失落与求之不得都是人对于美的迫切需求以及这种需求尚未获得满足时的生理、心理的不平衡状态。人人都追求生命的延续、发展、完整、和谐，都有对于美的追求和欲望。当这种追求、欲望得不到满足时，便产生失落感、缺失感，乃至空虚感，造成生理的不适和心灵的苦闷彷徨、焦躁不安，乃至感到生活乏味，了无生趣。正如梁启超所说：“我确信‘美’是人类生活的一种要素，或者还是各种要素之中最重要者。倘若生活全部内容中把‘美’的成分抽去，恐怕便活不自在，甚至活不成。”当人体验到这种心灵的空所，感受到审美的迫切愿望时，使会自觉或不自觉地去寻求新的刺激，追求美的享受，用以补偿心灵的空白、寂寞、无聊，调节、慰藉自己的心灵，使心理由失衡达于平衡，使精神生活更加和谐、多色调，从而精神焕发，心气和平。

刘勰在对审美心理原则进行表述时，既继承了他们之前有关“发”“愤”“遂”“志”，化“痛”为“乐”的审美创作需要论的思想，同时又进行了深一步的阐发。他在《隐秀》篇中，结合作品，举例说：“如欲辨秀，亦唯摘句：‘常恐秋节至，凉飙夺炎热’，意凄而词婉，此匹妇之无聊也。‘临河濯长缨，念子怅悠悠’，志高而言壮，此丈夫之不遂也。‘东西安所之，徘徊以旁皇’，心孤而情惧，此闺房之悲极也。‘朔风动秋草，边马有归心’，气寒而事伤，此羁旅之怨曲也。”《时序》篇又说：“文变染乎世情，兴废系乎时序。”在他看来，“歌谣文理，与世推移，风动于上，而波震于下者”。因而建安文学“雅好慷慨；良由世积乱离，风衰俗怨，并志深而笔长，故梗概而多气也”。从这些论述中可以看出，刘勰认为，现实生活诸多苦难与不幸际遇，社会文化环境与个人境遇的不济，理想的幻灭所带给人不尽的羞辱、失落、伤时感物，忧愁幽思，种种因素所引发人心的感荡、内心的怨恨都因为产生了失衡心理，渴望从审美创作活动中获得审美补偿以化“痛”为“乐”，“壮志不遂”“闺房之悲”“羁旅之怨”“世积乱离，风衰俗怨”，等等，包括了社会生活诸多方面的内容。在他看来，有怨恨悲伤之情，又无处排泄，只好借审美创作活动来进行一种补偿。即如《比兴》篇所指出的：“比则蓄愤以斥言，兴则环譬以托讽。”又如《风骨》篇所指出的：“怊怅述情，必始乎风。”只有在审美创作中，主体满腔的怨恨悲伤心理才能得到充分的发泄，从而使“哀志”“伤情”的心灵有了一定的寄托、慰藉和补偿。于是转“悲”为“乐”，使心理获得暂时的平衡。就像屈原一样，“惊才风逸，壮志烟高，山川无极，情理实劳”，其像奔放的飘风一样惊人的才华，像高远的云烟一样宏大的志向，像山一样高水一般长，无边无际，渺无际涯的博大胸怀和思想情感，都能通过《离骚》的审美创作得以表现，以补偿现实生活的缺陷与失落。故而“其叙情怨，则郁伊而易感；述离居，则怆怏而难怀；论山水，则循声而得貌；言节候，则披文而见时”（《辨骚》）。在审美创作活动中，创作主体寻觅到精神的乐土，在心与物、情与景、主与客、天与人的相感相通中，作为审美对象，千姿百态、气韵生动、吹万不穷的自然万物淡化了创作主体出仕济邦的功利心理，治愈其心灵的创伤，增大其超功利的审美情趣，反而给审美创作增添了几多真善美的异情壮采。

当然，需要指出的是，使“愤怨”之心得以“发表”“哀志”与“伤情”得以“标”“寄”，“身与时舛，志共道申；标心于万古之上，而送怀于千载之下”（《诸子》）的审美创作活动中化“痛”为“乐”，转“悲”为“喜”的审美补偿毕竟只是一种精神性的弥补空缺，是在想象中的虚构的补偿，而不是实际的物质上的补足。但同是精神性的补偿，在内容上却有正与负、积极与消极、真实与虚妄之分。

精神上积极、真实的正补偿通常有三类。一是从精神上补偿生活中实际事物的缺失。如当人丧失心爱之物或追求的事物时，便从审美对象的相关形象中获得补偿。又如当人生活艰辛、郁郁不得志或处于患难之中时，便从小说、电影、戏剧里人物形象的成功、大团圆中寄托自己的理想，并将对象附会于自身，在心理上获得安慰；或将自己的哀愁、愤懑移植于愁苦不幸的对象，从同对象的认识、共鸣中得到慰藉、宽解；为了防范自己陷入这种更深的灾难，便在同情和幸运感中使心理获得了补偿。二是从精神上补偿知识的缺失。如通过审美欣赏、审美探究，从对象中获得社会的、自然的知识、经验，使心理结构充实起来，从求知欲望的补足中获得心理的愉悦。三是补偿情感的缺失。如当人缺少或追求爱情、友情、亲情时，便与相应的对象同化，以爱人者或被爱者自居，乃至身兼二任，使自己内心洋溢着爱的暖流。这种积极的正补偿虽然依然是精神上的、想象中的，乃至虚构的满足，并未在物质上、行为上获得实际的补偿，但绝不是阿 Q 的“精神胜利法”。因为这种精神需求本身具有合理性，甚至有实现的可能性与现实性，而这种精神补偿又是在与相应对象的同化、认同、自居中实现的，所以它具有精神上的真实性和增力的作用，使人在心理上得到充实和鼓舞，从而使心理达到相对的平衡。

精神上的消极、虚妄的负补偿常见的也有三类。一是分明已有缺失感、失落感，却在心理上或言行上完全否认有失落、缺失的事物，否认缺失感、失落感的存在，或蓄意“忘却”那缺失的事物，抑制失落感、缺失感的滋长，从而使实际缺失的事物在想象、虚构中恢复存在，以自欺、自瞒的方式获得虚幻的自我安慰、自我满足。二是当无法排遣失落感、缺失感时，便转而否定已缺失事物本身的价值，就像吃不到葡萄就说葡萄酸那样，在否定其价值的过程中使心理得到补偿和安慰。三是现时已失落曾经有过或并未得到而又曾追求过的事物，便以过去曾有过该事物或虚构以往曾获得过该事物，来补偿心理的缺失，以期获得心理的安慰和平衡。这便是阿Q式的自欺欺人的“精神胜利法”了。这种消极的负补偿是种失却进取心的可怜又可耻的弱者的自我安慰，是种虚幻虚妄、虚伪的“补偿”。它只能起减力的作用。它虽然也能使心理获得暂时的平衡，但却是回避矛盾的精神沉睡者的“平衡”！

补偿在心理运动上通常有三种形态。

第一种是强化、充溢。即通过求同性探究，用与以往审美经验、审美感受同质、同色调的具有强刺激的对象再度刺激感官和大脑，或通过求异性探究寻觅，选择新颖的、未经验过的、富有刺激性的对象，强化对感官和大脑的刺激，使原先平静、平淡乃至慵懒、沉寂、空漠的心灵、情绪再度振奋起来，既可以消除空虚感、失落感、孤寂感，获得审美的满足，又能在探究中获得新知识，以充溢自己的心灵。这种强化刺激虽然提高了能耗，但由于大脑皮层某一部位的兴奋过程又引起周围神经的抑制，所以 神经过程的负诱导引起负补偿。这是审美中常见的一种补偿方式，它打破了审美心理原先的消极平衡的状态，由强刺激使心理产生不平衡，使心理通过新的补充、满足，又达到新的平衡。人们之所以对以往喜爱、习惯的东西百听不厌，百读不倦，之所以以在审美中往往求新、求异，求强刺激，正是出于这种心理补偿的需要。

第二种是弱化、弃置。即通过弃置强刺激的对象，使大脑皮层的高度兴奋得以抑制，使刺激弱化、淡化降低高能耗，从而使由亢奋状态引起的心理失衡因刺激弱化而达于新的平衡。例如，人们在工作、学习中处于高度紧张状态，或情绪亢奋而自觉无益时，便休息、睡眠或寻求较缓和、淡雅、轻松的审美对象，用以调节自己的紧张心理。由于大脑皮层的这种抑制过程又引起周围神经的兴奋，所以它是神经过程的正诱导所引起的正补偿，是在弱化刺激中所获得的补偿。

第三种是转换、替代。即通过求异性探究，用与原有心理状态异质乃至相反的对象刺激感官和大脑，改变或替代原先的心理状态，使心理得到补偿，达于平衡。

第五章 儒家美学之“以仁义求同乐”

中国人生美学的完形与儒、道、释三家思想的相互依存、相互渗透、相互补益、相互融合分不开。中国古代文人周流三教，游心于世书内典，以一种务实精神各取所需。儒以治世，道以修身，佛以治心。经过汉魏六朝而至于隋唐以后，历代最负盛名的思想家、美学家，其思想都是儒、道、释三教的影响兼而有之。特别是慧能禅宗提出的“即心即佛”的佛性论和真心一元论，吸引了中国古代文人，重构和完善了中国古代文人的审美心理结构，也丰富和拓展了人生美学传统。可以说，正是禅宗美学“即心即佛”和“无念为宗”的思想强化了中国人生美学“法自然”的“人与天调”[①]的基础，使其上升到本体地位；并在一定程度上弱化了其“宗法制的伦理道德”的“特色”，以促成中国人生美学传统的完形，形成其一大民族特色。应该说，中国人生美学这种儒、道、释相互沟通、相互合流的民族特色突出地体现在三家对天人合一的“和”之审美域的“人”之生存方式与生存态势的审美诉求上。吴经熊在《中国哲学之悦乐精神》中指出：“中国哲学有三大主流，就是儒家、道家和释家，而释家尤以禅宗为最重要。这三大主流，全部洋溢着悦乐的精神。虽然其所乐各有不同，可是他们一贯的精神，却不外‘悦乐’两字。一般说来，儒家的悦乐导源于好学、行仁和人群的和谐；道家的‘悦乐’，在于逍遥自在、无拘无碍、心灵与大自然的和谐，乃至于由忘我而找到真我；禅宗的‘悦乐’则寄托在明心见性，求得本来面目而达到入世、出世的和谐。由此可见，和谐实在是儒家、

① 《管子·五行》云：“人与天调，然后天地之美生。”

道家和禅宗三家悦乐精神的核心。”这里所强调的“和谐”为核心的“悦乐精神”，实质上就是以天人合一的“和”之审美域为基本内容的人之生存态。儒、道、释三家所追求的人之生存方式与生存态势最终都归于天人合一的“和”之审美域。同时，儒、道、释三家有关人之生存方式的审美诉求又表现出同中有异。具体而言，儒家偏重于人与社会的和谐，道家偏重于人与自然的和谐，而佛教禅宗则偏重于人与自我的和谐。我们知道，中国美学以“理”节“情”的思想对人生美学具有极为重要的影响，并突出地表现在人之生存方式与生存态势论上。中国人生美学注重人的生存态，以人之生存方式与生存态的探讨为其确立思想体系的要旨，以传统哲学中的人学为其理论基础，儒、道、释概莫能外。可以说，儒、道、释都很重视人之生存问题，都建立了各自的人之生存哲学。他们都是从“存在”的意义上解释人之存在方式的，认为人之存在，是自然生命与精神生命的结合体，“和”之审美域就是人应该持有的存在方式或存在状态。并且，从重视“人”之存在方式出发，他们都热爱生活、热爱生命、热爱社会与自然，无论是“孔颜乐处”“曾点气象”，还是“见素抱朴”“乘物以游心”“清贫自乐”“随缘任远”，都表现出一种珍惜生命、体味生命的审美意趣，其最高人之生存方式与生存态势（审美存在态）则都是心灵的超越和升华。从儒、道、释所追求的人生与审美存在态来看，它们都以天人合一的境界为最高目的。

一

中国古代环境美学产生在中国文化的基础之上。在中国古代，无论是儒道，还是佛教禅宗，都把自由与快乐作为人之审美生存方式与生存态势。如前所说，儒家孔子所标举的“从心所欲不逾矩”，就是一种与天地万物合一的自由境界，是完美和完善的宇宙在人生中的再现。孟子更是认为人性乃是人心的本质属性，人生的最高追求，就是要回复本心，使人性与天性合一，从而以达到“上下与天地合流”，而万物皆备于我的自由完美、愉悦舒畅的人之审美生存方式与生存态势。必须指出，儒家这种对自由愉悦的审美存在态的追求还突出地表现在孔子“乐以忘忧”的人之审美生存方式与生存态势追求上。

就总体倾向而言，以孔子为代表的儒家追求的人之审美生存方式与生存态势是“修身，齐家，治国，平天下”，是“博施于民而能济众”，涉及人文生态方面的内容。孔子曾经非常热切地表达自己的抱负：“苟有用我者，期月而已可也，三年有成。”[①]（《论语·子路》）“期月”，意指一周年。这就是说，孔子表白自己的治国理政，以维护社会人文生态的旨趣，如果有人起用他，用他来当政，先轻徭薄役、使民以时而富之，而后制为礼节、导化万民以教之，国家一年就会有起色，三年则强盛可待！然而，他所渴求的这种人之审美生存方式的获得并不是轻而易举的事。追究起来，国泰民安，社会的人文生态和谐的实现，除了人自身的原因外，往往还受到尘世生活的诸多限制。并且，作为个体生命总是短暂的、有限的，所谓“逝者如斯”，人在时空中生活，还要受时空的限制。人在宇宙时空中的存在是不自由的，宇宙永恒、无限，人生短暂、有限。而人又总是不能够甘心与满足，总是不安于守旧与停顿，总是不安于平庸与单调，不安于失败，总是在不息地追求、寻觅并设法改变自己的环境与自己生活的世界。正如马克思和恩格斯所指出的：“已经得到满足的第一个需要本身，满足需要活动和已经获得的为满足需要的工具又引起新的需要。”[②]人希望自我实现，并执着地追求着自我实现，但与此同时又受社会环境、宇宙时空，以及人自身的“内部挫折”的局限，使自我实现的需求不能达到。如何来缓解这一理想与现实的矛盾，使人从这一矛盾中解脱出来，以减轻人的痛苦，化“痛”为“乐”，平衡人的心态呢？孔子曾经给我们描绘他自己说：“其为人也，发愤忘食，乐以忘忧，不知老之将至。”（《论语·述而》）这里，实际给我们设计了两种人之审美生存方式与生存态势。一是“为仁由己”“人能弘道”“发愤忘食”“知其不可而为之”而“乐以忘忧”的积极进取的人之审美生存方式与生存态势；二是“乐天知命”“乐山乐水”，安时处顺而“乐以忘忧”的人之审美生存方式与生存态势。这第二方面的内容又可以分为“孔颜乐处”和“曾点气象”。

先谈“孔颜乐处”。

《荀子·乐论》说：“君子乐得其道，小人乐得其欲。以道制欲，则乐而不乱；以欲忘道，则惑而不乐。故乐者，所以道乐也。”[③]这里所提的“故乐者”的“乐”指的是音乐；“君子乐得其道”“所以道乐”的“乐”指的则是人的一种精神状态，也就是愉悦快乐并且是一种审美愉悦。从荀子所说的这段话中可以看出，儒家哲人所追求的“乐”绝不是肉体感受上的感官生理快感，而是指

---

① 程树德：《论语集释》，北京：中华书局，1990年。

② 《德意志意识形态》。

③ 王先谦：《荀子集解》，北京：中华书局，1954年。

君子在获得“道”时的既建立在感官生理快感之上，又超越于感官生理快感的心灵感受，也即审美愉悦。因为荀子说的“道”仍是指社会人生的真谛，生命的真谛。《荀子·儒效》说：“道者，非天之道，非地之道，人之所以道也，君子之所道也。”儒家孔子则说：“志于道，据于德，依于仁，游于艺。”（《论语·述而》）孟子说：“仁也者，人也。合而言之，道也。”（《孟子·尽心下》）“道”就是“仁”，也就是“人”，是人的生命价值与存在意义的集中体现。我们知道，在“天人合一”传统宇宙意识的作用之下，中国人生美学追求个人与社会、人与自然、美与真善的和谐统一，也正是由此，中国人生美学把人生作为出发点与归宿，肯定人的生命价值与存在意义，关注人的命运和前途，认为美在“里仁”，即践履仁德，强调率性而动，直道而行，使自己自然而然地“处仁与义”，舍弃欲求，忘却欲求，鄙弃“不义而富且贵”；审美存在态营构中则追求超越生命的有限，从有限进入无限，赋予生命以深刻的意义，努力为人的精神生命创构出一个完美自由的审美存在态。

也正是在这一思想的支配之下，中国人生美学主张人与人之间、自身与心灵之间的和谐，力求克服人与自然和社会的矛盾冲突，以求得身心平衡、内外平衡、主客一体，而进入自由境界。儒家哲人推崇“孔颜乐处”“乐天知命”“安贫乐道”的人生态度就是这一传统美学观念的具体体现。南宋罗大经曾经就“孔颜乐处”、安贫乐道的人生态度发表过一段议论：“吾辈学道，须是打叠教心下快活。古曰无闷，曰不愠，曰乐则生矣，曰乐莫大焉。”“夫子有曲肱饮水之乐，颜子有陋巷箪瓢之乐，曾点有浴沂咏归之乐，曾参有履穿肘见、歌若金石之乐。周、程有爱莲观草、弄月吟风、望花随柳之乐。学道而至于乐，方是真有所得。大概于世间一切声色嗜好洗得净，一切荣辱得丧看得破，然后快活意思方自此生。”[①]（《鹤林玉露丙编》卷三）所谓“曲肱饮水之乐”与“陋巷箪瓢之乐”就是中国古代环境美学与美学所标举的“孔颜之乐”。据《论语·雍也》记载，孔子曾称赞自己的学生颜回说：“贤哉，回也！一箪食，一瓢饮，在陋巷，人不堪其忧，回也不改其乐。”又据《论语·述而》记载，孔子自己也曾表述过这样的人生态度与人生追求：“饭疏食饮水，曲肱而枕之，乐亦在其中矣。不义而富且贵，于我如浮云。”在孔子看来，人生最理想的境界是“博施于民而能济众”（《论语·雍也》）。他认为，只要符合道（义），那么，

---

① （宋）罗大经：《鹤林玉露》，北京：中华书局，1983年。

追求自身利益的实现就是正当的。反之，则“不义而富且贵，于我如浮云”。因此，只要符合正道，即使吃粗粮、喝冷水，弯着胳膊放在头下做枕头，也其乐融融。“孔颜乐处”、安贫乐道是作为君子的一项标准，也是人应该追求的一种生存态与审美态。要求人们以超越的、审美的态度来对待人之生存、乐天知命。必须指出，安贫乐道绝非安于现状、得过且过、麻木不仁，而是积极向上的人之生存态度与人之生存态与审美态追求。孔子认为，人应该努力追求理想人格的建构。他所推崇的“君子”就是指的那种具有高尚品德情操的人。即如胡适在《中国哲学史大纲》[①]中所指出的，“君子”就是“人格高尚的人，有道德，至少能尽一部分人道的人”。

故而，实际上“孔颜乐处”的“人”之审美生存方式与生存态势实际上也就是一种“孔颜人格”。具有这种高尚人格的君子“乐”“道”，“道”就是“仁”。所谓“君子忧道不忧贫”（《论语·卫灵公》）。《论语·学而》篇云：“君子食无求饱，居无求安，敏于事而慎于言，就有道而正焉，可谓好学也已。”《论语·雍也》篇云：“子曰：知之者，不如好之者；好之者，不如乐之者。”“知之”“好之”“乐之”的“之”，也就是“道”。孔子说，如果一个人仅仅知道“道”的可贵，那么还只是较低的境界，必须“好之”“乐之”，“就有道而正焉”；只有达到以道为乐，才能使自己与道为一，也才能进入安和、充实、自得的最高人之审美生存方式与生存态势。“孔颜乐处”强调“安贫乐道”“乐天知命”。在孔子看来，达到最高“人”之审美生存方式与生存态势的“君子”必须“知命”。他说：“不知命，无以为君子也。”（《论语·尧曰》）据《论语·为政》记载，孔子曾说：“吾十有五而志乎学，三十而立，四十而不惑，五十而知天命，六十而耳顺，七十而随心所欲，不逾矩。”孔子还说过：“君子喻于义。”“君子立于礼。”“君子义为正。”“君子不违仁。”由此可见，“知命”的实质就是知礼，知仁义，也就是对人与社会有比较自觉的认识。《韩诗外传》说得好：“天之所生，皆有仁义礼智顺善之心；不知天之所以命生，则无仁义礼智顺善之心；无仁义礼智顺善之心，谓之小人，故曰：‘不知命，无以为君子也。’”可见，“知命”与“知天命”，也就是理解并能自觉地进行“仁义礼智顺善之心”，以使自己达到一种高尚的“人”之审美生存方式与生存态势。也正是从这个意义出发，钱穆在《论语新解》中指出：“天命者，乃指人生一切

① 胡适：《中国哲学史大纲》卷上，北京：东方出版社，1996年。

当然之义与职责。”

可以说，以孔子为代表的儒家学者就是通过对安贫乐道、乐天知命的强调，把仁义道德内化为人内心的自觉追求，使其具有仁义无私的自觉与精神意义的觉悟，“知行合一”。也就是说，作为“君子”，不但要从内心深处理解仁义道德的神圣自然，而且还应自觉地去实行。所谓“知之真切笃行处即是行，行之明觉精察处即是知”，“不行不足谓之知”。只有“行”与“知”统一，才是真知，也才是顺“天命”。达到此，就可以做到“仁者不忧，智者不惑，勇者不惧”(《论语·子罕》)，从根本上理解仁义礼智的价值观念乃“天之所生”，仁其所仁、礼其所礼、然其所然、如其所然，审美生存态与自然存有态一体，从而超越自我，以获得生命自由。达到这种诗意化生存态势就不会为物欲所羁绊，胸怀坦荡、宁静淡泊，把生活中的坎坷曲折、艰难困苦作为磨炼自己意志的对象，人格操守卓然独立，心灵炯炯超乎其上，道德情操丰沛充实，其精神力量惊天地、泣鬼神。具有这样人格的人，自然不会因贫贱屈辱的生活遭遇而产生失落感和幽怨感，也决不会患得患失，为一时的得失、成败烦恼，也自然不会因为社会的动乱、生活的困苦、个人的荣辱、生命的安危而忧虑、颓丧，中止自己的审美诉求，而总是无所畏惧，坚持操守，奋力搏击，超越社会人生的种种精神与物质的障碍，超越时空，“知行全一”“天人合一”，而与宇宙共呼吸、与人类共命运，成为一个“富贵不能淫，贫贱不能移，威武不能屈”的顶天立地的人。

可见，“孔颜乐处”所推崇的不仅是一种“人”之审美生存方式与生存态势，而且是一种极高的审美存在态，是“乐天知命”“乐以忘忧”，是“一箪食”“一瓢饮”，“也不改其乐”，也是“发愤忘食”，“不知老之将至”。换句话说，就是“知行合一”“天人合一”后所达到的审美生存态的自由。“乐”作为自我表现的自由，它克服或超越了客体对审美者束缚，获得了“与人同”“与物同”“与无限同”这种广阔范围内的自由。“孔颜乐处”的“乐”是精神与心灵获得自由的欢乐与高蹈。

在儒家哲人看来，宇宙万物、社会人生只有一个理，人的心中具备了这个理，就能够达到“仁者浑然与物同体”(程颢《识仁》)的境界，超越名利物欲的羁绊，人的心胸有如天空一样的辽阔，如海洋一样深广，权势地位、富贵荣华就会像过眼云烟，而“学而不厌，诲人不倦”，“发愤忘食，乐以忘忧，不知老之将至”！在对人生生存态与审美态的追求中，获得心灵的自由与精神上的满足。达到这种精神升华境界的人“与天地同体”“上下与天地同流”；“天下有道则见，无道则隐”（《论语·泰伯》）；“用之则行，舍之则藏”（《论语·述而》）；“达则兼济天下，穷则独善其身”；无论“穷”“达”“出”“处”，都坚持自己人格操守。

可以说，安贫乐道，实质上是一种所向披靡、无穷无尽的精神力量，它促使人们尽管身处贫困境地，仍百折不挠；虽只是有限的七尺之躯，但其精神气节却“顶天立地”，“仰不愧于天，俯不怍于人”（《孟子·尽心》），上下与天地同流、浑然与万物一体，“大行不加，穷居不损”，不淫、不移、不屈，进而达到“乐以忘忧”的审美存在态，并从这一境界中获得心灵极大的自由与高蹈。

次谈“曾点气象”。

儒家不但强调人与社会的和谐，推崇“修己以安人”，同时与道家“齐万物”“齐物我”，主张人应回归自然，与自然之间建构完整和谐的审美关系与审美存在态的美学观念相一致，儒家也注重与自然的自由和谐统一。

孔子曾经强调指出：“仁者乐山，知（智）者乐水。”《论语·先进》中曾记载了一段孔子和他的弟子们谈论各人的“人”之审美生存方式与生存态势的话，其中曾皙描绘自己所的“人”之审美生存方式与生存态势是：“暮春者，春服既成，冠者五六人，童子六七人，浴乎沂，风乎舞雩，咏而归。”孔子听后“喟然叹曰：‘吾与点矣！’”与子路、冉有、公西华的社会政治理想相对，曾皙所向往的，是一种与自然亲和的境界。在这种境界中，人与自然山水和谐统一，心灵与山水景物融为一体，人在自然怀抱中，自然在人胸中，“浴乎沂，风乎舞雩”，即如后来陶潜的“采菊东篱下，悠然见南山”，王维的“行到水穷处，坐看云起时”诗句所表现的自由自在、随心所欲“与造物者游”的那种冲淡、高远的审美心态，挣脱樊笼，超越世俗物欲的羁绊，悦志悦神，高洁雅致，其乐融融，自得自然；既悠然意远又怡然自足，最切近自然又最超越自然，心灵与自然相与合一，自然与心灵相交融汇。在这种审美存在态创构活动中，自然山水与人之间的生命意识相互沟通，所谓“在万物中一例看，大小大快活”。究其实质而言，这也就是中国人生美学所推崇的天人合一的审美极境。孔子所赞许的“曾点气象”表现了中国人对宇宙万物的依赖感和亲近感。朱熹在评价孔子的“吾与点也”之乐时说：“曾点之学，盖有以见夫人欲尽处，天理流行，随处充满，无稍欠缺。故其动静之际，从容如此。而其言志，则又不过即其所居之位，乐其日用之常，初无舍己为人之意。而其胸次悠然，直与天地万物，上下同流，各得其所之妙，隐然自见于言外。视三子之规规于事为之末者，其气象不侔矣。故夫子叹息而深许之。”[①]（《论语集注》卷六）

在中国人传统的宇宙意识看来，盈天地间唯万物。宇宙万物是大化流行、其往无穷、一息不停的。生气灌注的宇宙自然是生命之根、生化之本，是人可以亲近、可以交游、可以于中俯仰自得的亲和对象。在这种“天人合一”思想熏陶之下，中国人可以于中俯仰自得，“胸次悠悠，上下与天地同流”，跃身自然万物，把整个自然景物作为自己的至爱亲朋。所谓“万物各得其所之妙”“齐物顺性”“物我同一”“我见青山多妩媚，料青山见我应如是”。可以说，孔子所推崇的“曾点气象”，以及曾皙所描绘的“人”之审美生存方式与生存态势，都给我们极为生动地表述了中国人“物我同质同构”的审美意识，以及审美活动的心灵体验中作为审美者的人在自然山水之中舒坦自在、优游闲适、俯仰如意、游目驰怀的审美心态。所谓“曾点气象”，也就是物我两忘，天人一体，物我互渗，超然物外，主客体生命相互沟通共振，从而体悟到宇宙生命真谛的最高审美存在态。

据宋代理学家程颐与程颢回忆说，当初他们向周敦颐学习时，周敦颐就经常要他们“寻颜子、仲尼乐处，所乐何事”。还说：“某自再见茂叔后，吟风弄月以归，有‘吾与点也’之意”。“周茂叔窗前草不除去，问之，云：‘与自家意思一般。’”[②]所谓“吟风弄月以归”，“窗前草不除去”，就是“顾念万有，拥抱自然”，就是乐山、乐水，也就是物我两忘，天人一体，“人之自然”与“天地宇宙之自然”一体。在这种审美存在态中，审美者把自身完全融合在宇宙自然中，既拥抱自然，又超然物外，“胜物而不伤”[③]（《庄子·应帝王》），“物物而不物于物”（《庄子·山水》），达到超越世俗功利、心灵完全自由的审美存在态。所谓“窗前草不除”，就是“万物各得其所之妙”，是无此无彼、非我非物的审美存在态。草即我，我即草，自然万物充满生机，心中胸中都泛爱万物之情。程颢《秋日偶成》诗云：“闲来无事不从容，睡觉东窗日已红。万物静观皆自得，四时佳兴与人同。道通天地有形外，思入风云变态中。富贵不淫贫贱乐，男儿到此是豪雄。”所谓“万物静观皆自得”，实际上也就是超越时空、主客、物我、天人的“以天合天”“目击道存”的极高审美存在态。

---

① 朱熹：《四书章句集注》，北京：中华书局，1983年。

② 见《宋史·周敦颐传》。

③ 郭庆藩：《庄子集释》，北京：中华书局，2004年。

我们知道，中国人生美学是儒道互补、儒道相遇，因上，儒道结合才是中国人生美学的全部内涵。儒家“人”之生存态势与审美心态论中所追求的这种“孔颜乐处”“曾点气象”，其中所表达的人与自然之间相亲相爱的自然之情以及人对自然的眷恋与顾念，人与自然和谐统一的审美存在态创构等审美观念和道家“人”之审美生存方式与生存态势中向往与憧憬自然，追求与自然合一，自由自在，逍遥自适的自然观相一致，并共同作用于中国人生美学，从而形成中国人生美学境界论所独特的“天人合一”“以天合天”的审美存在态创构方式。

可以说，也正是受此影响，中国人的宇宙意识和西方是不同的，并且，中国人与自然万物的关系，以及审美活动中通过何种方式来把握审美对象的内在意蕴，也存在和西方艺术家不同的地方。中国古代哲人对宇宙世界、万有自然的看法是对应的，在天与人、理与气、心与物、体与用、知与行等方面的关系上，中国人总是习惯于整体上对它们加以融会贯通地把握，而不是把它们相互割裂开来对待。受“曾点气象”自然观的影响，在中国艺术家的审美意识中，所谓“仁者浑然与物同体”，人与自然之间存在一种亲和关系，人与宇宙造化都是浑然合一、不可分裂的。人与自然万有是一个有机的统一体，人可以“胸次悠悠，上下与天地同流”，可以“拥抱”“顾念”万有自然，天地万物的生命本原与人的生命意识可以直接沟通。即如程颢所说，天地万物与人“全体此心”，因为人的“自家心便是鸟兽草木之心”[①]（《遗书》卷一），便是天地万物之心，原来就浑然一体。

正是在这种“天人合一”的传统宇宙意识与审美意识作用之下，中国艺术家都将自己看成自然万有的一部分，物和我、自然与人没有界限，都是有生命元气的，可以相亲相近相交相游。自然既然是人的“直接群体”，是人亲密无间的朋友，人“自家心便是鸟兽草木之心”，便是天地万物之心，本来就浑然一体，那么，像曾皙一样，走向自然，以纯粹的自然作为审美对象遂成为中国艺术家的一种创作原则。盘桓绸缪于自然山水之中，“顾念万有，拥抱自然”，把自然山水景色中取之不尽的生命元气作为自己抒情寄意的创作材料，感物起兴，借景抒怀，从而使躁动不安的心灵得到宁静和慰藉，使情感得到升华。

也正是如此，中国人生美学历来强调，在审美存在态创构过程中，审美者

---

① 程颢、程颐:《二程遗书》，上海：上海古籍出版社，2000年。

应将自己的淋漓元气注入对象之中，使对象具有一种人格生命的意义，以实现人与自然万有的亲和，从而在心物相应、主客一体中去感受美与创造美。如程颐在《养鱼记》中，就以养鱼为例，指出只有从人与万物一体的审美观念出发，那么鱼才能“得其所”，他才能“感于中”。并且，中国人生美学受“曾点气象”影响，所形成的这种在境界创构过程中“胸次悠悠”，“顾念万有，拥抱自然”，同自然景物发生情感交流与心灵感应的审美心态还同中国人重感受，在感物生情、触物起兴方面特别敏感分不开。所谓“物色之动，心亦摇焉”。无论长河落日、大漠孤烟，还是山川林木、清泉流水，都能触发审美者的审美情怀，而顾念不已。诚如萧子显在《自序》中所指出的：“登高目极，临水送归，风动春朝，月明秋夜，早雁初莺，开花落叶，有来斯应，每不能已也。”

是的，正如我们所说的，受“曾点气象”影响，在中国人看来，山水是具有人的性情的，人心与自然景物之间有着相通的生命结构，存在一种同质同构的亲和关系，因此，在审美活动中，审美者应努力释放自己积极的审美意绪，到对象中去发现自我的生命律动。明人唐志契指出：“要得山水性情”，“得其性情”，则“山性即我性，山情即我情”，“自然水性即我性，水情即我情”（《绘事微言·山水性情》）。在中国艺术家看来，人可以代山抒发审美情意：“山不能言，人能言之。”（《南田画跋》）而山则能为人传达审美情绪：“净几横琴晓寒，梅花落在弦间。我欲清吟几句，转烦门外青山。”（杨慈湖诗，引自《鹤林玉露》丙编卷五）人和自然万物间是没有界限的，都具有生命性情，因而可以相游相亲、相娱相乐。即如朱熹所指出的：“于万物为一，无所窒碍，胸中泰然，岂有不乐。”①（《朱子语类》卷三十一）是的，审美者只要俯察仰视，全身心地去体验感应，茹今孕古，通天尽人，以相亲相爱的微妙之心去体悟大自然中活泼的生命韵律，“素处以默，妙机其微”，“顾念万有，拥抱自然”，投身大化，与自然万物生生不已的生命元气交融互渗为一体，就自然能够挥动万有，驱役众美，以领悟到宇宙生命的精微幽深的旨意，并进而从“天地与我并生，而万物与我为一”之中获得精神的超脱和生命的自由与高蹈。

的确，通过对“胸次悠悠，上下与天地同流”的“曾点气象”的追求，在“顾念万有，拥抱自然”的山水游乐和审美体验中审美者能够获得一种心灵的自由和解脱，因此，左思认为：“非必丝与竹，山水有清音。”（《招隐》）谢灵

① 黎靖德:《朱子语类》，北京：中华书局，1986年。

运《酬从弟惠连》其五诗云:“嘤鸣已悦豫，幽居犹郁陶。梦寐伫归舟，释我名与劳。”王维《戏赠张五弟湮》诗云:“我家南山下，动息自遗身。入鸟不相乱，见兽皆自亲。云霞成伴侣，虚白待衣巾。”通晓人意的山水自然能给人身心愉悦的审美快感，使人从对自然生命的微旨的深切感悟中，超脱物欲的羁绊，以获得心灵的静谧。朱熹说:“凡天地万物之理，皆具足于吾身，则乐莫大焉。”[①]（《朱子语类》卷三十二）杨万里诗云:“有酒唤山饮，有蔌分山馔。”“我乐自知鱼似我，何缘惠子会庄周。”“岸柳垂头向人看，一时唤作《诚斋集》。”山能与人一同饮酒作乐，水中的鱼、岸边的柳会解人意，与人嬉戏。自然万物与人相亲相恋，顾念相依，主客体相融相洽，辗转情深，思与境偕，物我两冥。可见，“曾点气象”中人与自然“主客合一”的实现是在无物无我的空明澄澈的审美心境中产生的物我互渗活动。它是心灵体验的关键环节，也是在感性经验的基础上开拓新的意蕴、构筑新的审美意象的心理过程。这种物我互振共渗活动的基本特征是造化与心灵之间相互引发、交相契合。随着造化合心灵、心灵合造化的共振互动、相互渗透，最终以达到自然造化与意绪情思的统一整合，以完成审美存在态的创构。

二

在人之生存态方面，儒家还追求“与天地同和”的“大乐”。这种思想突出地表现在对“以和为美”的追求上。“和”，其本义是指一种关系与状态的和谐，在儒家这里则形成一种和乐观与和谐观。《礼记·中庸》曰:“喜怒哀乐之未发，谓之中；发而皆中节，谓之和。中也者，天下之大本也；和也者，天下之达道也。致中和，天地位焉，万物育焉。”[②] 从人格的建构来讲，则“和”指性情的适中，不偏不倚；从天地宇宙的构建来看，“和”指自然万物间的和谐统一关系。中国古代哲人认为，宇宙的自然万物雷动风行、运动万变，不断地运动、变化，同时又处于一个和谐的统一体中，阴阳的交替，动静的变化，万物的生灭，都必须“致中和”，即遵循“中和”这种客观规律，以使“天地位”“万物育”，构成宇宙自然和谐协调的秩序，所以说，“中和”，既是人道，

---

① 黎靖德:《朱子语类》，北京：中华书局，1986年。

② 孔颖达:《十三经注疏．礼记正义》，北京：中华书局，1980年。

也是天道。受这种思想的影响，中国古代遂形成一种和乐与尚“和”的文化传统，进而影响中国人生美学，使中国人生美学也充满着“和”的精神。在中国人的审美意识中，人与自然、人与社会都是和谐统一的。“和”是万物生成和发展的根据，也是社会稳定和发展的要素。正如《乐记》所指出的“和故百物不失”，“和故百物皆化”。《淮南子·汜论训》也指出：“天地之气，莫大于和。和者，阴阳调、日夜分而生物。”[①]自然万物的消息盈虚、生化运动、氤氲化育、渐化顿变，都必须依靠“和”。“和”是一种遍布时空，并充溢万物、社会、人体的普遍和谐关系。同时，“和”也是中国人生美学所极力追求的一种审美存在态。就中国人生美学价值体系的取向而言，所要努力达到的是“天人合一”“知行合一”“体用不二”的审美存在态。“天人合一”强调人必须与天相认同，必须消除“心”“物”对立之感，去我去物；“知行合一”则要求超越智欲所惑，去智去欲；由此始能达到“体用不二”，使本体与现象圆融互摄，人心与天地一体，上下与天地同流，于内心达到和顺，于外物则求得通达。“和顺通达”，也就是“中和”。可见，“和”或“中和”实际上也可以说是一种极高的审美存在态。

在中国人生美学中，作为美学范畴，最早谈到“和”的是《尚书·尧典》。该文记载有舜帝涉及音乐美学的一段谈话：“帝曰：夔，命女典乐，教胄子。……诗言志，歌永言，声依永，律和声，八音克谐，无相夺伦，神人以和。”这里就提出“八音克谐”“神人以和”的命题。“八音”是指由不同质料做成的八类乐器。这些乐器演奏的声音谐调完美，自由和谐，不失其序，不相予夺，就会达到“神人以和”，即“神”与人和谐、融洽的极高审美存在态。这既反映出上古时期巫术宗教盛行，音乐是用以调和人与神之间关系的审美观念。同时，也体现出一种追求人与天调、人与自然融合统一的普遍谐和的审美观念。因为，“神人以和”中所谓的“神”，实质上是原始时期不能被人力所征服的自然力的神化与幻化形式，是经由人的心灵与想象而被夸张与变形了的自然。所以，“神人以和”的“和”是指音乐所应达到的一种表现人与自然和谐统一、与天地宇宙和谐统一的极高审美存在态。这也就是《乐记》所推崇的“大乐与天地同和”，“乐者，天地之和也”的“和”的审美存在态。

是的，在中国人生美学看来，具有极高审美价值的音乐应体现出那种催使

① 何宁：《淮南子集释》，北京：中华书局，1998年。

百物丰长、生生不已的天地之“和”，那种充遍时空与万物的最为普遍的和谐关系。正因为依凭这种“和”，才“地气上齐，天气下降。阴阳相摩，天地相荡。鼓之以雷霆，奋之以风雨，动之以四时，暖之以日月，而百化兴焉”。音乐艺术只有通过往复变化的旋律，色彩丰富的形式，使错杂成文而中律得度，“大小”“终始”等相互对立因素互济互生，阳刚清扬，阴柔浊降，各种艺术风格的音型、乐句和乐段，此起而彼应，彼响而此和，在不同进行时段上呈现出不同的主导风格，由这些变化中的不同主导风格以构成一个个动态和谐过程，才能最终达到和谐统一的审美存在态，体现出使“百物兴焉”的“和”。同时，“和”，又是作为音乐艺术审美意蕴表述方面的范畴被提出来的。它要求音乐艺术审美意旨的表现应该适中和平、和美相宜、恰到好处。春秋时期，吴公子季札访问鲁国，鲁襄公以诗、乐、舞待他，季札边鉴赏边评论，其中对《颂》乐就充分肯定其审美意蕴的表现中正平和、含蓄适当、恰如其分，完全符合“和”这种审美存在态的要求。他说：“至矣哉！直而不倨，曲而不屈，迩而不逼，远而不携，迁而不淫，复而不厌，哀而不愁，乐而不荒，用而不匮，广而不宣，施而不费，取而不贪，处而不底，行而不流。五声和，八风平，节有变，守有序，盛德之所同也。”[①]《颂》乐对十四种因素处理得和谐适度，既不过，又无不及，各种因素相对相应、相辅相成、协调统一地熔铸成整个乐曲内在节度与秩序的和谐完美，完全实现了“声和”“风平”“有变”“有序”的审美存在态。

三

具体而言，中国人生美学所推许的“和”的审美存在态具有以下几方面的规定性内容。

首先，“和”体现为宇宙自然本身的“和”之审美域。就物与物之间的关系看，中国人生美学所主张的“和”，是指事物诸种因素间的多样性的和谐统一关系的体现。在中国人生美学看来，作为审美对象的自然万物是和谐统一的。所谓“万物同宇而异体”（《荀子·富国》），“万物各得其和以生”（《荀子·天论》），宇宙天地间的自然万物是丰富的、开放与活跃的，而不是单一

① 《左传·襄公二十九年》，杨伯峻：《春秋左传注》，北京：中华书局，1981年。

的、保守和僵化的。世界万物呈现出多样性的统一，正如《淮南子·精神训》所指出的："夫天地运而相通，万物总而为一。"而"和"则是万物得以生成的凭依，是万物自然间普遍存在的和谐统一关系。所以郑国的史伯说："和实生物，同则不继。"(《国语·郑语》)《淮南子·天文训》也说："阴阳合和而万物生。"作为审美对象的客观世界、自然万物是千差万别、丰富多彩、千变万化的，同时，又是和谐统一的，此即所谓"物有万殊，事有万变，统之以一"(《二程集·周易程氏传》卷三)。只有这样，自然万物才能生生不息，大化流衍，不然，则只能归于灭绝。故而中国人生美学认为，"声一无听，物一无文，味一无果，物一不讲"(《国语·郑语》)。的确，宇宙天地间的自然现象是种类繁多、气象纷呈的，这些纷纭繁复、气象万千的自然万物既是一个相互联系、相互制约的系统，同时又都受美的生命本体"气""道"的作用，从而呈现出作为审美对象的客观世界的多样与和谐、独特与一致、鲜明而生动的整体和谐的审美特性。这种审美特性，在中国人生美学看来，也就是"和"。审美活动则必须体现出这种"和"。

其次，"和"体现为人与自然之间关系的"和"之审美域。就人与物之间的关系看，中国人生美学强调"天地之和""天人之和"与"人命之和"，达到人与自然天地之间的和谐协调，是审美的最高境界。庄子说："与天和者，谓之天乐。"(《庄子•天道》)"与天和"就是与"天"同一，与宇宙内在运动节奏的和谐一致。故庄子又说："知天乐者，其生也天行，其死也物化。静而与阴同德，动而与阳同波。……以虚静推于天地，通于万物，此之谓天乐。"(《庄子•天道》)达到"与天和"，即与宇宙自然合一，则能从中获得天地之间的"至美至乐"，得到最大的审美愉悦。同时，作为人体之和的"和"，在中国人生美学看来，又是指人的生态和生命基质的平衡与调和，是阴阳的对应与流转、对待与交合之"和"，也就是人的生命和畅融熙，是生命大美的体现。"和"意味着生命的活力，意味着阴阳的交感、相摩相荡与生命群体的绵绵不绝。"和者，天之正也，阴阳之平也，其气最良，物之所生也。"[①]"和气流行，三光运，群类生"[②]。"和"则"生"，"生"即强调生殖、生命和生发。有关这一方面的审美观念，在《周易》中阐述得最为明确。"和"既是"易"的基本审美观念，又是"易"所追求的基本审美存在态。"生"则是"易"之根本，

① 董仲舒：《春秋繁露》卷十六《循天之道》。

② 严遵：《老子指归》，王德有点校本，北京：中华书局，1994年，第18页。

此即所谓“生生之谓易”。正如王振复在《周易的美学智慧》中所指出的:“整部《周易》的卦符体系，是对宇宙生命大化历程的观念性界定，其间有常与突易、冲变与调和、不齐与均衡、虚实与动静，实际上都是以生命‘絪蕴’为逻辑起点，以生命‘和兑’为人生终极的。生命‘絪蕴’是大朴浑沦，生命‘和兑’是人生所追求的最高、最美境界。”正是由于对生命和谐审美观念的推许，《周易·乾·彖传》认为:“乾道变化，各正性命，保合大和，乃利贞。”强调人之生命的本源在于男女的“保合大和”。“保合大和”之“和”是生命的最佳状态与最佳境界，达到这种阴阳“感而遂通”的“大和”，使阴阳交感、乾与坤交合，从而才有生命的变化与人类群体生命的正固持久、繁衍昌盛。故而，在中国人生美学看来，这人之生命的“大和”是最崇高、最神圣、最美好的，也是审美活动所应努力追求的最高审美存在态。

再次，“和”还体现为人与人、人与社会之间关系的“和”之审美域。就人与人、人与社会的关系看，以儒家思想为主的中国人生美学强调“允执厥中”“允执其中”，以行事不偏不倚，“中道”“中正”“中行”“中节”，个体与社会和谐统一为最高审美准则。所谓“礼之用，和为贵，先王之道，斯为美”(《论语·学而》)。荀子云:“先王之道，仁之隆也，比中而行之。曷谓中？曰：礼义是也。道者，非天之道，非地之道，人之所以道也，君子之所道也。”(《荀子·儒效》)“和”是追求和衡量人伦关系、人格完美的审美标准与审美尺度。同时，“和”又必须“比中而行”。“中”是“礼义”的别名，因此，人们必须在礼的节制下，以实现情感与道德、人伦与人格、个体与群体的和谐统一。这样，以儒家思想为主的中国人生美学便将“中和”这一审美存在态与礼结合在一起，形成了礼乐统一、文道结合、以礼节情、以道制欲的伦理美学思想。

此外，“中和”之美还体现出以儒家思想为主的中国人生美学对理想人格的追求。在儒家美学思想中，“中和”之美与“中庸”之善在精神实质上是相通的。“中庸”是儒家美学所推崇的理想人格的重要审美特质。孔子说:“中庸之为德也，其至矣乎，民鲜久矣。”(《论语·雍也》)《礼记·中庸》郑玄注云:“名曰中庸者，以其记中和之为用也。”朱熹也认为:“中庸之中，实兼中和之义。”又说:“中庸者，不偏不倚，无过不及，而平常之理，乃天命所当然，精微之极致也。”这就是说，“中和”与“中庸”相同，都是人的行为举止、人格修养等恰到好处的审美准则，其实质上是指人的性情之美。孔子自己“温而不厉，威而不猛，恭而安”，就是性情达到“中和”之美的典范。在理想人格的造就上，儒家美学强调人的心理和伦理、情感与道德、心与身、知与行、内在的善与外在的美都必须达到高度的和谐统一。只有如此，才符合“中庸”之善与“中和”之美的要求，也才是儒家美学所推许的理想人格的完美实现。

以上大体上阐述了作为审美存在态的“和”的几点规定性内容。总的说来，正是由于“和”体现了宇宙万物的和谐统一、天人之间的亲和合一、人与人之间的执中协调，以及人的生命形态的熙合调和，故而，中国人生美学极为强调对“和”的审美存在态的追求，把审美者与客体、人与自然、个体与社会、必然与自由所构成的和谐、均衡、稳定和有序作为最高审美存在态与审美存在态。审美存在态创构活动则被看作促进人的健全发展，达到人与自然、个体与社会的和谐统一与审美者自身的自我实现的重要途径。

四

中国人生美学所标举的“和”这种审美存在态与西方人生美学是有差异的。周来祥先生说:“中西方都以古典的‘和’之审美域为理想，但西方偏于感性形式的和谐，而中国则偏于情感与理智、心理与伦理的和谐。”[①] 这一点，特别是在儒家美学所提倡的“中和”之美的审美存在态追求中表现得最为突出。

首先，儒家“和”的审美存在态强调美善的和谐统一。孔子所提出的“尽善尽美”“温柔敦厚”“文质彬彬”等美学命题都是以美善“中和”统一为宗旨的。美总是和真与善携手同行的，没有真与善，就没有美。就审美意旨与审美表现的关系看，前者必须依靠后者得以表达。据现有文字记载，中国人生美学中较为明确的“善”“美”概念出现在春秋时期。从哲学意义上比较早的给“美”下定义的是春秋后期楚国的伍举。他说:“夫美也者，上下、内外、大小、远近皆无害焉。故曰美。”(《国语·楚语》)他提出“无害为美”的命题，认为善就是美。后来的《新书·道德说》也说:“德者六美。何谓六美？有道、有仁、有义、有忠、有信、有密，此六者德之美也。”这些说法都以为美与善其含义是相同的，而忽视了美与善的差别性。换言之，即这些命题都没有揭示出美的相对独立性和美的感性显现形式，因而具有明显的局限性。墨子所提出的“非

① 周来祥:《论中国古典美学》，济南：齐鲁书社，1987年，第2页。

乐论”和韩非子提出的“文害德”论，就是从不同角度发展了这种局限。其时，关于“美”还有另一种说法。如《左传·桓公元年》：“曰：美而艳。”杜注云：“色美曰艳。”孔疏云：“美者言其形貌，艳者言其颜色好。”《墨子·非乐》云：“身知其安也，口知其甘也，目知其美也，耳知其乐也。”《韩非子·扬权》云：“夫香美脆味。”

上述提到“美”的说法，都是着重从声、色、香、味这些审美表现方面强调了美的感性显现形式，而忽视了美的内在审美意旨，同样具有明显的局限性。儒家美学在处理美的审美表现与审美意旨的关系时，就避免了上述两种局限，既确认审美表现，强调美的感性显现形式，又注重美的内在审美意旨，指出美与善这两个范畴之间是既相区别，又紧密联系的，要求美与善的和谐统一。

儒家美学的代表人物孔子就非常注重美善的和谐统一，强调美与善牢不可破的神圣同盟，认为美离不开善的审美意旨，善更离不开美的审美表现，把文德皆备、美善统一作为文艺所应努力追求的最高审美存在态。据《论语·八佾》记载：“子谓《韶》，尽美矣，又尽善矣。谓《武》，尽美矣，未尽善矣。”《韶》相传为虞舜时的乐曲，说是表现舜接受尧的“禅让”，继承其统业的内容，不但声音宏亮、气象阔大、旋律往复变化、音韵和谐、节奏鲜明，而且整个音乐形式色彩丰富、错杂成文而中律得度，其“乐音美”，而且“文德具”，故孔子赞许其是尽善尽美之作，曾使其听后陶醉得“三月不知肉味”。而《武》则相传为周武王时的乐曲，表现武王伐纣建立新王朝的内容，将开国的强大生命力灌注于乐舞中，其“舞体美”，但含有发扬征伐大业的意味，“文德犹少未致太平”，故孔子称其“尽美矣，未尽善矣”。显而易见，孔子的这一美学思想就是基于“中和”之美的原则，强调美善的和谐统一。但孔子所标举的“尽善尽美”，仍然是有侧重的，是以善为核心的。他把以“仁”为核心内容的伦理道德作为美的根本标准，重视完善的心灵和伟大人格的培育与塑造，体现出其美学思想中强烈的伦理道德色彩。

正是基于其伦理美学的原则，在孔子看来，艺术审美存在态的创构不仅仅是给人以美的享受，而且更应该起到净化人的心灵的审美教育作用。故而孔子提到艺术审美存在态的创构，就必定把“仁”“礼”贯穿其中，认为艺术审美活动必须符合伦理道德的规范，要以美好的品德去充实人的内心世界，陶冶人的道德情操，提高人的精神境界，使人实现身心的愉悦和心灵的满足与外化。

此即所谓“兴于诗，立于礼，成于乐”。其中礼是立足点，又是中心内容，诗和乐都要以礼为核心，以礼为指归，为礼服务。这样，“善”才能于一种自由的状态中得到实现，与美相融一体、和谐统一。所以，孔子强调美善的和谐统一，提出“尽善尽美”的审美存在态，实质上也就是强调审美表现与审美意旨的完美统一。这在他所提出的“文质彬彬”的命题中表现得尤为突出。他说：“质胜文则野，文胜质则史，文质彬彬，然后君子。”[①]（《论语·雍也》）所谓“史”，在古文字中与志、诗相通，引申为“虚华无实”“多饰少实”的意思（参见皇侃疏）。文饰多于朴实，缺乏仁的品质，就会显得虚浮；朴实过于文彩则未免显得粗野，只有避免“文胜质”“质胜文”这两种片面性倾向，文质合度，两者完善统一，才能体现出“文质彬彬”的美，也才符合“中和”的审美存在态。从人的角度看，这是具有高度品德情操的“君子”的心灵美与形体美的完满体现；从文艺作品的角度看，则这才达到尽善尽美的审美存在态，并且是真善美统一融合的完美实现。孔子这种将美与善既相区别又相统一的审美观念，到孟子那里得到继承与进一步发展。《孟子·告子上》云：“故理义悦我心，犹刍豢之悦我口。”认为人的道德品质、精神风貌也能给人以“心悦”，带给人以诉之于心灵的审美快感，就如同声、色、味能给人以诉之于耳、目、口的审美感受一样。显然，这里已经打破了把美仅限于感官声色的审美官能性快感的传统观念，强调人的道德精神也具有审美特性，也可以作为审美对象，给人以审美愉悦，从而发展了儒家美学关于美善和谐统一的审美观念，赋予“善”本身以审美价值，揭示了美善相互联系的内在根据。

这一审美观念在孟子对“充实之谓美”这个命题的一段论述中，得到了更为明确的阐述。孟子将理想人格的标准分为六个层次：“可欲之谓善，有诸己之谓信，充实之谓美，充实而有光辉之谓大，大而化之之谓圣，圣而不可知之之谓神。”[②]这就是说，“善”是指作为个体的人值得喜爱而不让人感受到可恶，这与孔子所说的“尽善尽美”不完全相同。孟子是针对个体人格而言的，而孔子则是针对舜乐和武乐的审美表现与审美意旨而言的。“信”是“有诸己”的意思，即诚善存在于个体人格中，并在行动中处处给人以指导，又叫作实在。相对而言，“善”与“信”是就心上说的，“美”则是就行上说的。换言之，则“美”是引起精神和感情审美愉悦的外在形式。朱熹在《孟子章句集注》和《语

① 朱熹:《四书章句集注》，北京：中华书局，1983年。

②《孟子·尽心下》。

类》中解释“美”与“善”“信”的关系时，指出，“心上说”与“行上说”是相互联系、相互统一的，把“善”与“信”扩充于个体的全人格之中，“美”就是在个体的全人格中完满地实现着的实有之善，美与善、信融合一体，美就是从心里流出的同善信融洽统一的外在形式。它既包容善又超越善。在孔子那里，美被看作美的形式，有待于与善相统一。而在孟子这里，美已经包容了善，是善在美和它自身相统一的外在感性形式中的完美实现。故而，和孔子相比，孟子更加深刻地发展了“尽善尽美”说，强调了美与善的内在一致性，使审美存在态创构具有了道德价值，并且使儒家美学所标举的美善和谐统一的审美存在态有了更为深刻、内在的根据。

其次，儒家“和”的审美存在态要求情理的和谐统一、适中合度。孔子所提出的“思无邪”“温柔敦厚”的诗教等有关诗歌审美活动的命题，其核心内容就是强调情与理的表现应中和适度。在审美活动中，情与理是一对孪生姊妹。情感之所以能上升为审美情感，则是因为它具有审美理性，既包含了对客观事物的感受、理解和认识，同时也包含了主观上道德的、美的意向、要求和理想。换句话说，即美的情感不是脱离理性的抽象的存在，而是有理性参与其中的，是感性和理性的和谐统一。没有感性参与活动的情感，谈不上是美的情感。审美活动中的审美情感，就是感性和理性的统一、感情和思想的统一、美的感情与美的意象的统一，是情理相生、情理交融、情理合一，其表现手法上则要求含蓄适中，所谓“理之于诗，如水中盐，蜜中花，体匿性存，无痕有味”[①]。

在情与理的表达方面，以孔子为代表的儒家美学就特别注重理性与情感的和谐与适度。因为儒家美学所信奉的是“为人生而艺术”，这点和西方浪漫主义“为艺术而艺术”的信条不一样。儒家美学对诗、乐等艺术审美活动极为重视，但其重视的目的多半是出于“美善相乐”的教化作用，是要借助艺术的审美效应，将外在的“理”化为内在的“情”，成为人们遵循“仁”的意旨行动的动力。其对审美活动的重视仅仅出于道德教化的目的，所以要“发乎情，止乎礼义”（《礼记》），以“理”节情、导情。孔子说：“《诗》三百，一言以蔽之，曰：思无邪。”（《论语·为政》）这里所说的“思无邪”，实际上就是依据其“中和”的审美存在态，强调诗歌审美活动中情理的表达应该谐和、适中、中正、

① 钱钟书：《谈艺录》，北京：中华书局，1984年，第231页。

和平。《论语集解》引包咸之说，解释“无邪”，就认为是“归于正”。刘宝楠《论证正义》也解释说：“论功颂德，止僻防邪，大抵皆归于正，于此一句可以当之。”所谓“正”，就是指中正和平，也就是“中和”。所以郝敬在《论语详解》中指出：“声歌之道，和动为本，过和则流，过动则荡”，故而要求“无邪”。在孔子看来，诗歌的审美情感与审美意旨必须健康，其表达不要过分偏激，要平和适中，符合中和之美的标准。所谓“乐而不淫，哀而不伤”，乐与哀都不过分，情与理平衡适度、和谐统一，就是指审美情感与审美意旨的表达都达到了“中和”境界。故而何晏《集解》引孔安国语云：“乐不至淫，哀不至伤，言其和也。”节制、适中、和谐，就是“思无邪”，也就是“中和”的审美存在态。由孔子提倡的“思无邪”这一体现“中和”之美的审美存在态，对中国人生美学有极大的影响。

在论及审美意旨与审美情感的表现时，以儒家思想为主的中国人生美学一贯讲“中和”之旨，强调以理节情，情理合一，情理适中。如刘勰就强调指出：“巨细或殊，情理同致”；“情动而言形，理发而文见”；“率志委和，则理融而情畅”，等等。唐代皎然论及诗歌审美活动更标举“诗家之中道”。在皎然看来，审美活动中存在多种矛盾关系，如体德与作用，意兴与境象，复古与通变，才力与识度，苦思与神会，气足与怒张，典丽与自然，虚诞与高古，缓慢与冲淡，诡怪与新奇，飞动与轻浮，险与僻，近与远，放与迂，劲与露，赡与疏，巧与拙，清与浊，动与静，等等。审美者在处理这些矛盾时最重要的审美原则就是要恰到好处，不偏不执。中和之诗境的创构必须做到“二要”：“要力全而不苦涩，要气足而不怒张。”要做到“二废”：“虽欲废巧尚直，而思致不得置；虽欲废言尚意，而典丽不得遗。”还须做到“四离”：“虽有道情，而离深僻；虽用经史，而离书生；虽尚高逸，而离迂远；虽欲飞动，而离轻浮。”[①]这之中所谓的“道情而离深僻”，就是指诗歌审美活动应“道情”，其长处在“识”，所重在“理”。审美者必须识高才赡，从而在审美活动中才能做到理周文佳，情与并致；做到“力劲而不露，情多而不暗”，使艺术作品既富情采，又充满理趣，情理相兼，和谐适度。儒家“中和”审美存在态所要求的境域创构情理和谐统一的思想最充分地体现在“温柔敦厚”的诗教与乐教之中。《礼记·经解》引孔子语：“温柔敦厚，诗教也。……其为人也，温柔敦厚而不愚，

① 皎然：《诗式》。

则深于诗教也。”孔颖达《礼记正义》解释说:“温，谓颜色温润；柔，谓性情和柔。诗依违讽谏，不指切事情，故曰温柔敦厚诗教也。”又解释说:“诗有好恶之情，礼有政治之体，乐有谐和性情，皆能与民至极，民同上情。”所谓要求“性情和柔”“谐和性情”，就是要求文艺审美活动在审美意旨的熔铸与审美情感的表现上，必须达到高度的平和适中、和谐统一，合乎“中和”的审美存在态。正如朱自清在《诗言志辨》中所指出的:“温柔敦厚，是和，是亲，也是节，是敬，也适，是中。”可见，“温柔敦厚”就是强调审美意旨与审美情感表现上应该节制、适中、宁静、和谐。“温柔敦厚”的审美原则实际上是孔子美学所标举的“中庸之道”哲学思想和伦理道德观念在其美学思想中的运用。孔子的“中庸”原则强调理想人格的崇高德性应该不偏不倚一端而执中守和，应“允执其中”，无过无不及。在性情方面，“喜怒哀乐之未发，谓之中，发而中节，谓之和”(《中庸》)。“中庸”原则运用到美学上，则要求审美活动应努力追求“中和”的审美存在态。“中和”是真善美的和谐统一，也是情与理、感性与理性、审美与道德的和谐统一的生存态与审美态。在发现美、感受美、认识美、追求美与创造美的审美活动中，在对现存审美关系的扬弃和改造活动中，无论是人与自然、个体与社会、审美者与客体，还是身与心、心与物等各种相互对立的因素、成分都应达到和谐统一，都应遵循“中和”审美存在态的轨迹和目标。只有这样，才能通过审美活动以实现人与自然、人与社会、人与人和人与人自身的个性的和谐全面的发展。在审美活动中，也才能实现“耳目聪明，血气和平，移风易俗，天下皆宁”的理想，也即实现“美善相乐”的审美教化理想。

五

中国人生美学有关“和”的审美存在态的孕育和产生，离不开深厚的中国文化土壤。中国文化充溢着和柔精神，正直而不傲慢，行动而不放纵，欢乐而不狂热，平静而不冲动，执中守和，反对走到“伤”“淫”“怒”的极端，“柔亦不茹，刚亦不吐”，心中有激情，表面却冲和平静，犹如底部潜藏着激流的平静水面。中国人所崇尚的美是一种均衡、稳定、宁静、平和、典雅之美，中国传统的审美观念是礼乐合一、文道结合、以礼节情、以道治欲；中国艺术所追求的极高审美存在态是求响于弦指之外，如蓝田日暖，良玉生烟，可望而不可置于眉睫之前，弥漫着冲淡氛围，深情幽怨，意旨微茫，表现出一种静默、温柔、闲远的和悦美。难以抑制的情感发泄通过以理导情、以理节情而恢复情感与理智上的平衡，百炼钢而化绕指柔。在我们看来，这正是形成中国人生美学所标举的“中和”审美存在态的文化和审美的民族心理结构的深厚积淀层。

特别值得指出的是，“中和”说的形成，还同中国古代饮食文化的影响分不开。中国古代人生美学的价值取向及其形态，是沿伦理与政治一体化的方向建构起来的，因而形成以“礼”为中心的文化形态。而中国古代的礼制，却是始于饮食的。《礼记·礼运》曰：“夫礼之初，始诸饮食。”又曰；“饮食男女，人之大欲存焉。”这表明了古代中国人对于饮食的看法。饮食是人们生活的主要方面，是人类最基本的生理需要，是为着生存和繁衍种族的重要条件。一个时代、一个民族、一个国家，其饮食观念从一个侧面反映着社会生活的实际。古人认为礼制始于饮食，揭示了文化现象是从饮食文化中产生和发展的，这符合自然生态的创造，反映了古代中国人重视生命、重视现实的原初心态。

中国古代饮食文化非常丰富，其烹饪艺术源远流长，闻名世界。中国烹饪史证明，古代中国人非常重视饮食，特别重视烹饪之术，讲究五味调和，追求“鼎中之变”，因而在中国古代饮食文化中，“和”这个概念和范畴的产生与形成比较早。在商汤时期，古人的饮食已由简单的原始熟食制作发展为一门综合性科学，反映了人们日益增长的物质与精神生活的需要。伊尹“说汤以至味”，就是这一文化现象的生动反映。所谓“至味”，也就是美味、最美的味。伊尹阐明了“调和之事”既是达到“至味”境地的重要途径，也是“鼎中之变”所追求的理想目的。并且指出“鼎中之变，精妙微纤，口弗能言，志弗能喻”，认为“至味”的“调和”推崇精妙、适度，可以神会不可言得，随机通变，不偏不倚，秉和而作，完全依靠在长期实践中细细体味领悟。不难看出，这里所强调的“和”已经有创新化、审美化的倾向，其中融渗着审美因素。中国古代饮食文化是审美文化的重要组成部分。饮食文化中的重要概念与范畴“和”积淀着十分丰富的文化的、哲学的、美学的内容。《国语·郑语》记史伯语云：“和五味以调口……和乐如一。夫如是，和之至也。”把酸、甜、苦、辣、咸等各种不同的味道配合调和起来，才味美爽口，五味调和才美。就审美心理感受层次上的实现而言，这些地方所提出的“和”是与人的口味、音声相联系的感官和谐状与官能快感。古代中国人正是基于这种错综复杂的味感现象，才重视“和”的作用，强调“和五味以调口”，调和五味，以烹调出人们喜欢的具有

“至味”的美馔佳肴来。作为饮食文化的重要范畴“和”，既有作为动词的含义，指对食物的调和；又有作为名词的含义，指经过调和之后所产生的美味。对美味的调和与获得，常常是会于心而难达于口。加之，古代中国人在烹调艺术中讲究菜肴的美化装饰及食品雕刻，人们在品尝美味食品得到生理快感的同时，又从菜肴造型中获得美的享受，引起心理和精神愉悦，因此，早在商周时期，人们已经将“和”与“味”“美”联系起来。这反映出古代中国人的审美意识的产生和审美心态的形成，同饮食烹调中的“和五味以调口”的味觉体验有关。

“和”是人的审美心理的和谐与美感。它既是客观审美对象之“和”的能动反映和内化，也是客观审美对象属性的和谐统一。先秦时期的饮食观念，往往融于诸子百家的哲学思想中，而且已把饮食文化中的重要概念“和”借喻到精神领域，并使之成为一个重要的美学范畴。如《左传·昭公二十年》就记载有晏婴的一段著名言论。他指出“和如羹焉”，举烹调与音乐为例以喻“和”。饮食烹调要得至味，达到“和”之审美域，必须经过五味相调相和、互济互泄的交流转化融合过程，还必须“齐之以味”。在当时，大凡与审美标准及审美存在态有关的概念，常常拈出饮食文化中的重要概念“和”来加以揭示，从而促进了“中和”审美观在先秦的发展，为儒家“中和”审美存在态的基本完善打下了良好基础，也为它最终成为民族审美心理结构中的一种重要的有机构成，奠下了最初的、稳固的基石。

第六章　儒家美学论“人”的存在方式

中国古代儒、道、释美学都很重视人的存在问题，都是从“存在”的意义上关注人的。就儒家美学而言，“仁”的构成境域就是的人存在方式或存在状态。并且，从重视人生出发，儒家美学强调个体自身生命意识的培养。无论是“孔颜乐处”还是“曾点气象”，都表现出一种对自身生命意识的充分肯定，以及在此基础上珍惜生命、体味生命的审美意趣，“仁”的人生境域与审美境域的构成则都是心灵的自由和升华。

儒家美学是中国古代美学的重要组成。应该说，人是儒家美学所关注的核心。如孔子说：“天地之性，人为贵。”（《孝经·圣治章第九》）人是天地之间最为尊贵、最有价值的。人之所以“贵”，在于人对“仁”这种审美境域的推崇与追求。据《论语》记载：“颜渊问仁。子曰：‘克己复礼为仁。一日克己复礼，天下归仁焉。为仁由己，而由人乎哉。’”孔子甚至说：“人而不仁，如礼何？人而不仁，如乐何？”（《论语·八佾》）又说：“里仁为美。择不处仁，焉得知？”（《论语·里仁》）孔子之所以重视“仁”，是因为在他看来，“仁”就是人的本质属性，人不仅是自然的人，还具有超乎自然的社会本质，而这种本质首先表现在人对自身的重视和人与人的相互尊重之中。

一

所谓本真生存，就是要在作为“人”的价值基础上，意识并努力实现自己作为“人”之为“人”的所在，并以此为生命起点，成长为精神独立的个体。本真生存是人自我意识的觉醒。海德格尔认为，在现实生存中，人类不可避免地有两种相冲突的生存样式：非本真的日常生存方式与本真的诗性生存方式。他把沉沦于日常非本真生存的自己称为“常人自己”，正是“常人自己”使自己成为他人的影子和化身，并自然衍生出一种逃避自由、逃避责任、逃避独立选择与独立生存的精神倾向。可以说，非本真生存所导致的是“自我疏离”与自我异化。与此相对，海德格尔提出的本真的生存方式，则是一种从日常沉沦中超拔出来的个体生存方式，一种以独立个体的方式与他人与他物打交道的生存方式。处于本真生存方式中的本真自我，是独立思考的、独立选择的，独立领会着、行动着的“我”自己，而不是假冒“我”的名义，将一切交给“他人”来安排生存可能性的无个体性的、无独立性的、无自由的“常人自己”。在这个意义上，“他者”境遇就是一种非本真的生存方式。而本真的诗性生存，即是由依附、盲从的“他者”成长为独立、自由的“个体”，由“他人意志的造物”、被动服从而成长为能够自主筹划自我、实现自我超越，其内涵本身就指向一种本真生存方式中本真的自我。

然而不容忽视的是，世人为了摆脱存在的虚无，拒绝生存的职责，总是倾向于投靠“常人自己”，并听从“公众意见”，以便产生心有所托、思有所凭、身有所靠的幻觉。因此，要实现从非本真生存走向本真的诗性生存是非常艰难的，这也使得“人”的成长总是在盲目与清醒中摇摆，在沉沦与超越中游移。而只有一些特殊的生存状态以及特定的心灵际遇，才能把个体自我从“常人自己”那里分离出来，把本真生存的超越性从日常沉沦中召唤出来。正是那种可以揭示出日常生存之非本真实质的人生状态，可以把“人”与“常人世界”的非本真关联切断，把“人”带到“自我本真”之中的存在体验。

在儒家美学，所谓本真生存与本真的诗性生存方式应该说是达成“求仁”与“为仁”审美域的流程。“求仁”与“为仁”审美域之“仁”，是指人最原初、最真切的一种自然感情，一种发自本心本性的血亲之情。这种情感是和人的生命更为本己地联系着的，居于生命的深处，由生命直接发出，是生命的直接流溢。在以孔子为首的儒家学人看来，“仁”就是人自身的存在性展开，“为仁”“求仁”，“反身而诚”为人的本真生存样态，而本真生存的人又要由本真的“为仁”“求仁”所造就。人性是人的生命中先天蕴含的人类特性倾向。人的生命的活性生成的存在趋向，灵动的意识形成独立的体验，健全的自我促成生成性的生存，灵明的敞开引导超越的精神向度。这四个方面可以概括为灵性。人生而具有的未完成性和非专门化倾向表明人生而蕴含着灵性生存的必要性与可能性；人类高度发达的大脑孕育着灵性并为灵性生存提供了能力保障。人生而蕴含“仁心”“仁性”的因子，此因子需要从人一生下来就生成，提升人性的活动，是以发展人性为本体的，是以“仁心”“仁性”的至善为终极追求的。“为仁”“求仁”以发展人的“仁心”“仁性”为本体，是从人性的本然状态——人性灵、人的“仁心”“仁性”发展的必然逻辑和必然要求中自然而然地确立起来的。当“为仁”“求仁”以发展“仁心”“仁性”为本体时，也就以“仁心”“仁性”的提升为其本体性功能，政治、经济方面的功能则是派生性功能。“为仁”“求仁”越是立足于本体性功能，就越是能够本真地生发出派生性功能；丢失或者越过本体性功能而直接追求派生性功能则会适得其反。

人的“仁心”“仁性”并不直接、现成地呈现出来，它只在人的生存中呈现自身。“为仁”“求仁”把人的“仁心”“仁性”发展到至善状态时，人所达到的生存就是本真生存，本真生存作为人性的外化形态不仅标志着“仁心”“仁性”的至善而且能够打破恶性循环，于是，本真生存就自然地成为“为仁”“求仁”的终极目的和最高理想。作为“为仁”“求仁”活动的目的，本真生存的总体特征是在生命机理上生存。人的生命机理是：人的生命是无所为而为的，只是顺应“仁心”“仁性”和灵明的引导无待地自主演进着，生生不息地融通并参与着宇宙的创化流行。唯此才能实现人性的无限可能性，才能使人性潜能发展到至善。人也只有通过参与到宇宙大生命无限演进的创化之流中，万物欲生则任其生，才能使万物都能够按照各自的本性各得其所地生长起来，才能使宇宙万物和谐共生，从而实现人的宇宙责任。本真生存的具体特征表现为存在论特征：充分敞开的灵明引导无所为而为的生存；本真生存作为“为仁”“求仁”的终极目的，需要相应的“为仁”“求仁”样态去实现。这种“为仁”“求仁”应立足于人的存在性联系和谐发展人的知情意。发展知识应当立足于存在性联系与敞开之境发展知的自身；发展情感应当以体现生命机理的礼法规范引导人，在生命活性与宇宙生机的美感共振中陶冶人；发展意志应当通过催生与激发可能性以立志、通过调控情感节制欲望以克己。这样建构起来的“为仁”“求仁”因为契合于人性的本然状态——人性灵，契合于“仁心”，“仁性”发展的必然逻辑和必然要求，所以是本真的“为仁”“求仁”。“为仁”“求仁”的境域就是“为己”“由己”“如其所是”的存在性展开状态。

可以说，就美学意义而言，正是基于对“人”即“仁”，“仁”就是人自身的存在性展开状态的认识，儒家美学所关注的就是如何彰显与呈现人的这种态势，以构成人生的“仁”的本真生存审美域。孔子说：“克己复礼为仁。”（《论语·颜渊》）又说：“我欲仁，斯仁至矣。”（《论语·述而》）“为仁”并不是由他者决定的，而是完全“由己”。这种认识充分肯定了人的自身力量和道德自由，只有通过不断控制自我、完善自我，以了解人生实质和人自身，从而才能解决人生的根本问题，以达到理想的人生境域。

应该说，儒家美学关于人如何于“由己”“如其所是”的自身存在性展开中构成人生的“仁”境域，并由此而获得心灵自由的思想，在中国美学史上具有极为重要的意义。

二

儒家美学思想的核心是“仁”。孔子曰：“仁者，人也”。在孔子看来，“仁”是人的根本，为人的本心本性。孔子又说：“仁者爱人。”孔子认为，“爱人”本身就是一种人之为人的本质规定，否则，就不是人。孔子又说：“唯仁者能好人，能恶人。”又说：“君子去仁，恶乎成名？君子无终食之间违仁，造次必于是，颠沛必于是。”应该说，儒家美学所谓的“仁”，是指人所具有的一种最原初、最真切的自然感情。这种情感发自人的本心本性，为人的血亲之情。它植根于人的生命之中，与人的生命相互生成、相互依存。它居于生命深处，由生命直接发出，是生命的直接流溢。换言之，“仁”这种情感是生命的原始，为生命的存在方式。人的生存是由生命呈现出来的，情绪情感是生命原初的显现，因此，可以表征为生命。

作为儒家美学思想的核心，“仁”的实质就是一种情感，是人生命的直接流溢和体现，能够表征生命。在这种意义上讲，“仁”也就是“真心”。人的本真生存是以“真心”为表征、一任直觉的。“仁”表征着人自然本真的生存态势，“人”本真的生存应当以“真心”为表征。而与“真心”匹配的则为诗性的、审美的呈现方式。这种呈现方式是自然而然、任心随意的，是顺自然之性如其本然、如此一样的存在与运行。孔子说：“仁者安仁，知者利仁。”朱熹解释说：“不仁之人失其本心，久约必滥，久乐必淫，惟仁者则安其仁而无适不然，智者则利于仁而不易所守。”这里就着重指出，“仁”的呈现要发自“本心”，然后才可以“无适不然”。“安仁”是最自然的审美态，没有任何“仁”以外的意图。利“仁”是因利而行“仁”，从而达成“仁”之审美域，动机虽在“仁”外，但纯粹发自人“本心”，出自“人”的内在的本心本性，因而，是自然而然的。孔子特别推重内心自发的行为，他说：“知之者不如好之者，好之者不如乐之者。”知之者“利仁”，以“仁”为有利而行“仁”，不是自发的，所以不如“好之者”之“安仁”，而“好”之极致便是“乐仁”，以行“仁”为乐，则达成“仁”境域的流程更加自发和自然，完全没有其他的目的，没有丝毫的勉强，任真自得、返璞归真、回归本性，因此也更为自然。不过，“安仁”与“乐仁”都是以对“仁”境域为目的，生命被“仁心”与“仁性”之光所照亮，从而进入澄明无蔽之审美域。这是儒家美学所推崇的独特的审美域，也是儒家美学向往的诗意人生。在“仁心”与“仁性”光辉的照耀下，每个生命都获得清澈与澄明。从“安仁”进而达到“乐仁”，就是这种审美境域的生动写照，所以不必在“安仁”之外另立“乐仁”的标准。并且，“安仁”“为仁”“乐仁”都是自动发生、自发进行、天然而成、随性由心，表明孔子所提出的“仁”范畴及其所包含的美学思想中的确蕴藉了“自然”存在的观点。

朱熹曾经运用道家的“自然”审美观来解释孔子的“安仁”思想，说：“安仁者不知有仁，如带之忘腰，履之忘足。”这里，朱熹采用了庄子所谓的“忘足，履之适也；忘腰，带之适也；忘是非，心之适也”的观点来解释“安仁”与“利仁”的区别。庄子原本是通过诗意化的表述以形容能工巧匠的创造达到出神入化的境域，心灵摆脱了任何束缚或挂念，其精熟的创造活动达到了自然而然的审美态。而朱熹则以所谓的“带之忘腰，履之忘足”来形容“仁”者“安仁”的“自然”审美态，指明“仁”者“安仁”达到了随心所欲、自然天成，不需要任何意识、目的去支配自己的行为。对此，程树德也强调指出：“无所为而为之谓之安仁，若有所为而为之，是利之也，故止可谓之智，而不可谓之仁。”这里“无所为而为之”“无所为”之“为”或“无以为”之“为”就是自然而然之“为”，“安仁”就是自然之“仁”或“求仁”“欲仁”“乐仁”的自然而然审美态。“仁”者“安仁”强调的是个人的感情自然流溢。可见，孔子的“安仁”与老子所提倡的自然的原则有着天然的联系。

必须指出，所谓儒家美学意义上的任其自然的本真生存，在海德格尔看来，就是如其所是，像本身那样存在。换句话说，即事物的自然天然就是本真。事物的本真表现为一个关系性的过程，涉及自我限制，以及基于敏感性和对其他存在者以及对存在之不同模式之开放性的有限立场的妥协。本真生存与在一个开放领域中的开放的东西密切相关，本真生存就是让存在者如其所是。在汉语语境中，“本真”的含义为原初天然。本，本源，真相，本来面貌；真，天然。本真，即生命的本真，生命的原初，初始的自然状态。本来如此而不由于外力，即“自己做主”。而就美学意义来看，在中国古代美学思想中，“本真”也就等于自然，“自然”就是“自己然也”，即“自己如此”。

在中国古代，无论是儒道美学，还是佛教禅宗，都把人生的“本真生存”天然域作为最高的审美域。如儒家孔子所标举的“为仁”“欲仁”“求仁”之“仁”境域的达成，就是一种与天地万物合一的自由构成审美域，这种审美域的达成是自然运行、自相治理、自为自化，没有目的性，没有意识性的，为一种纯粹审美活动，是完美和完善的宇宙之心在人本心本性中的再现。所谓人性之“性”，荀子解释说：“生之所以然者谓之性。”[①] 又解释说：“凡性者，天之就也，不可学，不可事……不可学、不可事而在人者，谓之性。”[②] 对此，子思也解释说：“天命之谓性。”[③]（《中庸》）汉代的董仲舒解释得最为清楚，说：“如其生之自然之资谓之性。”（《春秋繁露·深察名号》）王充也解释说：“性，生而然者也。”（《论衡·本性篇》）可见，人性乃是人心的本来的原初属性。就原初语义看，“性”就是指事物原初属性。孟子认为，人性本善，由此，人的原初属性即是“仁”。在他看来，作为“道”具体表现的仁、义、礼、智并非向外习得，它们本来就存在于人们心中，即所谓“四端”。因此得“道”的过程亦就是“发明本心”“求放心”的澄明过程。他说：“君子深造之以道，欲其自得之也。”又说：“万物皆备于我矣，反身而诚，乐莫大焉。强恕而行，求仁莫近焉。”所谓“自得”，就是自我发明、自我体验。中国美学有所谓自得其乐、神明自得、悠然自得、怡然自得、逍遥自得、超然自得、昂然自得、安闲自得、悠然自得等等之说。所谓“反身”，也就是存心养性、自我探寻，因而他用“自得”来表述这种得“反身”而得“道”的审美流程。“道”本身就自然而然、大化流行，得“道”的流程自然也如此。

当然，孟子认识到“道”的自然与自在性，因此，他非常强调存在于宇宙自然中的“外在之道”与存乎人心的“内在之道”是同一纯粹原初域。知人亦

---

① 王天海：《荀子校释》，《正名篇》第二十二，上海：上海古籍出版社，2005年，412页。

② 王天海：《荀子校释》，《性恶篇》第二十三，上海：上海古籍出版社，2005年，435–436页。

③ 朱熹：《四书章句集注·中庸集注》，北京：中华书局，1983年。

即知天。这正是儒学“天人合一”“合外内之道”“浑然与物同体”等命题的主旨所在。“尽其心，知其性也。知其性，则知天矣”。尽人之心，知人之性，体人之道，才能知天、事天，所以人生的最高追求，就是要回复本心，使人性与天性合一，从而达到“上下与天地合流”，而万物皆备于我的自由完美的审美境域。人应“如其所是”地自由地生活，要从生活中求自由，则应该“自觉”。动物就是如其所是地生活的，但那不是自由。必须“意识到”自己在如其所是地生活，才是自由的境域。此所谓“意识到”，就是“我欲仁，斯仁至矣”。[①]（《论语·述而》）不是人家要你“仁”，而是“我欲仁”。你一旦意识到“我是人，我过的正是人的生活”，一你就自由了。自由就是你对自己如其所是的生活的“觉悟”。所谓“如其所是”，就是在自身的存在性显现中的合乎本性的生活。所以，你得既意识到自身存在的本性，又意识到实现这种自身存在本性的现实。二者缺一不可。例如儒家所谓“仁”。仁是一种能力、潜能、“良能”，就是“能爱”。你要意识到，能爱，这并不是别人强加给你的要求，而是你自身存在的本性。否则“爱”就成了你的一大负担，哪里还有自由之感？所以孔子认为“我欲仁，斯仁至矣”。不是人家要你“仁”，而是“我欲仁”。儒家美学认为，“仁者爱人”（《孟子•离娄下》）；主张“仁民爱物”（《孟子·尽心上》），要求爱一切人；而且爱一切物。本真生存的前提是承认自身存在的现实。只有承认现实，才能“推己及人”，进而“推人及物”，成就一种现实可行的“仁”。孔子自述一生自身存在展开的历史性过程，就是儒家追求自由的一个写照：“吾十有五而志于学，三十而立，四十而不惑，五十而知天命，六十而耳顺，七十而从心所欲不逾矩。”（《论语·为政》）这里共有三种境域：“三十而立”只是能够安身立命、如其所是地生活；“四十而不惑”则已经意识到自身存在本性之“然”，即知道是“我欲仁”；“五十而知天命”则更进一步意识到自身存在本性之“所以然”，即知道了仁爱是“天性”“天良”，亦即所谓“天命之谓性”。此一阶段又可以再细分三种境域：“知天命”还是“有意识”的，还不觉得真正自由；“耳顺”就感觉要自由自在得多了，不再那么勉强；“从心所欲不逾矩”就真正达成本真生存审美域了，自在了：一方面“不逾矩”，一方面却感到“从心所欲”，率性而为，随意而行，一如自然，不假安排。这就是儒家所理解的真正的、自身存在性显现境域的本真生存审美态。

---

① 《论语》，朱熹《四书章句集注》本，北京：中华书局，1983年。

三

儒家这种对本真生存的审美域的追求还突出地表现在孔子"乐以忘忧"的人生理想追求上。众所周知，就总体倾向而言，以孔子为代表的儒家追求的理想人生境域是"修身，齐家，治国，平天下"；是"博施于民而能济众"。孔子曾经非常热切地表达自己的抱负："苟有用我者，期月而已可也，三年有成。"[①]（《论语·子路》）然而，这种理想人生境域的获得与人的自我实现并不是轻而易举的事，除了人自身方面的原因外，还受到现实生活的诸多限制。并且，"逝者如斯"，人在时空中生活，还要受时空的限制。人在宇宙时空中的存在是不自由的，宇宙永恒、无限，人生短暂、有限。而人又总是不能够甘心与满足，总是不安于守旧与停顿，总是不安于平庸与单调，不安于失败，总是在不息地追求、寻觅并设法改变自己的环境与自己生活的世界。正如马克思和恩格斯所指出的："已经得到满足的第一个需要本身，满足需要活动和已经获得的为满足需要的工具又引起新的需要。"[②]人希望自我实现，并执着地追求着自我实现，但与此同时又受社会环境、宇宙时空，以及人自身的"内部挫折"的局限，使自我实现的需求不能达到。如何来缓解这一理想与现实的矛盾，使人从这一矛盾中解脱出来，以减轻人的痛苦，平衡人的心态呢？孔子曾经给我们描绘他自己说："其为人也，发愤忘食，乐以忘忧，不知老之将至。"（《论语·述而》）这里，实际给我们设计了两种理想人生境域：一是"为仁由己""人能弘道""发愤忘食""知其不可而为之"而"乐以忘忧"的积极进取的理想人生境域；二是"乐天知命""乐山乐水"，安时处顺而"乐以忘忧"的理想人生境域。这两方面的内容又可以具体为"孔颜乐处"和"曾点气象"。

就语义而言，"孔颜乐处"之所谓"乐"与"乐以忘忧"之"乐"是相同的。乐，古为五声八音总名，本义当为乐器。其甲骨文如木上张丝弦之形，表示为一种弦乐器。由此引申出音乐，"金石丝竹，乐之器也"（《乐记·乐象》）。也特指《乐经》。因"丝竹之乐"能使人产生精神上的愉悦，"窈窕淑女，钟鼓乐之"，这"乐"就成了"乐"。如喜悦、喜欢、喜好、快乐、安乐、乐意、爱好等，都表示"乐"的意思。《语类》云："说在心，乐主发于外。""说"是中心自喜悦，"乐"则是说之发于外者。《仓颉篇》："乐，喜也。"与"说"义同。

① 《论语》，朱熹《四书章句集注》本，北京：中华书局，1983年。
② 《马克思恩格斯选集》第1卷，北京：人民出版社1972年，第32页。

儒、道、释三家都注重“乐”。如儒家的“发愤忘食，乐以忘忧”“知者乐水，仁者乐山”。道家的“天地有大美而不言”（《庄子·天下》）。由“大美”而得“大乐”[①]。释家的人乐、天乐、禅乐、寂灭乐。虽然诸家的教义不一，但在乐的根本要旨“和谐”里，却是可以找到共同之处的。

世间常说的“乐”，有自知满足而感到快乐的“知足常乐”；有高兴的无法用言语来表达的“乐不可言”；有快乐得忘返的“乐不思蜀”；有沉迷其中而不感到疲倦的“乐此不疲”；有快乐得忘掉了忧愁的“乐以忘忧”；有在艰苦的环境中强作欢乐的“苦中作乐”。快乐是一种胸襟，快乐是一种境域。“君子坦荡荡，小人长戚戚”。快乐是仁者风范，“不仁者不可以长处约，不可以长处乐”。快乐是理想的伴侣，是通向未来的阶梯，“发愤忘食，乐以忘忧，不知老之将至”。快乐犹如冬阳，犹如春风，冬阳泄泄，其乐融融，春风扑面，其喜洋洋。快乐是思想，是睿智的表现，是智慧的化身。

四

儒家哲人所推崇的“孔颜乐处”的人生自由态度，与于自身的存在性显现中的合乎本性的生活的审美追求对中国美学具有深远的影响。相传为朱虚侯章所作的《紫芝歌》云：“莫莫高山，深谷逶迤。晔晔紫芝，可以疗饥。唐虞世远，吾将何归！驷马高盖，其忧甚大。富贵之畏人兮，不若贫贱之肆志。”《汉乐府·满歌行》云：“为乐未几时，遭世险巇……唯念古人，逊位躬耕。遂我所愿，以兹自序。自鄙山栖，守此一荣。”魏晋时的陶渊明躬耕自资、委运任化、于自身的存在性显现中的合乎本性的生活的自由的人生态度和所达到的与自然混一的人生审美域就是这一美学精神的生动写照。“代耕本非望，所业在田桑。躬亲未曾替，寒馁常糟糠。岂期过满腹，但愿饱粳粮。御冬足大布，粗絺以应阳。正尔不能得，哀哉亦可伤。”粗衣粗食，但求温饱而已。即使不能如此，也不沮丧，仍以达观、旷达的人生态度来对待。陶潜在《有会而作》中云：“弱年逢家乏，老至更长饥。菽麦实所羡，孰敢慕甘肥。”往年所储存的旧谷吃完了，新谷还没有收获，务农已久并且人已到老年，偏偏又遇上灾荒年，作为诗人陶潜本来就营生无方，这样自然就连温饱问题也不能解决了。“夏日长抱饥，

① 《礼记·乐记》云：“大乐与天地同和，大礼与天地同节。”

寒夜无被眠。造夕思鸡鸣，及晨愿乌迁。在己何怨天，离忧凄目前。”（《怨诗楚调示庞主簿邓治中》）日饥夜寒，夜盼天明，昼盼天黑，一生离忧，怎不叫人哀哉可伤呢？假使不是亲身经历，没有长期感受，此情此景，此滋此味，谁人能道得出来？颜延之《陶征士诔》也曾说道：“少而贫苦，居无仆妾。井臼弗任，藜菽不给。母老子幼，就养勤匮……灌畦鬻蔬，为供鱼菽之祭；织絇纬萧，以充粮粒之费。”除开审美创作的夸张成分，基本事实仍属可信。陶公晚年甚至乞食于人，也有诗文为证。

可贵的是，尽管备尝劳动艰辛、饥寒之苦，陶渊明仍是于心自安，守穷乐贫，“安贫乐道”，而且多次劝农勤耕，自己也陶醉于躬耕隐居之中，于自身的存在性显现中的合乎本性的生活。他一反不事稼穑、鄙视劳动的士大夫观念，殷殷劝示：“舜既躬耕，禹亦稼穑。”“冀缺携俪，沮溺结耦。”“民生在勤，勤则不匮。”（《劝农》）他不是高高在上，仅仅告诫农人勤耕力作。他自己就是长期从事田间劳动，自得其乐。“种豆南山下，草盛豆苗稀。晨兴理荒秽，带月荷锄归。道狭草木长，夕露沾我衣。衣沾不足惜，但使愿无违”（《归园田居》之三）。晨出晚归，露水沾衣，衣沾不惜，心愿无违，悠然自得，怡然自乐，何等欢欣，何等陶醉。字里行间，兴味盎然，时隔千余年，诗人“安贫乐道”“乐天知命”“乐以忘忧”的心境历历可感，熏浸陶染着后人的性情。而且，他把躬耕田园当作人生乐事，又有着何等重要的意义啊！作为一个文人诗人，陶渊明是那么挚爱田园生活，那么乐于躬耕自资，安贫守道！他深知劳动中的甘苦，自然也就关心农事，不误农时，盼望丰收，以期略得温饱。下面几首诗，反复咏叹，多方表现自己“安贫守道”“乐天知命”的审美心态，至今仍有极强的审美感染力：“人生归有道，衣食固其端。孰是都不营，而以求自安！开春理常业，岁功聊可观。晨出肆微勤，日入负耒还。山中饶霜露，风气亦先寒。田家岂不苦？弗获辞此难，四体诚乃疲，庶无异患干。…但原长如此，躬耕非所叹。”（《庚戌岁九月中于西田获早稻》）“贫居依稼穑，戮力东林隈，不言春作苦，常恐负所怀。司田眷有秋，寄声与我谐。”（《丙辰岁八月中于下潠田舍获》）“……时复墟曲中，披草共来往。相见无杂言，但道桑麻长。……”（《归园田居》之二）但愿常躬耕，虽苦犹自安。这是因为，作为诗人的陶潜，深深懂得稼穑之于衣食的重要性。霜露之寒，四体之疲，苦在其中，乐亦在其中矣。开春理业，晨出劳作，不可谓不勤。一年辛苦，岁功可观，哪能没有丰收的喜悦？特别是在这乡野穷巷之中，没有官场的羁绊，没有世俗的烦忧，乡人相见，但道桑麻，淳朴敦厚，融洽和谐，又是多么快慰人心啊！也正因为诗人躬耕自资，与乡人邻里披草共来往、才与他们有同类的疾苦和相通的感情和共同的语言。因此，他深深呼吸着淳朴敦厚的田园气氛，切切感受着融洽和谐的农家友情。有酒同酌，有肉共食，觞酌失其行次，言笑意无厌时，自晚达旦，彻夜畅谈。田父偶或疑其有乖“时俗”，劝其出仕“高栖”，他则表示厌恶官场，驾不可回，且欢此饮，涉语成趣。

五

的确，就美学意义看，儒家非常强调人对自身本真的回归，推崇“为仁由己”，强调“修己以安人”。同时与道家“齐万物”“齐物我”，主张人应回归自然，于自身的存在性显现中的合乎本性的生活，

我们知道，中国美学是儒道互补、儒道相通，因此，儒道结合才是中国美学的全部内涵。儒家人生境域观中所追求的这种“孔颜乐处”“曾点气象”，其中所表达的人与自然之间相亲相爱的自然之情以及人对自然的眷恋与顾念，人与自然和谐统一的审美自由域创构等审美观念和道家人生境域观中向往与憧憬自然，追求与自然合一，自由自在，逍遥自适的自然观相一致，并共同作用于中国美学，从而形成中国美学所独特的“天人合一”“以天合天”的审美自由域创构方式。

第七章　道家美学之“以无为求至乐”

儒家哲人追求“孔颜乐处”“曾点气象”，道家哲人则把“同于道”与“无所待”的“逍遥游”的生存态与审美态作为人生的最高追求与一种极高的人之审美生存方式与生存态势。在道家哲人看来，人生的意义与价值就在于任情适性，以求得自我生命的自由发展，回归自然，摆脱外界的客体存在对作为审美者的人的束缚羁绊，发现自我，认识自我，实现自我，以达到精神上的最大自由。道，是中国哲学范畴系统中的一个核心范畴。如前所说，老子认为“道”与“气”是宇宙万物的生命本原。要在审美活动中生成并显现这种宇宙之美，就必须返璞归真，使自己“复归于婴儿”“比于赤子”，保持一颗澄明空静、天真无邪、能法自然之心，经由这种“虚静”的心灵以超越有限、具体的“象”，始能体悟到“道”这种宇宙大化的精深内涵和幽微旨意，并进入极高的自由境界。此即司空图在《诗品》中所推崇的“超以象外”，才能“得其环中”，走入宇宙生命之环的审美体验方式。因此道家哲人给我们设计的“人”之审美生存方式与生存态势是“返璞归真”与“逍遥无为”。

一

人应该追求什么样的生存态势，人的一生，是积极进取、自强不息，还是消极悲观、倦怠无聊；是宁静淡泊、以默为守，还是功名利禄、权重社稷，等等，历来就是中国人生美学所关注的基本问题之一。老子认为，人之审美生存方式与生存态势最宝贵的就是真，就是心灵的自由、高洁。故而，他把“赤子之心”“婴儿”状态作为人应该追求的最高境界。在老庄看来，人之生存最大的乐趣就是清心寡欲。所谓的功名利禄、是非利害、荣辱得失，都不过是过眼云烟。只有像婴儿那样的纯真，无忧无虑，无牵无挂，无是非得失，任性而为，率性而发，不做作，不矫饰，纯洁无瑕、天真烂漫，这才是应该追求的生存态与审美态。《老子》第二十八章说:“知其雄，守其雌，为天下溪，为天下溪:常德不离，复归于婴儿。”[①] 第五十五章又说:“含德之厚，比于赤子。毒虫不螫，猛兽不据，攫鸟不搏，骨弱筋柔而握固。未知牝牡之合而朘作，精之至也。终日号而不嗄，和之至也。”在老子看来，婴儿时期的人，明智未开，还没有受到世俗的污染，内心世界柔和淡泊，表现在外的心理天真无邪，保持着一种自然天性，能随自然的变化而变化。这样，“复归于婴儿”，就自然而然地使“人”超越世间的利害得失、是非好恶的私欲干扰，消弭主客观世界的区分界限，而进入无知无欲、无拘无碍、无我无物，以玄鉴天地万物，与生命本原“道”合一的审美生存方式与生存态势。达到这种生存态与审美态，则会如老子所指出的，感受到一种“燕处超然”，一种广远宁静、与天合一的极境，而妙不可言。老子说:“众人熙熙，如享太宰，如春登台。我独泊兮，其未兆。”[②]（《老子》第二十章）人世间那些众多的人熙熙攘攘，挤来挤去，为虚名而争，为利益而忙，就如像赴国宴，享受山珍海味，咀嚼美味佳肴，又如像春天里结伴游玩，登高远眺；只有超越于这种情欲，回归自我、体知自我和行动自我，拭净心灵尘垢，实现对真实自我的复归，保持婴儿之心，心灵恬淡，“虚怀若谷”，静如水碧，洁如霜雪，才能怡然自适。而审美体验活动中，只有通过这种心态的营构，也才能臻万物于一体，达到与万物同致的生存态与审美态。这种思想与老子的“道”论是分不开的。受“道”论的作用，以老庄为首的道家哲人把“同于道”与“无所待”的“逍遥游”这种实现自我、保持心灵自由的理想生存态与审美态作为人之生存的最高追求，在老子看来，“五色令人目盲，五音令人耳聋，五味令人口爽。驰骋田猎令人心发狂，难得之货令人行妨”（《老子》第十二章）。“罪莫大于可欲，祸莫大于不知足，咎莫大于欲得，故知足之足恒足矣”（《老子》第四十六章）。人的欲望是没有止境的，特别是物质方面的欲望，可以说是欲壑难平；然而对物质利欲的无限追求是无益于人的身心健康，有损于人的生命发展的，它只能使人成为自身欲望的奴隶，损害人

① 朱谦之:《老子校译》，中华书局1984年版。
② 朱谦之:《老子校译》，中华书局1984年版。

的身心生命。故而老子认为，对于物质欲望，不应该刻意去追求，而应以超然的心态去看待它。因而，老子说：“虽有荣观，燕处超然。奈何万乘之主，而以自轻天下。”（《老子》第二十六章》的确，一切外在的东西、外部修养，都属于人为的范围，而一切人为的东西都只会损害人的本性，使人丧失其天真、自然、纯洁的心态，人只有“见素抱朴，少私寡欲”，保持心境的纤尘不染、淡泊恬静，超越功利，摆脱与功名利禄等私欲相关的物的诱惑，求得精神的平衡与自足，才能进入人之的最佳生存态与审美态。因此，老子主张“返璞归真”“见素抱朴”。“朴”是指未经雕饰过的木头，老子用来形容事物与人心所原有的天然素朴的状态。“返璞归真”“见素抱朴”就是清除后天的、非自然的、人为的种种桎梏枷锁，废除仁义礼乐，超越物质欲望，不让尘世的喜怒哀乐扰乱自己恬淡、自由、纯洁的心境，自始至终保持自己得之于天地的精气，归于原初的自然无为、自由自得的心态。

二

老庄所推崇的这种虚静淡泊、返璞归真的生存态势与审美心态论对中国人生美学具有极为深远的影响。的确，受老庄哲学的影响，中国人生美学洋溢着一种强烈的超越意识，超越俗我，使自我清淡、飘逸、空灵、洒脱之心与自然本真浑融合一是中国古代艺术家在审美活动中所追求和向往的至高审美存在态。而平居淡泊，以默为守，通过明净澄澈的心为去辉映万有，神合宇宙万物，以吞饮阴阳会合的冲和之气，则是贯穿于整个审美体验活动的一种特殊心理状态，或谓审美心境。正是由此，遂熔铸成中国人生美学“澄心端思”的审美心境论。“澄心端思”命题的提出见于王梦简《诗学指南》：“夫初学诗者，先须澄心端思，然后遍览物情。”“澄心”，又称“澄怀”，意为澄清净化心怀和心灵空间。作为营构审美心境的一种心理活动，“澄心”主要是指进入审美活动之实，审美者必须洗涤心胸，澡雪灵府，以获得心灵的澄清和心怀的宁静。可以说，“澄心”就是一种空明审美心怀的构筑，或者说是造成一种审美心理态势，其实质是通过“澄心”以虚廓心胸，涤荡情怀，让审美者的心灵超然于物外，进入一种和谐平静、冲淡清远的审美心境，造成无利无欲、无物无我的静态的超越心态，以能够于审美体验中“遍览物性”，能够沉潜到特定的审美对象的生命内核，体悟到蕴藏于其深处的生命意义。“端思”则是集中心意，摆正心思，用志不分，用民不杂。“端思”又谓“凝神”“专志”。明代唐顺之就认为审美活动以“解衣盘礴为上”，因为“若此者凝神而不分其志也”（唐顺之《荆川先生文集·与田巨山提学》）。通过“端思”“凝神”可以使心神凝聚，意识集中。黄庭坚说：“神澄意定……用心不杂，乃是入神要路”（黄庭坚《书赠福州陈继同》）。又说：“得之于心也，故无不妙；用智不分也，故能入于神。夫心能不牵于外物，则其天守全，万物森然，出于一境。”（黄庭坚《道臻师画墨竹序》）“用志不分”是审美活动的关键。

从现代审美活动心理学思想来看，以老庄美学为主的中国人生美学所主张的审美者在进入审美活动之初必须“澄心端思”的观念，对于审美活动的开展的确是极为重要的。就其审美心理活动的实际而言，“澄心端思”，即排除外在干扰，中止其他意念活动，使意念思绪集中到一点，进入一种虚静空明、心澄神充、聚精会神的心理状态，获得“内心的解脱”，确实是审美活动中心灵体验得以进行的首要条件。没有构筑起这种虚灵清静、神充气盈的审美心理态势，则不可能有真正的审美活动。气和心定、虚明空静的审美态势的意义，在于它能使审美者的各种审美能力都集中到审美构思上来。停止或淡弱审美者意念中的其他活动，使其服务于即将开始的审美构思活动，通过澄怀静虑、安定心神以创构出一个适宜进入审美活动的心灵空间，集中审美能力，准备审美活动的开展，这就是“澄心端思”在审美创作活动之初的主要作用。

我们知道，进行审美活动需要审美者“心”“思”“神”“想”的整体投入。中国人生美学所主张的审美体验活动是审美者心灵的契合，这不仅需要审美者必须具备独特的审美能力，还需要审美者必须营构出一种特定的审美心境。这同审美活动所追求的目的分不开。在中国人生美学看来，审美活动的目的是“欲令众山皆响”，是要在物我的同感共通和情景的相交互融中铸造审美意象与审美意境。而客体多方面的特性和审美者纷繁杂乱的思绪必然会影响这种审美活动的深入，在此，审美者在进入审美构思活动之初必须去物去我，使纷杂定于专一，澄神安志，意念守中，在高度入静中达到万念俱泯、一灵独存的心境，以保证审美活动中心灵的自由。即如恽南田在《南田画跋》中所指出的：“川濑氤氲之气，林岚苍翠之色，正须澄怀观道，静以求之。若徒索于毫末者，离也。”是的，“遍览物情”与“妙悟自然”的审美活动离不开心灵的活力与心灵的能动。心灵自由是审美活动获得成功的保证，而“澄心端思”、澄怀净虑、忘知虚中、抱一守中，以构筑出空明虚静的心理空间则是对心灵的解放。只有达到虚明澄静的审美心境，审美者才能在审美活动中充分调动其审美能力，最大限度地发挥心灵的主动性，去“凝神遐想”，以领悟宇宙人生的生命妙谛。即如宗炳所指出的，通过“澄怀”才能“味象”“观道”（宗炳《画山水序》）。要体味到宇宙自然间所蕴藉着的“象”与“道”这种真美、大美，就要求审美者进入清澄浩渺、虚寂无涯的审美心境，这便需要“澄怀”，这是“味象”与“观道”的先决条件。如此，方能去“心游万仞”（辛文房《唐才子传》），让心灵尽性遨游，任意驰骋。通过“澄心端思”“用心不杂”，实现心灵的自由，以“味象”“观道”，对于审美构思活动的重要意义及其在审美活动中的作用，可以从明代语文艺美学家吴宽分析唐代诗人兼画家王维的创作的一段精彩评论中得到进一步说明。他说：“至今读右丞诗者则曰有声画，观画者则曰无声诗。以余论之，右丞胸次洒脱，中无障碍，如冰壶澄澈，水镜渊停，洞鉴肌理，细现毫发，故客笔地尘俗之气，谓画诗非后辙也。”又说：“穷神尽变，自非天真烂发，牢笼物态，安能匠心独妙耶？”（吴宽《书画鉴影》）。这里所谓的“胸次洒脱，中无障碍”，就是指的心灵的自由与精神的超越；而“冰壶澄澈，水镜渊停”，则是指经过“澄心端思”，澡雪精神，理性思维，扬弃非我，以达到主如止水、空明灵透、不将不迎的审美心境。如此，在审美活动中审美者就能够“洞鉴肌理，细现毫发”，使玲珑澄澈的心灵突破“物”与“我”的界限，与自然万物中幽深远阔的宇宙意识和生命情调相互契合，妙悟“人”之生命奥秘。

三

这种“澄心”观的孕育与产生是多种因素作用的结果，它和地域的、社会的、文化的作用分不开。仅就中国传统文化来看，其中老子提出的虚静淡泊、返璞归真的“人”之生存态与审美态理想，就起着不可低估的作用。老庄哲学强调道德的自我约束与心理修炼，着重探讨人在养生实践中如何解决各种内外因素对心理的干扰和思想意识活动以及各种官能欲求同清静养神炼气的关系问题，并提出了炼性养心的原则与方法。它讲求清心寡欲，于清净虚明、自然恬淡的心态中以明心性，静以体道。这种思想在中国人生美学的发展进程中，特别是在中国人生美学以心为主，应物斯感，要求审美者的神思宛转徘徊于心物意象之交，俯仰自得于千载万里之间的独特的审美体验方式的产生与形成中，具有催化与发酵的促进作用。它丰富并完善了中国古代审美体验论的思想内容。应该说，在审美体验与审美活动之初，审美者必须构筑出虚明澄净、无欲无念的审美心境。老子哲学认为宇宙生成的本原是“道”。“道”也就是充斥在自然万物与一切生命体之间的一种至精至微、阴阳未分的先天元气。它大化流衍，窈窈冥冥，恍兮惚兮，似有似无，既决定和支配着宇宙万物、生命人类的存在，又将人的生命同社会自然的存在沟通、联结起来，形成一个同构的整体。审美者只有在一种静寂入定的心理状态中，依靠心灵感悟，始能体会得到这种宇宙的真谛与生命的意味。因而，老子主张“抱一”“守中”“涤除玄鉴”，庄子则提出“心斋”“坐忘”，要求解脱外在的束缚，清净心地，使精神专一、心无旁骛，“致静笃”，清除心中的杂念，排除外部感觉世界的各种干扰，保持心灵的洁净无尘，表里澄澈，内外透莹，以创构出一种自由宁定的心境。只有这样，才能如空潭印月，以照万物，直观宇宙自然、天地万物的生命本原。后来的道家哲人整个吸收了这一思想，提出“泯外守中”“冥心守一”“系心守窍”等修炼功法，要求精神内聚，思想集中，抱元守一，“返观内照”，通过精神和意念的锻炼，以使生理和心理状态得到调节与改善。所谓“人能以气为根”[①]（《守道章》），天地万物都是由“气”所构成。既然气是人与万物的生命之根，那么，养生健身的基本手段与法则就是清心正定，排除邪想杂念。只有澄神安体，意念守中，在高度入静中以达到万念俱泯、一灵独存的境地，这样始能内视返听，外察秋毫，感悟到人自身与宇宙自然的生命精微。此即东汉早期道教重要典籍《老子想尔注》注文所谓的“清静大要，道微所乐，天地湛然，则云起露吐，万物滋润”，“情性不动，喜怒不发，五藏皆和同相生，与道同光尘也。”收敛感官，神不外驰，在情绪与心理上实现自我控制和解脱，专诚至一，是养精炼神的基本要求。

是的，在以老庄美学为核心的中国人生美学来看，人的意念活动是最富于能动性的、高度自主的。气和心定、闲静介洁的心境，以保证意念活动的专一，有利于体内气的运行，也有利于人与自然之间元气的交换，因而能强化审美者自身的生命运动；反之，则将会导致人体内部气机运行混乱，阻塞天人交通的渠道，从而损害自身的生命运动。故而，老庄美学认为，修炼身心的第一要旨就是清净心地，检情摄念，息业养神，以遵循人体生命整体观的自然规律，自觉地、能动地运用自己的意念，内而使神、气、形相抱而不离，外而与

① 《老子道德经河上公章句》，北京：中华书局，2006年。

天相通，茹天地混元之气以强化自身的生命运动，变人的潜能为自为的智能，进而内外交融，天人合一，返归天道。这种专心一意，使形身精神相抱相依，合而为一，亦就是道教养生学所谓的“守一”。通过“守一”，不但能够强身健体、祛病延年，而且还可以激发人体潜在的特异功能。如《太平经》就指出：“守一复久，自生光明，昭然见四方，随明而远行。”“使得上行明彻，昭然闻四方不见之物，希声之音，出入上下，皆有法变。”达到“行天上之事，下通地理，所照见所闻，目明耳聪，远和无极”；“开明洞照，可知无所不能，预知未来之事，神灵未言，预知所指”。就老庄美学来看，通过“抱中”“守一”，则能在审美体验中以洞照天地上下，人身内外，深入宇宙万物的底蕴，直观生命的本原，从而回归到混融滋蔓的生命之所。

由此，不难看出，以老庄美学为起源的中国人生美学所强调的这种“冥心守一”、专心专意的意念活动具有高度的集中性与明确的指向性，从修性入手，以进行心理、精神、意识、道德等方面的“性功”修炼，进而达到“明心见性”、体道返根的思想与美学“澄心”说所规定的内容是相通相关的。从审美活动的视角来看，“澄心”说要求审美者在进行审美活动之先应当“澄心端思”，即切断感官与外界联系，排除外在干扰，中止其他意念活动，使意识思绪集中到一点，进入一种虚静、空明的心理状态，以获得“内心的解脱”。王梦简说：“先须澄心端思，然后遍览物情。”（《诗学指南》卷四）张彦远也说：“凝神遐想，妙悟自然，物我两忘。离形去智。”（《历代名画记》）。进行审美活动的审美者要“心”“思”“神”“想”整体投入，是心灵的契合，因此，审美者在审美活动中必须具有心灵的自由。是的，“遍览物情”与“妙悟自然”的审美活动离不开心灵的活力与心灵的能动，心灵自由是审美活动取得成功的前提，而“澄心端思”，澄怀净化，忘知虚中，以构筑出空明虚静的心理空间则是对心灵的解放。只有这样，审美者才能在审美活动中最大限度地发挥心灵的主动性，去“凝神遐想”以领悟宇宙人生的妙谛。庄子指出：“虚者心斋也。”①（《庄子·人间世》）是的，通过“澄心端思”，可以使心神凝聚，意识集中，使自已的心境达到空明虚灵。从这里可以看出，“澄心”说所主张的“澄心端思”实际上是虚以待物、以静制动的审美态度，它是一种高度平衡的心理状态。这种心理状态相似于老庄美学所谓的通过“抱一”“守中”“心斋”“坐

① 郭庆藩：《庄子集释》，北京：中华书局，2004年。

忘”“冥心守一”“系心守窍”以达到的“安静闲适，虚融淡泊”的“自性”“本心”，也就是老子所说的“如婴儿之未孩”，“比之赤子”的归复本初，犹如初生婴儿时的心理状态。应该说，无论是炼养身心，还是审美活动，都必须达到这种心理境界，“用心不杂”。“其天守全”，克服其主观随意性，“不牵于外物”，顺应宇宙大化的客观规律，在自然的徜徉中，逍遥无为，物我两忘从而与造化融汇为一，直达道的本体，以获得最真确的生命存在。

四

以老庄美学为起源的道教美学提倡“弃欲守静”，认为保持虚空明净、无欲无念的心理境界是修炼心性，启迪智慧通乎天气，直达万化生命本原，求得长寿幸福的重要途径。这种思想对古代美学“澄心”观也有很大影响。宋曾慥《道枢·坐忘篇》说：“静而生慧矣，动而生昏矣。学道之初，在于收心离境，入于虚无，则合于道焉。”这里所谓的“收心离境”，就是指涤尽心中尘埃，洗却烦忧，超脱于纷纷扰扰的世事，摆脱与功名利禄等私欲相关的物的束缚，以创构出一个明净澄澈、虚灵不昧的性灵空间。故书中又说：“《庄子》云‘宇泰定，发乎天光。’何谓也？宇者，心也。天光者，慧也……则复归于纯静矣。”是的，养生健身，激发智能至关紧要的是要“心静”“心定”“心明”。破除烦恼，不为物欲所役使，虚静至极，始能使精、气、神得到修炼，与形相合，身心一体，形神依存，“则道居而慧生也”。因此，去物去我，使纷杂定于一，躁竞归于静，澡雪精神，“收心离境”，“复归于纯静”是道教美学所追求的炼养身心、开发智能、陶冶性情的特定的生存态与审美态。正如南宗传人萧廷芝所说的：“寂然不动，盖刚健中正纯粹精者存。”（《金丹大成集》）扫除不洁，净化心灵，以产生一个虚灵清明、神静气通的性灵空间，从而才能使自己的心性、意识、精神状态复归到小孩一样无分别、平等、真率的那种纯朴、天然上来，灵魂得到净化，情性获得陶冶，智慧受到增益，道德达到升华，真正进入真、善、美的崇高境界。以老庄美学为起源的道教美学所注重的这种“收心离境”，归璞返真的思想与中国人生美学“澄心”说的规定性内涵是完全一致的。“澄心”说不但规定审美者在进入审美活动之先必须“澄心端思”，而且还要求“澄心静怀”，以摆脱与功名利禄相干的利害计较，创造出一个清静虚明、无思无虑的心理空间。徐上瀛说：“雪其躁气，释其竞心。”（《溪山琴况》）沈宗骞也指出，在进入审美活动时，审美者必须“平其竞争躁戾之气，息其机巧便利之风。……摆脱一切纷争驰逐，希荣慕势，弃时世之共好，穷理趣之独腴”（《芥舟学画编》卷一）。只有使心灵经过“澄心静怀”，摒弃奔竞浮躁、汲汲以求、生活情趣不高的意念，做到无欲无私，少思少虑，胸无一丝俗念，才能在审美活动中超越自我，通过直觉观照与内心体验，以体味到宇宙自然的“大美”，感悟到审美对象中所蕴藉的深远生命含义和人生哲理。

道教美学内炼理论所强调的“弃欲守静”与中国人生美学所要求的“澄心静怀”在观念上是相互沟通的。

首先，道教炼心养性中收心离境的目的与“澄心静怀”就可以沟通、道教主张通过炼精养气，修养心性以陶冶性情、增益禀赋，并获得清净无为的生活情趣与“少私寡欲，见素抱朴”的最佳生存态与审美态。而以老庄美学为核心的中国人生美学所主张的审美活动中“澄心静怀”的目的亦是要使审美者的内在心理存在态摆脱世俗的欲念，清心净虑，以达到一种清净虚明、澄澈空灵的审美心境。进行审美活动必须脱俗，必须与世俗功利拉开一定的距离。道士田良逸说：“以虚无为心，和煦待物，不事浮饰，而天格清峻，人见者褊吝尽去。”（《因话录》卷四）。道士徐府也说：“寂寂凝神太极初，无心应物等空虚。性修自性非求得，欲误解真人只是渠。”[①] 超脱于纷扰的世事，摆脱功名利禄等与私欲相关的物的诱惑，寄心于太极之初，使自己丰富活泼的内在世界荡涤澡雪成为空旷虚地的心灵空间。这样，去体味宇宙万物的幽微之旨，而不至于让纷繁复杂的外色物象迷乱自己的心神，以直达宇宙的底蕴，体悟到生命的本原。从而始可能获得心理上的平衡与精神上的永恒。与此相通，审美活动亦是脱俗的、无功利目的，应摆脱有关衣食住行等种种烦恼和焦虑。如果在审美活动中掺入某种世俗欲念，则势必影响审美心境的构成，进而影响审美活动的开展。故以老庄美学为主的中国人生美学主张“澄心静怀”。虞世南说：“澄心运思，至微至妙之间，神应思彻。”（《笔髓论》）李日华也说：“乃知点墨落纸，大非细事，必须胸中廓然无一物，然后烟云秀色，与天地生生之气，自然凑泊，笔下幻出奇诡。若是营营世念，澡雪未尽，即日对丘壑，日摹妙迹，到头只与髹采圬墁之工，争巧拙于毫里也。”（《紫桃轩杂缀》）。

其次，从心理效应上看，老庄美学要求的“收心离境”与中国人生美学

① 《自咏》，《全唐诗》卷852。

强调的“澄心静怀”亦可以沟通的。道教养生学静功内炼理论注重神、意、气的修炼，认为神在人的生命的整体层次上，起着沟通天人的联系作用。如果人的心理状态很宁静，在神这个天人通道里很清明，人就有可能自觉地直接运用宇宙的元气，以获得超乎常人的智能。正如道士司马承祯在《坐忘记》中所指出的，修炼之始就收敛心志，固守元神，“要须安坐，收心离境，住无所有因，住地所有，不著一物，自入虚无，心乃合道”。这种通过“收心离境”，以恬静虚无而达到的“返观守神”的最好生存态与审美态，即日本川烟受义博士所谓的“超觉静思”，它能够使人“把意识集中于一点”，“从而能够最有效地使用”[①]。应该说，这对于以老庄美学为主的中国美学所推崇的“澄心”说也同样适用。从现代审美心理学理论的视角来看，尽管审美活动的发生是审美者自我实现的需要，要“感物心动”“发愤之民为作”，基于功利的需求。但是，它却不仅仅是功利需要。因为依照心理学有关神经活动的优势原则，假使功利需要成为主导需要，那么，自我实现的需要就只能处于被抑制与服从的地位，这样，审美者当然就无从进入审美活动了。所以，只有当自我实现的需要成为主导需要时，也才有可能实现审美活动。故审美者在进入审美活动时，必须摆脱尘世俗念的干扰，从宁静平和的生活情趣中，求得神清气朗、静明清虚、晶莹洞彻的审美心境，使心灵获得一种自由、解放与活跃。只有如此，审美者才能在心灵观照中，突破客观物象的束缚，和审美对象的生命本旨与内在律动融为一体，于心物合一中与审美对象进行心灵和生命的交流，荣辱俱忘，心随景化，以达到审美的超越境界。

总之，老子所主张的虚静淡泊、返璞归真的“人”之生存态与审美态理想，以及庄子所推崇的静以体道，游于无穷和后来在此基础上所形成的道家美学内练理论所强调的“安心澄神”与中国人生美学“澄心”说所规定的内容是相互沟通的。炼养身心“先定其心”，始能“慧照内发，照见万境，虚忘而融心于寂寥”（司马承祯《坐忘篇》下）。审美活动中，“澄心端思”，实现心灵的自由、专一和“澄心静怀”，超越名利、好恶得失等世俗杂念，保持心灵的净化与空明，从而才能于心灵观照中达到与宇宙自然合一的“至美至乐”境界，以创作艺术珍品。恬淡自然、透明澄澈的喜悦和解脱心态既是老庄美学养心益性心理进程中关键性的第一步，亦是以老庄美学为主的中国人生美学所推许的审美活

① 《健脑五法》，王端林、冯七琴译，北京：科学普及出版社1998年，第19–20页。

动的首要前提。其思想间的相互影响也不言自明了。

五

在“人”之生存态与审美态理想方面，道家还追求“以妙为美”的审美存在态。受传统生命哲学的影响，中国人生美学洋溢着一种“生”和创新精神。中国古代艺术家在审美体验活动中追求对作为审美对象的自然万物鲜活灵动的内在生命的妙悟和“体妙”，要求超凡脱俗，独标孤愫，·任慧心飞翔，以进入高远奇特、大道玄妙的审美存在态，获得对生命微旨的体悟，以打开创造力的闸门，创构出新颖奇妙、光辉灿烂的新境界。此即所谓“妙悟天开”。这种“妙悟天开”的审美追求首先强调审美体验中的心领神会与“妙机其微”。“心”指澄静空明之心境；“神”则为腾踔万物之神思；“妙”又谓“玄妙”，指宇宙大化中潜藏着的那种神变幽微的生命奥秘；“机”，或称“气机”“动机”“化机”。机的本字为“幾”，具有微隐之意，指人的生命的一种隐微物质，是生命的原生状态、原生之美，同时又指生命历程中的美妙契合与最佳契机。“机”是宇宙万物相生相化、相摩相荡中美满的瞬时与闪光的亮点，也是人的生命的化境，故又称“生机”与“妙机”。审美活动中审美者应“素处以默”，摒绝理性的束缚，以自己超旷空灵的艺术之心投入到审美对象中，去迎来这种与生命“化境”的美妙契合，去体悟有关人与自然、社会及宇宙的幽深玄妙的生命微旨。中国人生美学家认为“天地有大美而不言”。这种宇宙之美“有情有信”，“可得而不可见”，“可传而不可受”，“神妙寂寥”。它就是“妙”。“妙”是宇宙自然的生命节奏和旋律的表现，故不可道破，不落言诠。审美者只有用心灵俯仰的眼睛去追寻与感悟，于空虚明净的心境中让自己的“神”与作为审美对象的自然万物之“神”汇合感应，“心合于妙”（虞世南《笔髓论·契妙》），从而始能体悟到宇宙间的这种无言无象、“玄之又玄”的“大美”，即“妙”，直达生命的本源。“妙”还是审美活动的极致境界，正如明代诗论家安磐所指出的：“思入乎渺忽，神恍乎有无，情极乎真到，才尽乎形声，工夺乎造化者，诗之妙也。”（安磐《颐山诗话》）这里就提出“妙”来作为审美活动所应追求的最高审美存在态。中国人生美学对“妙”这种审美存在态的追求同道家美学的影响分不开。“妙”又称“神妙”“要妙”“微妙”“深妙”“玄妙”“妙道”“妙境”。作为审美范畴，“妙”与“玄”“微”“无”“气”“道”等，都是对宇宙生命本原，即“天下母”“天下之大美”的称谓。在道家美学看来，“道”“气”是宇宙间万事万物所共有的生命本原，并决定着万物自然的逐渐变化与往来不穷。而“神”与“妙”则是这种幽微深远的生命本原在个体中存在的体现。老子云：“玄之又玄，众妙之门。”[①]（《道德经》一章）《周易·系辞上》云：“知变化之道者，其中神之所为乎。”[②]《荀子·天论》亦云：“列星随旋，日月递照，四时代御，阴阳大化，风雨博施，万物各得其和以生，各行其养以成，不见其事而见其功，夫是之谓神。”[③]日月星辰的运转周行，四时晦明的变更交替，烟雨晨暮，和实化合，都是由于鸿蒙微茫的“神”与“妙”之幻化，“神”与“妙”是宇宙的灵府，天地的心源，因而也是渴望“通天尽人”，“参天地之化育”，以“冥合自然”，“畅我神思”，“体妙心玄”（ 嵇康《养生论》）的中国艺术家所努力追求的审美存在态。即如朱景玄在《唐朝名画录》中所指出的，审美活动应当达到“妙将入神，灵则通圣”的审美存在态。张彦远在《历代名画记》中也强调指出，审美活动必须“穷神变，测幽微”，必须“穷玄妙于意表，合神变乎天机”。故而，入神通圣，“穷玄妙”，“合神变”，以穷尽宇宙大化的神变幽微，体悟到生命的玄机和奥秘，借审美活动来表现人的心灵要妙，展示人的心灵空间，传达宇宙的精神和妙道，以美的意象呈露冥冥中的超妙神韵遂成为中国人生美学所标举的审美存在态，并积淀进深层民族审美心理意识结构中，汇合成民族审美心理源远流长的潜流，影响着中国人的审美趣味。

六

在中国人生美学中，最早提出“妙”这一审美范畴的是道家美学的代表人物老子。老子云：“道可道，非常道；名可名，非常名。无，名天地之始；有，名万物之母。故常无，欲以观其妙；常有，欲以观其徼。此两者，同出而异名，同谓之玄，玄之又玄，众妙之门。”[④]（《道德经》一章）这里所谓的“妙”，从语义学看，意指深微奥妙；从美学看，它又是老子生态美学的中心范畴“道”的别称，最能体现中国人生美学的精神。在老子生态美学范畴系列中，“妙”

① 朱谦之:《老子校译》，北京：中华书局，1984年。

② 孔颖达:《周易正义》（十三经注疏本），北京：中华书局，1980年。

③ 王先谦:《荀子集解》，北京：中华书局，1954年。

④ 朱谦之:《老子校译》，北京：中华书局，1984年。

是同“道”“气”“无”“玄”等属于同一层次的。所谓“常无，以观其妙”的“无”是对“天地鸿蒙、混沌未分之际的命名”，为宇宙天地的本初形态，故“无”实质上又是“有”。同时，在老子生态美学中，“无”和“道”又是相通相同的。老子云：“天下之物生于有，有生于无。”（《老子》四十章）又云：“道生一，一生二，二生三，三生万物。”（《老子》四十二章）显然，这里的“一”指由“道”所生化而成的阴阳未分的混沌统一体，古代哲学家又称此为元气、太极；“二”则指由元气所分化而出的阴阳二气和天地；“三”指由阴阳二气相摩相荡、相生相养而成的和气。也就是说：“一”“二”“三”都属于生态环境美学中“有”的范畴。由此可见，老子生态美学中，生“一”的“道”，就是生“有”的“无”，“道”和“无”都属于同类同列的审美范畴。即如王弼在《老子注》四十章所指出的：“天下之物，皆以有为生，有之所始，以无为本。”在《论语释疑·述而》中，他还指出：“道者，无之称也。无不通也，无不由也，况之曰道，寂然无体，不可为象。”台湾学者童书业在《先秦七子思想研究·老子思想研究》中也指出：“‘无’和‘有’或‘妙’和‘徼’，这是‘同出而异名’的。从‘同’的方面看，混沌而不分，所以称之为‘玄’。”“妙”与“徼”“有”与“无”都同出于道，只不过称谓相异。

从生命的生成过程及其深邃的生命美学意义来看，“无”与“有”“同出而异名”，是指“天地之始”的无与“万物之母”的有而言。“道”之所以是“无”与“有”的统一，则是因为具有“玄”和“妙”的审美特性。“妙”与“徼”“同出而异名”，是指两者都体现出道的深微玄妙的审美特性和无穷广大的审美效应。作为美的生命本体，“道”是幽隐无形的存在，是“玄之又玄”的“众妙之门”，它“无状之状”“无物之象”，是高度抽象和不可感知的，故可以称之为无。但是，这并不意味着“道”是绝对虚无的，它虽幽隐无形，可是“其中有象”“其中有物”“其中有精”，是真实美妙的生命存在，故可以称之为有。“有”与“无”统一于“玄之又玄，众妙之门”的“道”，于是，审美活动中审美者便可以从“无”去体悟“道”的奥妙，从“有”去体验“道”的审美效应，以获得生命的微旨。从“无”和“有”“妙”与“徼”同出于“道”而异名来看，也可以说，在老子生态美学中，“妙”就是“道”。它是宇宙间万物美的生命本原，决定着宇宙的活力和生机，也决定着审美体验的生成与心灵指向。它是天地万物的生存运动、社会和人生的一切美妙的变化生存、大化流衍的造化伟力，同时也是审美活动所追求的极致境界和审美活动物化结构的精神与生命。

在老子美学中，同“妙”与“道”密切联系的还有“气”和“象”两个审美范畴。道是有与无的统一体，它具体体现在以弥漫天地、充塞环宇、氤氲聚散的气为本体的感性形态中，使之成为一个勃勃生机，并且千变万化，生生不息的美妙的生命体。由于气的作用，万物皆有阴阳这两种既相互对立又相互生合的方面或倾向，并表现出神妙深微的审美特性。“象”则不能离开“道”和“气”。在作为审美对象的自然万物中，“象”是“道”与“妙”的媒介；在审美活动中，“象”既是审美活动生成的契机，也是审美活动得以展开和深入的动力和审美存在态得以营构的根本标志。中国人生美学讲“澄怀味象”“澄怀观道”[①]“无为自得，体妙心玄”[②]“素处以默，妙机其微”[③]；审美活动讲“取之象外”“比物取象，目击道存”[④]“超以象外，得其环中”“得妙于心”“妙悟天开”；审美存在态的营构则追求“文外重旨”“象外之象”“味外之旨”“空处妙在”“无画处皆成妙境”，都是受老子生态美学的影响，强调审美活动的目的并不在于把握自然万物的形式美，而在于体悟其中所蕴的作为美的生命的本体的“道”与“妙”。故而中国人生美学主张法自然，入天地，合造化，契动机，悟道妙，要求审美者必须从具体的感性出发，进而超越感性，直探宇宙内核的道心、真宰和机妙，以体悟到生命的本旨。如果说在老子的生命美学中，“玄”和“妙”既是“道”的别名，同时又是描述“道”的幽深微妙的审美特性和范畴，那么，到东晋时的葛洪，则干脆直接地把“妙”与“玄”提升到与“道”并列的生命本体范畴。《抱朴子内篇·畅玄》云：“玄者，自然之始祖，而万殊之大宗也。眇昧乎其深也，故称微焉；绵邈乎其远也，故称妙焉。”“其唯玄道，可与为永。”称之为“玄道”，是因为“道”是万物生成的美的生命本源，玄妙莫测。“玄”即“妙”。正是基于这一观点，成玄英《老子义疏》云：“玄者，深远之义，亦是不滞之名。有无二心，徼妙两观，源乎一道，同出异名，异名一道，谓之深远，深远之玄，理归无滞，既不滞有，亦不滞无，二俱不滞，故谓之玄。”认为“道”的本质是：“妙本非有，应迹非无，非有非无，而无而有，有无不定，故言惚恍。”王弼《道德经注》云：“妙者，微之极也。万物始微而后成，始于无而后生。故常无欲空虚可以观其始物之妙。”他也指出，“妙”就是

① 宗炳：《画山水序》。
② 嵇康：《养生论》。
③ 司空图：《二十四诗品》。
④ 许印芳：《二十四诗品跋》，见《诗品集解·续诗品注》，第73页。

“玄”，就是“道”：“名也者，定彼者也；称也者，从谓者也。名生乎彼，称出乎我。故涉之乎无物而不由，则称之曰道，求之乎无妙而不出，则谓之玄。妙出乎玄，众由乎道。”他们认为“妙”就是“道”，也就是美的生命体。

七

作为中国人生美学的重要范畴，“妙”体现出中国人重视人之生存态与生命境界的审美追求。作为美学意义的“妙”，“搜妙创真”[①]，也就是追求那永远无法穷尽的、具有永恒魅力的美的生命本体“道”。可以说，中国人生美学重“生”，以生命为美，肯定人之生存态，强调自我实现的美学精神，正是通过对“妙”这一永远无法达到的终极目标的永远追寻以表现出来的。同时，在中国人生美学发展的历史长河中，也正是以“妙”同“神、悟、象、境”等为一组有机的审美范畴，演化出一系列重要的审美观念和审美存在态，规定着中国人生美学的精神风貌。

首先，对“妙”的推崇导源了中国人生美学的“传神”说。在审美存在态的营构上，中国人生美学标举“神似”，重视对自然万物奇妙莫测的精神气韵的传达，提倡“传神”以表现“道”和“妙”的审美特性。所谓“传神”，又谓“以形传神”“传神写照”。据《世说新语·巧艺》载：“顾长康画人或数年不点目睛。人问其故，顾曰：‘四体妍媸，本无关于妙处，传神写照，正在阿堵中。’”在这段话中，顾恺之就提出“传神”的命题。他认为绘画不必过多注意四体的妍媸，似与不似无关妙处，眼睛才是“传神”的主要之处。他自己在审美活动实践中，就极为重视“传神”，强调对人物内在的精神气质的表现。唐李嗣真曾高度赞扬他的绘画“思侔造化，得妙物于神会”[②]。张怀瓘在《画断》中也指出：“象人之美，张（僧繇）得其肉，陆（探微）得其骨，顾得其神，神妙亡方，以顾为是。”[③]具体来说，“传神”，就是要求审美活动应“由形入神”“神会物妙”，以体验到蕴藉于自然万物个体内部结构中的生命意旨之“神”，把握住生命本体“道”的变幻莫测、出神入化、不可言状的微妙玄幽之美，并通过对自然万物物象的生动“写照”，含蓄深邃地传达出这种精神气韵

① 荆浩：《笔法记》。

② （唐）李嗣真：《续画品录》。

③ （唐）张彦远：《历代名画记》。

与微妙之美。

“传神”说的提出是中国人生美学以“妙”为审美存在态自然发展的结果。作为美学范畴，“神”与“妙”分不开。中国人生美学所推举的“神”与“妙”都是那种潜伏于自然万物的深层结构中的美的生命体“道”与“气”的体现。换言之，即“道”“气”幽微不测的变化消长和无穷尽的氤氲化醇的显现就是“神”与“妙”。而“妙”又体现着“神”。“神”又指玄妙之道。老子说：“玄之又玄，众妙之门。”又说：“虽知大迷，此谓要妙。”（《老子》二十七章）“要妙”，即幽邃深远，变化不测之“神”。《楚辞·远游》云：“神要眇以淫放。”“要眇”就是“要妙”。《集注》云：“要妙，深远貌。”“道”“气”这种流贯宇宙的生命之源，天地之美，迷离缥缈，恍惚无形，变化无极，故又称“玄”。“玄之又玄”，激荡化合无限，以生成天地，孕育万有，滋生万物，促成鸢飞鱼跃，山峙川流，此即为“众妙之门”。因此，作为美学范畴，可以说“神”就是“妙”，它同“道”“气”相互联系、相互依存、密不可分。和“妙”一样，“神”既是中国古代文艺家在进行审美活动中所希望领会到的自然造化的生命微旨，也是中国古代文艺家在审美活动中所追求的精神的自由与高蹈，以及由此而达到的最高审美存在态。

同时，“神”又必须依靠“形”以获得表现。只有通过一定的符号来作为物质载体，使文艺家通过审美观照所体悟到的“神”物化并转变为具体存在的美，才可能被人接受，并给人带来审美愉悦。此即所谓“以形传神”，也就是审美活动应抓住那种最能表现其内在之“神”与“妙”的“阿堵”，即审美对象所特有的个性化特征，以表达其生气神态。仅仅是物的形似是不够的，审美活动必须达到“传神”，必须传达生成天地万物气韵精神之“神”与“妙”。即如宗炳在《明佛论》中所指出的：“神也者，妙万物而为言矣。若资形以造，随形以灭，则以形为本，何妙之言乎？”故而，只有达到体“妙”“传神”的审美存在态，才是本质与现象、个体与共体、有限与无限、个性与共性、精神与形体、独特性与普遍性的有机统一。其审美特色也才表现为虚实结合、实中求虚、空处见妙，既形色又超形色，既感观又超感观，具有妙造自然、神超理得，“不离字句，而神存乎其间”（彭辂《诗集自序》）的水月镜花、流霞回风之美。

其次，对“妙”的审美存在态的追求启示出中国人生美学的“妙悟”说。在审美活动构思方式上，中国人生美学偏重体验，追求生命的传达，提倡“妙悟”。所谓“妙悟”，其实是悟“妙”。徐瑞《雪中夜坐杂咏》云：“文章有皮有骨髓，欲参此语如参禅。我从诸老得印可，妙处可悟不可传。”谢榛《四溟诗话》也说：“诗有天机待时而发，触物而成，虽幽寻苦索不易得也。”“非悟无入其妙”。在中国人生美学中，提出“妙悟”说的是南宋美学家严羽。他在《沧浪诗话》中说：“唯悟乃为当行，乃为本色”，“大抵禅道唯有妙悟，诗道亦在妙悟。”“悟”的本义是心领神会。谢灵运《从斤竹涧越岭溪行》诗云：“情用赏为美，事昧竟谁辨。观此遗物虑，一悟得所遣。”就以“悟”来表述审美活动中的一种审美心理现象。作为“美”这一命题，严羽所标举的“妙悟”则是指审美活动中，审美者深深地沉入对象的生命内核，于物我俯仰绸缪之际，天趣人心猝然相逢，生命激荡，瞬息之间，电光石火之机，以领悟到天地之精华，造化之玄妙，生命之意旨，直接把握到蕴藉于对象深层结构中的审美意蕴。中国人生美学把这种审美活动方式称为“妙悟”，和禅宗美学的影响分不开。在禅宗美学看来，“真如”湛然常照，本不可分为现象与本质，悟入“真如”的“极慧”也不允许划分阶段。只有凭借不二的“极慧”照不分的“真如”，才能达到豁然贯通的极高境界。故禅宗美学主张“道由心悟”“道由悟达”，要求于“如击石火，似闪电光”的刹那迹近生命律动，直探生命的本源，获得个体体验，从而进入禅境。著名的“世尊拈花，迦叶微笑”，与灵云志勤禅师“见桃花而悟道”的典故，就是这种“顿悟”的生动写照。

审美活动与参禅悟道有相似与相通之处。美的生命本体“道”“气”“妙”，微妙精深，“玄之又玄”，对它的审美体验也“只可意会不可言传”，因此，达到极高审美存在态而熔铸出的作品都是入禅之作。正如王士祯《带经堂诗话》所指出的：“其妙谛微言，与世尊拈花，迦叶微笑，等无差别，通其解者，可语上乘。”沈祥龙在《论词随笔》中也指出：“词能寄言，则如镜中花，如水中月，有神无迹，色相俱空，此唯在妙悟而已。”中国艺术家重视师法自然，但并不只是重视外物的形貌物象，而是要透过其表相，直探其生命本旨，直达其生命本源，体悟其内在精神。故而中国人生美学强调“妙在象外”“神妙无方”，强调审美感悟的超越性，推崇“妙悟”。对于儒家美学来说，通过审美超越与“妙悟”，方能够使审美者达到美善相乐的伦理境界；对于道家美学来说，通过审美超越与“妙悟”，方能够使审美者进入“饮之太和”的自由境界；对于禅宗美学来说，通过审美超越与“妙悟”，方能够使审美者通过“自心顿现真如本性”而契证宇宙万物的最高精神实体，进入一种禅境，也就是与大自然整体合一的审美存在态。中国艺术家大都主张性道合一。“道”虽微妙恍惚、玄深幽微，但却离不开具象的物而存在。“道”是客观存在，为宇宙自然和社会人生的美的生命本体与底蕴，但又“视之不见”“听之不闻”“抟之不得”，不能用感官去把握，而只能通过心灵的体悟，去除物象，通过“超象”，采用“心灵玄鉴”，去体味其“象外之妙”与微茫惨淡之生命意旨。正如谢赫《古画品录》所指出的：“若拘以体物，则未见精粹，若取之象外，方厌膏腴，可谓微妙也。”苏轼《答谢民师书》也指出：“求物之妙，如系风捕影。”他们都强调体妙，求“妙”必须“超以象外”“取之象外”，而不能局限于有限的物象。

再次，对“妙”的审美存在态的追求还影响及中国人生美学的“澄心”说。中国人生美学所标举的艺术心灵的诞生，在人之忘我的刹那，即审美心境构筑中所强调的“澄心”“静怀”。“妙悟”或“悟妙”的起点在于空诸一切，心无挂碍。这时一点觉心，静观万象，而万象如在镜中，光明莹洁，充盈自得，各得其所。故刘勰《文心雕化·神思》云：“疏瀹五脏，澡雪精神……此盖驭文之首术，谋篇之大端。”“澄心”，亦称为静观、静思、空静、虚静等，指的是摆脱任何外在干扰、自由愉悦、空虚明静的审美心境。陆机《文赋》：“罄澄心以凝思。”杜甫《寄张十二山人彪三十韵》论诗云：“静者心多妙，先生艺绝伦。”这里的“澄心”“静者”，都是指的这种审美心境。要“悟妙”或者“妙悟”，审美者就必须进入这种虚空明静的心境。即如僧肇在《维摩经注》中所指出的：只有“空虚其怀，冥心真境”，才能“妙存怀中”。因为“玄道在于绝域”“妙智存乎物外”；而“玄道在于妙悟，妙悟在于即真”；“至人虚心冥照，理无不统。怀六合于胸中而灵鉴有余，镜万有于方寸而其神常虚。……淡渊默，妙契自然。”（《肇论》）在此之前，老子就认为，要体悟到“道”的生命意义，从“无”中体验到“妙”，则必须“致虚极，守静笃”，即要求审美者必须排除主观欲念和一切成见，保持心境的虚静空明才能实现对“道”“妙”的体验与观照，感受到宇宙自然的极隐秘之处，觉察出万物自然的极玄妙之地。只有这样，才能进行“玄鉴”，才能深观远照，深则悟及极微，远则照见一切。李世民说：“当收视反听，绝虑凝神。心正气和，则契于妙。”[①] 虞世南在《笔髓论·契妙》中也认为：“书道玄妙，必资神遇。”又认为：“心悟非心，合于妙也。”又认为：“必在澄心运用，至微至妙之间，神应思彻。”强调审美创作活动的纵

① 《唐太宗论笔法》。

横自如，如闲云卷舒，自在自然，轻灵灵动，适意悠然。

老子标举“致虚极”“守静笃”之后，庄子也曾大力提倡“虚静”说。他指出：“唯道集虚；虚者，心斋也。”（《庄子·人间世》）认为只有凭借“心斋”“坐忘”“虚而待物”，才能自致广大，自达无穷，契合妙道。玄学传承了“老聃之清净微妙，宁玄抱一”（嵇康《卜疑》）的审美观念，着力提倡“有以无为本，动以静为基”的有无动静说，认为“万象纷陈，制之者一；品物咸运，主之者静”[①]，强调通过审美静观以“含道应物”，“澄怀味象”[②]，认为应该以静体动，以心体心，去感悟审美对象内部深层的生命意蕴。需要“味象”，体味、品味，“含道”、咀道，于超理智的审美心态中，感悟宇宙间的生命真义。“澄怀”是对体验者审美心胸的要求，也就是要求审美主体澄清胸怀，涤除俗念：圣人含道映物，贤者澄怀味象。所谓“澄怀味象”，就是审美主体以清澄纯净、无物无欲的情怀，在非功利的心态中去体味、体验；“象”指客体物象、审美对象，陶冶出纯净无瑕的审美心胸。这种审美心胸的陶冶又称为“凝神”。所以中国美学认为“凝神独妙，道之极矣；洞朗无碍，明之尽矣”[③]。只有通过静穆的观照才能与自然万物的节奏韵律妙然契合。正如嵇康在《养生论》中所指出的：“夫至物微妙，可以理知，难以目识”，所以只有保持“无为自得”的心境，才能达到“体妙心玄”的审美存在态。

是的，审美活动要得万物之灵妙，必须“心与物绝”。因此，宗炳在《明佛论》中指出：“夫圣神玄照而无思营之识者，由心与物绝，唯神而已。故虚明之本终始常住，不可凋矣。今心与物交，不一于神，虽以颜子之微微，而必乾乾钻仰，好仁乐山，庶乎屡空。”通过“澄心”，然后去“玄照”“玄鉴”，始能够“圣神玄照而无思营之识”，致使“虚明之本终始常住”，“心与物交”，方能够造万物之妙，达于不朽。对此，宗炳在《明佛论》中又指出：“是以清新洁情，必妙生于英丽之境；浊情滓行，永悖于三涂之域。”要在审美活动中体验到万物本体“道”的宇宙精神，达到“妙”的审美存在态，则先要使心灵“清新洁情”，保持“心与物绝”的虚明空静的审美心境。这也就是司空图所强调的“素处以默，妙机其微；饮之太和，独鹤与飞”[④]。（《二十四诗品·冲淡》）

---

① 汤用彤：《魏晋玄学论稿》，见《汤用彤学术论文集》，北京：中华书局，1983年，第235页。
② 宗炳：《画山水序》。
③ 宗炳：《明佛论》。
④ 郭绍虞：《诗品集解》，北京：人民文学出版社，1963年，第5–6页。

因为“大音希声，大象无形”，“大美无言”，美的生命本体“道”弥纶万物而维妙难测，所以只有通过静默的审美观照，方能够体悟到最精深的生命隐微，契合其生育化合的“化机”，获得对“妙”的心解感悟，于细微处攫取大千，刹那间得见永恒。

再次，对“妙”的审美存在态的追求启迪了中国人生美学的“象外”说。在意象的建构上，中国人生美学提倡“象外”说。司空图在《与极浦书》中说：“戴容州云：‘诗家之景，如蓝田日暖，良玉生烟，可望而不可置于眉睫之前也。’象外之象，景外之景，岂容易可谈哉？然题纪之作，目击可图，体势自别，不可废也。”这里就提出“象外之象，景外之景”的美学命题，要求审美意象的熔铸必须含蓄隽永，以发人深思，摇荡情性，引发无穷无尽的遐思妙想，保持历久不衰的魅力。司空图所提出的“象外”说与佛学求理象外的思想有密切关系。佛学认为“所求在一体之内，所明在视听之表”[①]（范晔《后汉书·郊祀志》），故而领悟佛教真理必须于“象外”。如慧琳说：“象者理之所假，执象则迷理。”（《广弘明集·龙光寺竺道生法师集》）又如僧卫说：“抚节于希音，畅微言于象外。”（僧卫《十注经合注序》）僧肇也说：“穷心尽智，极象外之谈。”（僧肇《般若无知论》）显然，佛学所主张的这种于“象外”求理的思想对美学意义上的“象外”说有直接影响。但追究起来，“象外”说的更深根源还是扎在富有中国传统特色的道家美学的土壤中，受道家美学所提出的“言有尽而意无穷”与从“无”观“妙”审美观念的影响。如前所述，道家美学强调“有无相生”，推崇“无言之美”，要求从“无”观“妙”，认为美的生命本体“道”是精微的、绝妙的，无法用语言表述，不能言传只可意会，只有凭借本体自己的心灵去感悟、体味。《老子》二十一章云：“道之为物，唯恍唯惚。惚兮恍兮，其中有象。恍兮惚兮，其中有物。”《庄子·大宗师》云：“大道，有情有信，无为无形，可传而不可受，可得而不可见。”《庄子·秋水》又云：“可以言论者，物之粗也；可以意致者，物之精也；言之所不能论，意之所不能察者，不期精粗焉。”郭象注云：“夫言者意者有也，而所言所意者无也，故求之于言意之表，而入乎无言无意之域，而后至焉。”成玄英疏曰：“神口所不能言，圣心所不能察者，妙理也。必求之于言意之表，岂期必于精粗之间哉！”受生命本体“道”的作用，任何“象”都表现出“恍惚窈冥”的特性，

① 范晔:《后汉书·郊祀志》。

故而审美活动要通过“象”以传达美的生命本体“道”的精义，只能“求之于言意之表，而入乎无言无意之域”。可见，老庄的论述是从美学的高度揭示出审美活动的真谛，即“物之精”者，是只可意会不可言传的。审美活动中意象与意境的构筑也应于言意之表含蓄妙理，“言有尽而意无穷”。“道”的本涵是“无”与“虚”，所谓从“无”观“妙”“虚室生白”“唯道集虚”(《庄子·人间世》)。以此为思想基础，中国人生美学所推崇的审美活动追求蹈光蹑影，抟虚成实，“墨气所射，四表无穷”[①]，讲求“咫尺而有万里之势”[②]，于有限中见出无限，于充实处见出空灵，“无字处皆其意”，“无画皆成妙境”，并由此形成中国艺术意境虚静、空灵、深邃、洋溢着整个宇宙本体和生命之美的审美特性。所谓“常无，欲以观其妙”(《老子》一章)，从“无”观“妙”，审美活动取景在世间而悟境在景外，涉象而不为象滞，只有这样，方能够创构出中国人生美学所称许的艺术意境。这也正是司空图所强调的“韵外之致”“味外之旨”和“象外之象，景外之景”[③]。所谓“超以象外”方能“得其环中”[④]。也正因为审美意蕴在于“象外”“言外”“韵外”“味外”，所以才能“不著一字，尽得风流”。苏东坡云:“萧散简远，妙在笔默之外”，“发纤秾于简古，寄至味于淡泊”[⑤]，“欲令诗语妙，无厌空且静。静故了群动，空故纳万境。”[⑥]审美活动要达到“妙”的审美存在态，就不要怕“空”与“静”，愈“空”愈“静”就愈“妙”。因为“空”境才能包容宇宙万象，“静”境才能涵摄宇宙“群动”。黄庭坚《大雅堂记》:“子美诗妙处，乃在无意于文。”郑允瑞《题社友诗稿》云:“诗里玄机海样深，散于章句领于心。会时要似庖丁刀，妙处应同靖节琴。”戴复古《论诗十绝》云:“欲参诗律似参禅，妙处不由文字传。”静中生动，动静相成；无中生有，有无相生；无中生妙，妙存言外，方能体现出意境艺术魅力生生不息、味之不尽的审美特质。中国画总是以虚实相生、空处见妙来表现其审美意蕴，来体现宇宙生命的节奏，并且从中显现灌注于自然万物中的不尽的生气。正如清人郑绩在《梦幻居画学简明》中所指出的：画的审美本质就在于

① 王夫之:《姜斋诗话》卷二。

② 纪昀语。据《咸淳临安志》记载：青牛岭，在新城县(今浙江富阳新登镇)西七十里南新乡，旧名宝福山。方丈有东坡题诗于壁。末云:“熙宁七年(1074)八月二十五日。”纪昀评此诗曰:“语语脱洒。咫尺而有万里之势，结得缥缈，然中有寓托。不同泛作窈窈冥冥语。”

③ 许印芳:《二十四诗品跋》，见《诗品集解·续诗品注》，第73页。

④ 司空图:《二十四诗品》。

⑤ 苏轼:《苏东坡集》后集卷九《书黄子思诗集后》。

⑥ 苏轼:《送参寥师》。

虚实，“生变之诀，虚虚实实，实实虚虚，八字尽矣”。笪重光在《画筌》中也指出：“空本难图，实景清而空景现。神无可绘，真境逼而神境生。位置相戾，有画处多属赘瘤。虚实相生，无画处皆成妙镜。”王翚、恽格评曰：“人但知有画处是画，不知无画处皆画。画之空处，全局所关……空处妙在，通幅皆灵，故去妙境也。”（《画筌言评》）“无画处皆成妙境”“空处妙在”，揭示了中国画把满幅的纸看成一个宇宙整体，其中蕴含着不尽的生命力，而画面中的审美意象正生存于这种空间之中，体现出宇宙大化的美的生命本体“道”的审美特性。宗白华先生在《中国艺术意蕴诞生》中说：“中国艺术意境的创成，既须得屈原的缠绵悱恻，又须得庄子的超旷空灵。”而“超旷空灵”之由来，“超以象外”之产生，则与道家美学所高扬的“妙”这一审美存在态的追求密不可分。正是对“妙”的追求，才使得中国人生美学的“超旷空灵”与特有的有无虚实审美观念结合在一起，体现出中国人生美学对宇宙生机的把握方式，也显示出中国人生美学从有限中获得无限，从瞬间获得永恒的无穷的生命力特性。

第八章　佛家：以清心求极乐

这里所谓的佛家，主要指禅宗，是特指成熟形态的南宗，也就是那种“教外别传，不立文字，直指人心，见性成佛”[①]的禅宗。所谓“直指人心”，即“佛性”在人本心本性之中，参禅悟道无须向外寻求，直观自心、自性、本心、本性，则可达成“禅”之域以“成佛”；此即所谓“见性成佛”，即无须分析思虑，只需要透彻觉知自身原初就有“佛性”，而“直指人心”。这就是成佛、达佛，参禅悟道之方法、路径，而无须“文字”。这也就是所谓的“不立文字，教外别传”，乃是禅宗所推崇的直达“禅”境域，而大彻大悟的用语。其他诸如“是心作佛，是心是佛”、华严经之所谓的“三界唯一心，心外无别法”等，其要义皆相似。人心自有佛性，原初之本心本性即为佛性，世人不知，皆于外相找寻，却不知，人人本身皆具佛性，皆可成佛。由于后天的、尘世杂念的遮蔽，人的原初本真之心被蒙。澄明本心本性，即为佛成佛。在中国禅宗史上，南宗禅起始于慧能，完形于洪州宗与石头宗，而禅宗史上的“五家七宗”，宋元明清的禅宗，都是这种成熟形态的禅宗的延续和变形。在禅宗看来，所谓“见性成佛”的参禅悟道与“禅”之域的达成，也就是作为个体之人的心与宇宙之心的相交相融、圆融合一，或者说，是与所谓的佛性的同一。“禅”之域就是了解了，或者说自觉到个人与宇宙的心的固有的同一。个体之人心就是宇宙的心。可是以前其没有了解或自觉这一点。在中国佛教发展史上，慧能禅宗对中国古代社会历史，对哲学、美学、文学、艺术等其他文化形态，都发生过深远的、多方面的影响。

① 菩提达摩:《悟性论》。

二

就“见性成佛”“佛性”即“人”原初之本心本性的参禅悟道与达到“禅”境域途径来看，已经与中国美学所推崇的“求仁得仁”“反身而诚，乐莫大焉”“反朴归初”“顺其自然”而达到“得仁”“合道”“与道为一”审美域的方式与途径一致。因而，禅宗可以说具有一种美学意义。并且，由于禅宗主要指向人生、关注人生，具有人生美学的内容，所以禅宗美学自然成为中国人生美学的一个重要组成部分。同时，在人生的存在方式、存在态度等方面，也呈现出一种诗意化的、审美化存在态追求。就此而言，禅宗表现为以清心为极乐。禅门宗师指出:“禅是诸人本来面目，除此外别无禅可参，亦无可见，亦无可闻，即此见闻全体是禅，离禅外亦别无见闻可得。”[①] 在禅宗看来，禅是众生之本性，即所谓本来面目，禅宗大师又把它称为本地风光、自己本分，乃指人人本来具有的自性。禅宗认为，人人在父母未生以前的本来面目是“本净”而未被污染的[②]。它出生以后，由于学习知识、环境习染等见闻觉知形成的思维方式、知解情识等被“染污”而形成所谓“妄识”“意识心”。禅宗把此称为“妄心”“分别心”，而把父母未生以前的本来面目称为“真心”“直觉心”。然而，这真心又并非离开妄心而独立存在，它们乃是一体两面合而为一的关系。“烦恼即菩提”[③] 就是这种即妄即真的明确概括。禅家一生的参禅悟道，就是要摒除“妄心”“分别心”，而领悟和把握这真心、直觉心，见到父母未生以前的本来面目。在禅宗看来，由于人们后天所形成的“妄心”“分别心”作怪，因而用一种“迷眼”，能进行理性思维的分别心，来看待宇宙万物，以致所看见的事物只能是事物的现象。这种现象是虚幻不实的。禅宗认为它们是因缘和合而成的。只有换眼易珠，用一双“明眼”、直觉心，来看待宇宙万物，才能看出事物的本来面目、法性、佛性，虽然这本来面目是“性空无相”的，然而它毕竟是不生不灭而真实存在的。不少禅宗大师喜用悟道前“见山是山，见水是水”与开悟后“见山只是山，见水只是水”[④] 来比况开悟前后的心境，来比喻众生的真心与妄心一体两面、宇宙万物的现象与本体的同一源泉的关系。

---

① 中峰明本《天目明本禅师杂录》卷上《结夏示顺心庵众》。

② 见敦煌本《坛经》十八节。

③ 敦煌本《坛经》二十五节。

④ 见《五灯会元》卷十七《青原唯信禅师》。

总之，在禅宗看来，禅既是众生之本性、成佛的依据，是真心与妄心的统一；又是宇宙万有的法性、世界的本原，是真实世界（性空无相的本性）与虚幻世界（现象）的统一。禅宗所追求的就是那个“父母未生时”的本来面目，也就是生命的原型本色。禅宗宣扬“顿悟成佛”说的目的，就在于使生命的原型本色从仁义道德等妄识情执（社会之道）和天地万有的虚幻现象（自然之道）的束缚中解脱出来，刹那间进入个体本体（自性）与宇宙本体（法性）圆融一体的无差别境界——“涅槃”境界，“是个人与宇宙心的同一”——从而获得瞬刻即永恒（顿现真如自性而成佛）的直觉感悟。

禅宗把禅视为人人所具有的本性，是人性的灵光，是生命之美的最集中的体现；是宇宙万有的法性，是万物生机勃勃的根源，是天地万物之美的最高体现；而视这种人之自性与宇宙法性的冥然合一，生命本体与宇宙本体的圆融一体的境界——禅境，为一种随缘任运、自然适意、一切皆真、宁静淡远而又生机勃勃的自由境界。这既是禅宗所追求的人之审美生存方式，又是禅宗美学所标举与讴歌的审美存在态。

禅宗美学总是借助艺术的观点来美化人之生存态，要求对人之存有态采取审美观照的态度，不计利害、是非、得失，忘乎物我，泯灭主客，从而使自我与宇宙合为一体，在这一审美存在态里使生命得到解脱与升华。禅宗把肯定人生，把握人生，建构一种人之审美生存方式与生存态势作为自己的最高宗旨，因而十分强调在平常人的日常生活中，按照“平常心是道”“行住坐卧，应机接物，尽是道”（《江西马祖道一禅师语录》）的要求建构最完美的人之审美生存方式与生存态势。

必须指出，禅宗思想之所以在中国封建社会中曾影响过一大批文人学士，而这些文人学士之所以“据于儒，依于道，逃于禅”，就在于儒、道、释三家的思想之花，都是生长在同一块“人性论”的神州大地之上的。这种人内心先天就具有的人性——儒家称之为仁义之性，道家称之为自然之性，释家称之为直如佛性——是成为儒家的“圣人”、道家的“至人”、释家的“佛”的内因根据。所以大珠慧海禅师在回答“儒、释、道三教同异如何”的问题时说：“大量者用之即同，小机者执之即异。总从一性上起用，机见差别成三。”①

禅宗美学之所以成为中国人生美学的重要组成部分，就在于它把建构健全

---

① 《五灯会元》卷三《大珠慧海禅师》。

的人之生存态（力图在禅境中完成真善美相统一的人之审美生存方式与生存态势）、光明的人之生存态（自由任运的人之审美生存方式与生存态势）作为追求的最高境界，以把握人之生存态、肯定人之生存态作为最高的宗旨，实际上是把活泼泼的人之为人的本性（自性）、活生生的现实的人的生命摆到了唯一的、至高无上的地位。因此，可以说禅宗美学是一种生命美学。

应该说，中国人生美学的基本特征是体验性。这种体验性特征的形成和发展，是与中国人生美学以人生论为其确立思想体系的要旨分不开的，中国人生美学的思想体系是在体验、关注和思考人的存在价值和生命意义的过程中生成与建构起来的。而禅宗美学的重要贡献，是其对审美存在态创构中心灵体验活动特征的细致而深刻的把握，它的基本范畴（诸如“禅”“心”“悟”等）及其所形成的逻辑结构（如慧能所提出的“道出心悟”的命题，可说是禅宗美学思想的纲骨，它把“禅”“心”“悟”等基本范畴有机地联结在一起），其内涵更多地涉及审美存在态创构中心灵体验活动的规律和特征，体现出禅宗美学是一种体验美学——是在深切地关注和体验人的内在生命意义的过程中生成和构建起来的美学。

禅宗追求获得“父母未生时”的本来面目，追求一种现实的宁静与和谐，通过“自心顿现真如本性”[①]而契证宇宙万物的最高精神实体，进入一种禅境。在我们看来，这也就是与大自然整体合一的审美存在态。禅宗认为，对禅的把握和对这种禅境的获得，只能靠人的亲证、体悟。禅之境界，乃是由“悟”之活动所展开的世界，而“悟”是一种直觉，是刹那间获得的个体体验。这种开悟所得的体验是不可言传的。这正像禅宗大师所说的那样：“如人饮水，冷暖自知。”[②]“如哑子得梦，只许自知。”[③]“妙契不可以意到，真证不可以言传。”[④]在禅门宗师看来，佛教的九千多卷藏经，禅宗的许多语录、公案，宗师们的扬眉瞬目，指手画脚，棒喝交加。总之，一切言辞、文字、举止，都是一种方便设施，其本意是使人透过这些言辞、文字、举止的启示，去领会言外之意、弦外之音，去亲自体验那本来就内在于自己的自性（佛性）。

---

① 敦煌本《坛经》三十一节。
② 黄檗希运语，见《古尊宿语录》卷三。
③ 无门慧开语，见《无门关》第一则。
④ 天童宝珏语，见《五灯会元》卷十四。

二

定慧一体，心本是佛，佛本是心，即心即佛，故而禅宗注重体悟。慧能认为佛性即清净之心。在他看来，人心本来就清净，只是被心外的各种幻相所左右所迷恋，以致滋生出无有穷尽的烦恼。要真正解脱人生的苦难，获得自由，觉悟成佛，只需对外在的种种幻相迷障置之不理，深切体悟自己的当下清净之心，就能直达佛性而即心即佛。如黄檗希运禅师就指出："即心是佛，无心是道。"他说："诸佛体圆，更无增减，流入六道，处处皆圆，万类之中，个个是佛。譬如一团水银，分散诸处，颗颗皆圆，若不分时，只是一块。此一即一切，一切即一。……所以一切色是佛色，一切声是佛声。举著一理，一切理皆然。见一事，见一切事；见一心，见一切心；见一道，见一切道，一切处无不是道；见一尘，十方世界山河大地皆然；见一滴水，即见十方世界一切性水。"（《黄檗断际禅师宛陵录》）人人本来都是佛，只要身去体证、去体悟。同时，体悟必须将整个身心投入，努力保持心境的宁静空明。因此，禅宗特别强调心物一体，以自我的心去直接体悟生活，体悟人之生存态，体悟宇宙万物的生命本原，由此来把握永恒。人们那种本来就有的、与佛性相通的清净之心，也就是平常心，而"平常心是道"。马祖道一说："道不用修，但莫污染。何谓污染？但有生死心，造作趋向，皆是污染。若欲直会其道，平常心是道。何谓平常心？无造作，无是非，无取舍，无断常，无凡无圣。经云：'非凡夫行，非圣贤行，是菩萨行。'只如今行往坐卧，应机接物，尽是道。道即是法界，乃至河沙妙用，不出法界。"[①] 在慧能那里，禅被视为人人所具有的本性，是人性的灵光，是人性之美的集中体现。在马祖道一这里，禅就是现实的具体的当下之人的"全体作用"，也就是人的活泼泼的生命之灵光。这样，现实的、"无造作，无是非，无取舍，无断常，无凡无圣""无长短，彼我能所等心""无背无面""无造作"的"平常心"，就成了美的最集中的体现。"平常心是道""无心是道"，就是一种"禅境"。禅宗所努力追求的，是要在禅境中完成真善美相统一的人格，因此禅宗总是把建构健全的人之生存态、光明的人之生存态，从而建构起一种的人之审美生存方式与生存态势作为自己的最高宗旨。人心是天地万物产生的根源，也是佛之所在。心即佛，佛即心，"平常心是道""行住坐

① 《景德传灯录》卷二十八《江西大寂道一禅师语录》。

卧，应机接物，尽是道”。这样，诵经、念佛、参禅、打坐不但是多余的、毫无意义的事，而且还会阻隔禅机，妨碍言语道断，束缚自我，折磨自我。人之生存态贵在适意，任意逍遥，随缘放旷是人之生存态的极境。于是，禅宗以自我适意、精神解脱、心灵自由为最高追求。在禅宗看来，“一念相应，便成正觉”，“了性即知当解脱，何劳端坐作功夫”，“磨砖既不成镜，坐禅岂能成佛”。既然本性是佛，佛在心中，不必渐修渐悟，只需顿悟即能成佛，那么，就没有必要去诵经参禅、礼佛持戒、出家修道、禁欲苦行、遵守清规，而只需保持心境的自由自在，任性逍遥，注意对流动人之生存态的把握和对圣洁生命的追求，重视从日常普通的生活中获得解脱，其解脱也就充满了自然的情趣和诗意。所以，在禅宗看来，无论是担水砍柴、扫地烧火，还是穿衣吃饭、屙屎拉尿，都是修道成佛的功夫。所谓“饥来吃饭，困来即眠”；“道不用修，但莫污染”。想坐就坐，想行则行，无论什么都依照人的本性来做，不需要拘泥于任何清规戒律，只要心中想着佛，即使是吃饭睡觉这种最平常、最普通的生活，只要是极为自然，毫无造作，也就是解脱成佛的境界。

《大珠慧海顿悟要门》中记载有一段马祖的弟子大珠慧海与源律师的对话：“源律师问：‘和尚修道，还用功否？’师曰：‘用功。’曰：‘如何用功？’师曰：‘饥来吃饭，困来即眠。’曰：‘一切人总如是，同师用功否？’师曰：‘不同。’曰：‘何故不同？’师曰：‘他吃饭时不肯吃饭，百般须索；睡时不肯睡，千般计较。所以不同也。’”这里，大珠慧海说出了禅宗解脱成佛境界的实质就是“任其自然”。他说：“解道者，行住坐卧，无非是道，纵横自在，无非是法。”（《大珠慧海顿悟要门》）如果不是这样，那么终身“吃饭睡觉”，也只是污染造作，还是不能解脱成佛。禅宗对人之生存态的重视与对生命的热爱，突出地体现在“禅”的内涵上。达摩学说的《少室六门集》中的《血脉论》曾经有论述，说：“佛是西国语，此云觉悟。觉者，灵觉。应机接物，扬眉瞬目，运手动足，皆是自己灵觉之性。性即是心，心即佛，佛即是道，道即是禅，禅之一字，非凡圣所测。”宗密在《禅源诸诠集部序》中分析了“禅”与“源”：“源者，是一切众生本觉直性，亦名佛性，亦名心地 。……此性是禅之本源，故云禅源。”可见，在禅宗那里，“禅”的内涵已不是传统禅学所说的只是“静心思虑”之意。在他们看来，禅是众生之本性，是众生成佛的因性。

在慧能禅学那里，心与性都不离现实的、具体的人们当下的心念。慧能注重的是当下的鲜活之人心，即所谓本来面目，而不是去追求一个抽象的精神实体。慧能着力否定一切可执着的东西，留下人们当下的心念。这实际上是把活生生的每个人自身推到了最重要的地位，把活泼泼的人之为人的本性、活泼泼的人的生命放到了唯一的、至高无上的地位。到马祖道一，禅宗又有了进一步发展。这里，更为突出、更为显著的是活生生的"人"。洪州宗禅学把慧能注重"心"发展到注重"人"。在他们看来，"人"就是"佛"。所谓"全心即佛，全佛即人，人佛无异，始为道矣"①。

故而，禅宗，尤其是后期禅宗，极为强调从当下人的一举一动、一言一行中去证悟自己本身就具有佛性，本来就是佛，佛就是人的自然任运的自身之全体。在马祖禅看来，生机勃勃是人之为人的所在，是人之本质之性与表现出来的现实之相的统一，而其性相都是没有实体性的。正如宗密在《中华传心地禅门师资承袭图》中评价洪州宗的主张时所指出的："洪州意者，起心动念，弹指动目，所作所为，皆是佛性全体作用，更无别用。全体贪嗔痴，造善造恶，受乐受苦，此皆是佛性。"这种就指出了洪州宗不仅把现实的具体的当下之人心作为佛，而且把现实的具体的当下之人的全体作为佛。正是由于"人佛无异"，所以禅宗十分强调在日常的举动言行中去发现自我，去认识自身的价值。对此，马祖道一的再传弟子、百丈怀海的法嗣长庆大安禅师也指出：每个人自身就是"无价大宝"②。马祖特别注意启发学人去发现和认识"自家宝藏"。大珠慧海初参马祖，为求佛法，马祖曰："我这里一物也无，求甚么佛法？自家宝藏不顾，抛家散走作么！"大珠不解其意，问："哪个是慧海宝藏？"祖曰："即今问我者，是汝宝藏。一切具足，更无欠少，使用自在，何假外求？"大珠于言下大悟，"自识本心"③。可见，在马祖那里，现实的具体的人就是"宝藏"，它"一切具足，更无欠少"。这无疑是把富有生命力的活生生的现实之人，也就是把人的生命的全体，视为无价之宝。为此，他常采用扭鼻、耳掴、拳打、脚踢的手段，去启发学人"返观"自心，发现与认识自我。

三

洪州宗门人对自然审美和艺术审美的看法，以及对于这幽深清远"人"之

---

① 《五灯会元》卷三《盘山宝积禅师》。

② 《五灯会元》卷四《长庆大安禅师》。

③ 《五灯会元》卷三《大珠慧海禅师》。

审美生存方式与生存态势的追求，从一个侧面表现了禅宗美学的特质。对于自然的审美，无论是玩月，还是赏雪，还是观花，禅宗都强调从大自然的欣赏中获得超越与领悟，强调人与大自然打成一片，人之本性与自然之法性打成一片，以追求一种幽深清远的人之审美生存方式与生存态势与自然适意的生命情调。

马祖曾对他的三位高足——西堂智藏、百丈怀海、南泉普愿的“玩月”态度进行了评价，表现出禅宗美学的自然审美观——注重“独超物外”的审美观照态度。据《五灯会元》卷三《马祖道一禅师》记载：“一夕，西堂、百丈、南泉随侍玩月次。师问：‘恁么时如何？’堂曰：‘正好供养。’丈曰：‘正好修行。’泉拂袖便行。师曰：‘经入藏，禅归海，唯有普愿，独超物外。’”虽然西堂、百丈、南泉三人都从明月体验到了真如佛性，但是马祖却特别称赞南泉“独超物外”的审美态度。西堂的回答是“正好供养”，其意是说高挂天上的朗月，既光明又圆满，是具足一切的禅境的显示，应该小心护持，不要破坏了这自然之美。马祖认为西堂智藏的见解合乎经教。但是禅道是不可言说的，一落言诠，就是第二义；而且仍属于心有所执着（供养护持），并未真正进入解脱之境，使自己的自性与自然的法性融为一体。百丈的回答是“正好修行”，其意是说应该积极进取，参禅修习，使达到如朗月这种圆满境界。马祖认为他的看法符合禅理。但是，禅道不可言说，百丈落于言诠，已属第二义；而且，“道不用修”，有意为之，则为执着，并未真正进入解脱境界。而南泉普愿的回答则是十分干净利落，“拂袖便行”。这说明南泉对朗月——禅境持无所执着的观照。明月按自己的生命节奏自然任运，而观照者按自己的生命律动自在任运，净心与朗月共振，从而使自性与法性融而为一。南泉不落言诠，无任何执着，获得了独特的般若体验，“拂袖便行”正是这种体验的显示。所以马祖特别称赏南泉的超脱：“独超物外。”

时过若干年后，南泉，俗家姓王，自称王老师，在一次“玩月”时，还向别人提起过次“玩月”的事：“师玩月次，僧问：‘几时得似这个去？’（按：意思是说：几时才能修行到心如朗月的程度）。师曰：‘王老师二十年前，亦恁么来。’（按：意思是说：在二十年前就曾达到了这样境界）。曰：‘即今作么生？’（按：意思是说：你今日的境界又达到了什么程度呢）。师便归方丈。”[①]可见，

① 《五灯会元》卷三《南泉普愿禅师》。

南泉对朗月仍然采取了不落言诠、独超物外的态度。"独超物外"无疑是一种无所执着、无所用心、不计利害得失的审美观照态度。

在禅宗文献中，还有庞居士"好雪片片"的典故。这一典故又表现出禅宗美学在对自然美景的审美观照上，重视看与被看，即审美者的内在生命与审美对象的内在生命之间的心灵共振——审美共鸣。庞蕴乃马祖法嗣，他以居士身分入世学习佛教。他曾在药山唯俨禅师处修行，不久便告诉云游。《五灯会元》卷三《庞蕴居士》做了如下记载："因辞药山，山命十禅客相送至门首。士乃指空中雪曰：'好雪！片片不落别处。'有全禅客曰：'落在甚处？'士遂与一掌。全曰：'也不得草草。'士曰：'恁么称禅客，阎罗老子未放你在。'全曰：'居士作么生？'士又掌曰：'眼见如盲，口说如哑。'"这里就表明，在庞蕴看来，美丽洁白的雪花，一片片都落到该落的地方，使大地穿上银妆，一片白色。一切尽皆自然，自在正如，遵循其本性，如其所如，然其所然。圆悟克勤在《碧岩录》第四十二则《庞居士好雪片片》的"评唱"中，把雪花飞舞、片片飘落在应飘落之处的自然美景做了描述和概括："眼里也是雪，耳里也是雪，正住在一色边，亦谓之普贤境界一色边事，亦谓之打成一片。"克勤之意在强调人与大自然打成一片，人之本性与自然之法性打成一片。而庞蕴正是以自己的自性清净心（内在心灵）去观照雪花世界的法性（宇宙的内在生命），而且是一种不计利害得失、主客两泯、无所执着的般若观照，从而发生了生命的共鸣。而"全禅客"却以分别识、执着心去看这雪花的飘飞，"眼见如盲，口说如哑"，因而不能以未被污染之清净心与大自然的法性打成一片，所以庞蕴给以当头棒喝。

南泉普愿"见花如梦"的论断，也表现出禅宗美学在对自然美景的审美观照上，重视透过事物外在的形象直透事物内在生命的本原，从而使自性与法性合一的审美存在态营构原则。据《五灯会元》卷三《南泉普愿禅师》记载："陆大夫（陆亘）向师道：'肇法师也甚奇怪，解道天地与我同根，万物与我一体。'师指庭前牡丹花曰：'大夫！时人见此一株花如梦相似。'陆罔测。""肇法师"指僧肇，东晋时代著名佛学家。他在融会中外思想的基础上，用中国化的表达方式，比较准确完整地发挥了非有非无的般若空义。他在《肇论·涅无名论》中引用、解释了庄子"万物皆一"的论述，而且把庄子"万物皆一"的齐物论发展为"齐万有于一虚"（《肇论·答刘遗民书》）的虚无论。他是从万物非真、法我两空的般若空观引出"物我为一"的。他的"物我为一"是"相与俱无"

的主客泯灭——“彼此寂灭，物我冥一”(《肇论·涅槃无名论》)。但在禅宗这里，认为万物与我为一的基础乃是审美者的无心无我，是自性清净心与自然法性的同一。陆亘不解僧肇的言论，南泉才借观赏牡丹花为喻。在他看来，迷眼人（持分别智、执着心的人）观赏牡丹花只能见其外在形象，虽然牡丹花以它艳丽的形态吸引人，这是美的象征，然而外在形象是因缘合而成，有生有灭，虚幻不实的，因而如梦幻空华，徒劳把捉；只有明眼人（解道者）才能透过花的外在形象直达牡丹花的生机勃勃的内在生命的本原——美的本性，使自我的自性（内在生命）与万物的法性合而为一，从而进入禅境，也即审美存在态。禅宗美学在对待自然美的评价上，特别推崇朴素自然、不饰雕琢之美。他们常常从大自然中感受到生机勃勃的生命活力，注重从大自然的欣赏中获得一种浑然天成、自然适意的诗意般的生命情调，并由此而进入一种幽深清远的人之审美生存方式与生存态势。《五灯会元》卷四《长庆大安禅师》记载：“雪峰因入山采得一枝木，其形似蛇，于背上题曰：‘本自天然，不假雕琢。’寄大师（按：长庆大安系百丈怀海法嗣）。师曰：‘本色住山人，且无刀斧痕。’”这充分表达了禅宗美学推崇性自天然、不加刀斧的自然素朴之美。

总之，禅宗美学在对待自然美的问题上，总是注意在对自然的静默观照中，发现宇宙生生不息的内在生命，领悟人之生存态的真谛与生命的底蕴，以达到幽深清远的人之审美生存方式与生存态势，从而形成个体之心与宇宙心的交流与合一。在艺术的审美方面，禅宗美学也表现出一种特殊的风貌。对绘画艺术（特别是人物肖像画），禅宗认为，无论作品画得怎样逼真，已不是绘画对象（特别是人物）本身，而人是个活泼泼的、一切圆满具足的整体，而画像只是无生命的、表象的、符号化的象征物，不过是整体报局部、表象、抽象的反映；而且禅宗认为，“心”所显现的一切事物（包括绘画在内）皆如梦幻泡影，虚幻不实。据《五灯会元》卷三《盘山宝积禅师》记载：“师（盘山宝积）将顺世，告众曰：‘有人邈吾真否？’众将所写真呈上，皆不契师意。普化出曰：‘某甲邈得。’师曰：‘何不呈似老僧！’化乃打筋斗而出。师曰：‘这汉向后掣风狂去在！’师乃奄化。”众僧的画像无论画得如何逼真，“皆不契师意”，因为画像是“心”所呈现的虚幻不实的梦幻泡影，只有普化“打筋斗而出”，以他活泼泼的生命存在，整体的、直接的、具体地做了回答，显示了盘山宝积生命存在的整体，因而盘山宝积予以首肯，安然奄化。无独有偶，马祖的弟子北兰让禅师也以自己的存在替代绘画的写真：“江西北兰让禅师，湖塘亮长老问：

‘承闻师兄画得先师真，暂请瞻礼。’师以两手擘胸开示之。亮便礼拜。师曰：‘莫礼！莫礼！’亮曰：‘师兄错也，某甲不礼师兄。’师曰：‘汝礼先师真那！’亮曰：‘因甚么教莫礼？’师曰：‘何曾错？’”[①] 让禅师“以两手擘胸开示”，乃是以自己的生命存在，整体地具体地显示先师的生命存在，亮长老与让禅师在这一点上取得了共识。这种把绘画与雕塑艺术看成为如梦幻泡影般虚幻不实的审美观点，对后来的禅宗门人有很大的影响。出自南岳系下、黄龙慧南禅师的法嗣、宋代僧人仰山行伟就用十分明确的语言说过：“大众见么？开眼则普观十方，合眼则包含万有。……若道不见，与死人何别？直饶丹青处士，笔头上画出青山绿水、夹竹桃花，只是相似模样。设使石匠锥头，钻出群羊走兽，也只是相似模样。若是真模样，任是处士石匠，无你下手处。”他还自题其像曰：“吾真难邈，斑斑驳驳。拟欲安排，下笔便错。”[②] 在仰山行伟看来，无论绘画还是雕塑，都“只是相似模样”，而不能表现出宇宙万有的内在生命；其生命存在——“真模样”是任何绘画家和雕塑家都没有下手处的，否则，“拟欲安排，下笔便错”。综上所述，可见禅宗在审美存在态创构方面，基于以清心为极乐的观念，特别关注自我内在生命的存在与展示，并追求幽深清远人之审美生存方式与生存态势的创构。

四

佛禅讲定慧。“定”就是体验，是生命体验也是审美体验；“慧”则是通过这种体验所达到的生命境界，也即极高审美存在态。宗白华说：“静穆的观照和活跃的生命构成艺术的两元，也是构成‘禅’的心灵状态。”[③] 所谓“静穆的观照”就是“定”，而“活跃的生命”则是“慧”。在禅宗美学看来，“定”与“慧”是体一不二的。如前所说，这里所说禅宗美学，是特指那种“教外别传，不立文字，真指人心，见性成佛”的南宗禅及其美学思想。南宗禅所谓的“禅”与传统禅法，即菩提达摩来华以前的禅法有很大的差别，不仅如此，即使是与达摩来华建立的早期禅宗如来禅相比，也存在明显的差异。在传统禅法那里，“禅”是戒、定、慧“三学”的重要过渡环节。它们之间的关系是以戒

① 《五灯会元》卷三《北兰让禅师》。

② 《五灯会元》卷十七《仰山行伟禅师》。

③ 宗白华：《艺境》，北京：北京大学出版社，1987年，第155–156页。

资定，以定发慧，因而定慧相分，定是发慧的手段，或者说是获得成佛境界的必要准备。在如来禅那里，则是要通过禅定真实证入如来境，从而获得自觉圣智，也即所谓转识成智，大智慧在。这样，如来禅就把定与慧契合于如来藏，即真如、佛性的境界之中，因而有突破以定发慧、定慧相分的倾向。但尽管如此，如来禅最终还是没有突破以定发慧、定慧相分的界限，其门下宗风仍然是“藉教悟宗”①。像四祖道信，就“既嗣祖风，摄心无寐，胁不至席仅六十年”②，以禅定作为发慧的手段。而在慧能所创立的南宗禅这里，则“以定慧为本”“定慧一体”③，倡导祖师禅，并赋予“禅”以全新的内容。在南宗禅看来，“禅”既是修行，又是得道，既是手段，又是目的，既是方法又是本体，既是定又是慧。也就是说，只要进入“禅”，就能豁然晓悟，自识本心，万法尽通，全面、整体地体悟到宇宙和人生的真谛，达到自我生命与最高生命存在相融合一的“慧”境，即“禅”境。在这里，禅是定与慧的圆融浑一。故从禅宗美学来看，则禅是生命之美的集中体现，为美的生命本原，既是审美活动的过程与途径，又是通过这种审美活动以获得的对生命本旨的顿悟以及由此以达到的生命之境和最高审美之境。

五

也正是如此，所以说禅宗美学是生命美学，所推崇的“禅”境是生命体验与生命境界的实现。即如铃木大拙所说：“禅即生命”④。禅是生命之灵光，是“活跃的生命”的传达，也是生命之美的集中体现。而禅体验在本质上就是一种生命体验，也是一种审美活动。因为审美活动是对生命意义的一种体验活动，“在体验中所表现出来的东西就是生命”⑤；所以“每一种体验都是从生命的延续中产生的，而且同时是与其自身生命的整体相连的”⑥。在禅宗美学看来，由“禅”这种生命体验所达到的禅境，则是一种心灵境界、生命境界与审美存在态。禅宗美学认为，禅是众生所具有的本性与宇宙万有的法性，是万物生机

① 《续高僧传》卷十六《菩提达摩传》。
② 《五灯会元》卷一《四祖道信大医禅师》。
③ 《坛经・定慧品》。
④ 《禅与生活》，北京：光明日报出版社，1988年，第215页。
⑤ 伽尔默尔：《真理与方法》，沈阳：辽宁人民出版社，1989年，第94页。
⑥ 伽尔默尔：《真理与方法》，沈阳：辽宁人民出版社，1989年，第99页。

勃勃的根源，天地万物与人之美则是禅的生动体现。天目明本禅师说："禅是诸人本来面目，除此外别无禅可参，亦无可见，亦无可闻，即此见闻全体是禅，离禅外亦别无见闻可得。"[①] 禅是众生之本性，是人的"本来面目"、本地风光、自家本分，也就是人人本来所具有的"自性""自心""本性""本心""人性"。这种"本性""本心"人人具足，与"禅""佛"等同，在实质上相通相合，故又可称为"法性""真如""佛性""智慧性"。禅宗美学作为一种生命美学和体验美学，就是特别重视对人的内在生命意义的体验，所谓"见本性不乱为禅"[②]，"识心见性，自成佛道"。

六

在对"禅"这一审美存在态的追求中，禅宗美学以实现人生价值为主要目的，提倡"我心自佛"，"禅不离心，心不离禅，唯禅与心，异名同体"[③]，对"禅"的把握，乃由"心"而"悟"，强调"道由心悟""禅由悟达""不期禅而禅"，认为众生身心原本就是圆满具足的禅。原始佛教以四谛之首的"苦谛"为立身根基，认为人世间是火宅，是无边苦海，因此，才幻想出西天乐土的彼岸世界和超度众生的佛祖圣僧。

然而，中国禅宗则将其追求理想返回到人生的此岸世界，把解脱成佛的希望从未来拉回到现实，从天上拉回到人间。在禅宗看来，禅是人的本性，是人性的璀灿之光，是人人心中的"常圆之月""无价之宝"，人们应该"自我解脱"，亲证亲悟，自达禅境。禅门宗师指出："于自性中，万法皆见"，"万法尽在自心"，"诸上人各各是佛，更有何疑到这里"[④]；认为"诸上座，尽有常圆之月，各怀无价之宝"[⑤]；指出众生自心就是澄明圆满的禅境，"识心见性，自成佛道"，"识自本心，若识本心，即是解脱"，"自性心地，以智慧观照，内外明彻"，"何不从自心顿见真如本性"，"见本性不乱为禅"，把活生生的现实的人心，也就是人的生命全体，视为无价之宝。而在禅宗美学看来，这个无价之

① 中峰明本《天目明本禅师杂录》卷上。
② 《坛经校释》，中华书局1983年版。以下凡引文不注明出处者，均见本书。
③ 《天目中峰和尚广录·示彝庵居士》。
④ 《五灯会元》卷十《百丈道恒禅师》。
⑤ 《五灯会元》卷十《报恩玄则禅师》。

宝，就是美的最集中、最圆满的体现，也就是“禅”。

必须指出，“万法尽在自心”的命题，似乎是说：“心”产生宇宙万物，“心”为宇宙的本原，但禅宗的理论核心是解脱论，它一般不涉及宇宙的生成或构成等问题。在禅宗思想体系中，真心与妄心本质上是一回事，“真”与“妄”体用一如，“真如”“佛性”并不是自心之外的神秘实体，它们都统一于人们当下的自心之中，也即当下的现实的活泼泼的人心之中。禅宗六祖慧能就始终强调禅是人人共同具有的本性，是人性的灵光，人应该自证自误，自我解脱，认为禅始终不离众生的当下之心。在《坛经》中，有许多专门强调禅在众生心中、众生自心圆满具足的论述。在慧能看来，佛性之于一切众生，有如雨水之于万物，悉皆蒙润，无一遗漏，因而佛性圆至周遍，悉皆平等。正是基于此，所以慧能明确指出，自性（人性、心性、本性）即是佛是禅，离开自性则无佛无禅：“我心自有佛，自佛是真佛”；“佛是自性，莫向身外求”；“本性是佛，离性无别佛。”这里所谓的成佛，既是众生对自我先天所具有的清净本性的体证，又是显现本性以包容圆融万物，“见性显心”，成就“清净法身”，即对宇宙万物的最高精神实体的契证、禅悟与圆觉。其主旨在强调众生自心、自性圆满具足一切，自心有佛、自性是佛是禅，“迷悟凡圣”，皆在自心的一念之中，因而不必向外寻求，只要识心见性，从自心顿现真如本性，心自圆成，便能解脱成佛。这也就是所谓“识心达本”“顿悟成佛”，直达禅境。

七

在对禅的参证与体验方式上，禅宗美学提倡“契自心源”“顿悟心源”。龟山正元禅师偈颂曰：“寻师认得本心源，两岸俱玄一不全。是佛不须更觅佛，只因如此便忘缘。”[①]雪窦持禅师偈倾曰：“悟心容易息心难，息得心源到处闲。斗转星移天欲晓，白云依旧覆青山。”[②]禅宗大师万言千语，无非教人认识本心，返回心源：“祖师西来，唯直指单提，令人返本还源而已。”[③]“菩提只向心觅，何劳向外求玄？听说依此修行，天堂只在目前。”“心源”超越主客二分，充满灵性，无杂无染、孤明历历、本来如是，既是生命律动的本源，也是

① 《五灯会元》卷十卷四《龟山正元禅师》。

② 《五灯会元》卷十卷十八《雪窦持禅师》。

③ 《密云悟禅师语录》卷七。

“禅”的所在。正如天目中峰和尚所指出的：“禅不离心，心不离禅，唯禅与心，异名同体。”“禅何物也，乃吾心之名也；心何物也，即吾禅之体也。”因而，对禅的体验，只有由“心”而“悟”：“禅非学问而能也，非偶尔而会也，乃于自心悟处，凡语默动静不期禅而禅矣。其不期禅而禅，正当禅时，则知自心不待显而显矣。”

在禅宗美学看来，禅是活泼泼的人之为人的本性，也是活泼泼的人的生命。人的生命是圆满具足、透脱自在、清净圆明的，这样，对禅的体验与把握也就是一种圆满具足、自在任运、绝妄显真、心自圆成的生命活动，一种活生生的人的最高生命存在方式的体验活动，也即审美体验活动。因而禅宗重视澄心静观与静坐默究，强调“清心潜神，默游内观，彻见法源”[①]。慧能所主张的“净心”说就显现出这种通过静观默究以“契自心源”“顿悟心源”，以“默游”而“内观”的生命体验与审美活动方式。慧能提倡“无念为宗，无相为体，无住为本”说。在他看来，既然人人心中本自有佛，人性本净，“本性自净自定”，每个人心中都有“常圆之月”，人的本性、本心本来就没有烦恼、逆妄，人的本性本心就是佛是禅，那为什么人人又不能随时悟禅成佛呢？这是由于有“妄念浮云”的遮盖，所以清净的佛性便显现不出来，就恰似空明天空、皎洁圆明的日月被浮云遮盖了一样。人们要想使自己所具有的“本自具足”的“自性”“本心”“佛性”“真如”，也“禅”，“不期禅则禅”，使“自心不待显而显”，让“即心即佛”的可能性变为现实，就必须断除妄念，使“性体清净”。慧能说：“自性常清净，日月常明，只为云覆盖，上明下暗，不能了见日月星辰。忽遇惠风吹散，卷尽云雾，万象森罗，一时皆现。世人性净，犹如青天，惠如日，智如月，智惠常明，于外著境，妄念浮云盖覆，自性不能明，故遇善知识开真法，吹却迷妄，内外明彻，于自性中，万法皆见。”正是为了“卷尽云雾”“吹却迷妄”，为了把“妄念浮云”吹散，使清净常明，“犹如青天”的“自性”显现出来，使万法在自性中呈现，或者说是在自性中显露万法，以“自成佛道”“见性成佛”“自心自佛”。

当然，需要指出的是，由于主张定慧一如、心性一体、佛在自心、“本性是佛”，所以慧能认为“卷尽云雾”“吹却迷妄”要如“忽遇惠风吹散”，要任运自然，从自心顿现真如本性。也正由于此，慧能才提出“三无”说。他说：

① 《宏智禅师广录》卷六。

“何名无念？无念法者，见一切法，一著一切法，遍一切处，不著一切外，常净自性，使六识从六门走出。于六圣中，不离不染，来去自由，即是般若三昧，自在解脱，名无念行。若百物不思，常令念绝，即是法缚，即名边见。”这里就强调在禅体验中，既要心不受外物的迷惑，“于一切境上不染”，“于念而不念”，以做到“无念”；同时又要做到随心任运、自然无心，不要着意去除自然之念。所以说“无念”是指无妄念，并非是无“自念”，而是有正念无妄念。要自然无碍，任心自运，而不能起任何追求之心，“欲起心有修，即是妄心，不可得解脱”。“无念”也并非是“百物不思”，不食人间烟火、万念除尽，而是说在与外物接触时，心不受外境的任何影响，“虽见闻觉知，不染万境，而常自在”；要能“于自念上离境，不于法上生念”。禅体验在于不依境起，不随法生，要由真如而起念，“真如是念之体，念是真如之用”。这就是说，在进行禅体验时必须将其心灵放在体悟“真如本性”的正念上，应顺应本性，要注意真如佛性的自然发挥和心灵的自由自在，以及由此而得的直觉感受。只有进入自在自为的心理状态，才能一任自由的心灵，率意而为，不期然而然，通过唤醒潜意识中多种潜在的意象和印象，以顺应本性的念念不住、迁流不止之势，来自致广大、自达无穷，“从于自心、顿现真如本性”，而进入心灵解悟的禅境。在慧能看来，只有当下任心，不起妄心，便能自达禅境，顿至佛地。所谓“无念为宗”，实际上就是以人们当下之心念为宗，强调自然无碍、迁流不息、念念不止、圆明活泼的生命不要被观念所束缚。所谓“无相”，则是指心不要执着在外境，不要为繁杂的色声香味等外相所迷惑，应“于相而离相”。尽管见色、闻声、觉融、知法，但只要不计较、不执着外物的事相，便能“离一切相”。此即所谓“虽见闻觉知，不杂万境，而常自在”。因为“凡所有相，皆是虚妄”，而实相无相，但能离相，“性体清净，此是以无相为体”。

要进入真正的禅境与审美存在态，就必须“性体清净”，反身内省，以般若之智悟见自心佛性，顿入佛地。中国人生美学则称此为“游心内运”“收视反听，绝虑凝神”。在中国人生美学看来，审美者在进行审美活动时，必须在“澄心端思”中走进自己内心世界的深处，去沉思冥想，以参悟本心，从心灵出发，而起浩荡之思，生奇逸之趣。萧子显说：“蕴思含毫，游心内运，放言落纸，气韵天成。”[①]李世民说：“收视反听，绝虑凝神。心正气和，则契于

① 《南齐书·文学传论》。

妙。”[1] 这就是说，审美者在进行审美活动时，应该“游心内运”，通过心灵观照、神游默会等内心体悟活动，以领悟幽邃的心灵中的生命内涵，通过“绝虑凝神”，在空灵明静中审视、体味自己心中的意绪和情感。“收视反听”，反身内求，通过心灵的内运以反观无意中记忆下来的、潜移默化在心底深处的意识，使那些处于朦朦胧胧中先前有了的、在心中活动的意象，以及“被长期保存在灵魂中，长期潜伏着”的意识“脱离睡眠状态”[2]，从而在意识深层获得一种无上的喜悦和美感，以体悟到一种平日苦思不得的人生哲理，使审美体验“豁然贯通”，获得妙悟心解。所谓“人闲桂花落，夜静春山空”。没有“人闲”，就不可能体验到“桂花落”这种空灵静寂的审美意趣。同时，如果没有心境的静谧澄澈，没有“收视反听”“游心内运”，也不可能体悟到似“春山”一样空灵透彻、精微神妙的意境。因此，只有沉潜到意识的底蕴，灵心内运，精思入神，才能洞达天机；只有忘形忘骸、无念无相，以进入无物无我的空明澄清的审美心境，使心灵绝对自由自主，从而才能在“净净而明”“卓卓自神”的反观内求中，促使潜意识活动，以再度唤起过去储存的种种带有内心情感与生命之光的表象，进入洞见宇宙，直视古今，无所不至其极的审美存在态。慧能提出的“三无”说，无念是宗旨，无相是本体，无住是根本，三者同等重要。所谓“无住”，慧能指出：“无位者，为人本性，念念不住，即无缚也。”这就是说，人心本有佛性，原本是无住、无缚，“而常自在”的，而人的本性就体现在人们当下心念之中，它是念念相续，流转不息，而又于一切法上无住的。因此，“无住”既有心念圆活无穷、迁流不止之义，又有心念不滞留在虚妄不实的万相上，不执着妄相之义。因为在慧能看来，心于境上起执着，哪怕执着的是般若行、圣人境，也会失却自己的本来面目，即内在的活泼泼、圆满具足的生命。他强调“无住”，就是让活泼泼、圆满具足的生命透脱自在，处处不滞，不被一切欲望所窒息，而保持其清净光明，纯一无杂，圆明纯真，让当下之心呈现“内外不住，来去自由”那样一种自在任运、生意盎然的状态。因而，所谓“无住为本”，就是以这种自在的随缘、圆满具足、皎然莹明之心为本，以人们内在真实鲜活的生命为本。慧能所强调的这种通过“三无”以“无住为本”，直达禅境，来获得对随缘任运、自然适意静、一切皆真、宁静淡远而又生机勃勃的禅体验的观念是建立在深厚的中国人生美学思想基础之上的。中国

---

① 《唐太宗论笔法》。

② 伍蠡甫主编《现代西方文论选》，上海：上海译文出版社，1983年，第185–186页。

人生美学认为，美是生生不已、周流不居的。

在中国人生美学看来，作为宇宙万物生命与美的生命本原是气，是道，是一。气是万物生命生存的本质，宇宙天地间的万事万物都可以归结为一种气化。同时，作为本体之气，其化生功能和生命活力的内在本质，又受“道”所主宰。“道”存在于生命之气的中间，虽虚而无形，却又无所不在。道充塞于宇宙，无处不存，万物以生，万物以成。道始于一，又归于一，周匝无垠，故又是一个完整的、充满了生机与活力的整体。这样，受道的作用，整个宇宙和人生，也都处于一种多样统一的环式运动。《淮南子·原道训》云：“驯乎！玄，浑行无穷正象天。”驯，指顺；这里所谓的“玄”和“太极”相同，意指天道、地道、人道的宇宙本体，它好像圆天一样，周行天穷而不殆。扬雄认为，天与宇宙的特点就是运转不息。故他在《太玄·玄摛》中又指出：“圜则杌棿，方则啬吝。”在《太玄·太玄图》中也指出：“天道成规，地道成矩，规动周营，矩静安物。”所谓“圜”，就是指天；杌棿，意为动荡不停；啬吝，意指聚敛收藏。天圜则以动为性，地方则以静为特点，动与静为生命的质和德，一动一静相辅相成，“辟阖往来”，则构成一生命整体。唐杜道坚说：“天运地滞，轮转而无废，水流而不止，与物终始，风兴云蒸，雷声雨降，并应无穷。”[①] 宋张载也说：“天地动静之理，天圆则须动转，地方则须安静。”[②] 在中国古代哲人看来，整个宇宙天地就像一轮运转无废的圆环，周转不息，往复回环。天道生生不止，流转不居，美也是这样。中国人生美学认为，受“气”“道”的作用，美既生气流荡、氤氲变化、生生不穷，处于永不停息的创造和革新之中，同时，美又是一个统一的有机整体，生动活泼，圆融无碍。故中国人生美学强调审美活动应由方入圆，即由具象到超越，透过表相以直达生命内核，去掘取宇宙天地运转不已的生命精神。即如司空图在《二十四诗品·流动》中所指出的：“若纳水輨，如转丸珠。夫岂可道，假体遗愚。荒荒坤轴，悠悠天枢。载要其端，载同其符。超超神明，返返冥无。来往千载，是之谓乎！”所谓“水輨”，即水车，纳置于水而流动不居；转丸珠，言珠之圆转如丸。这里可以说道尽了美的圆转不息的生命之流的奥秘。美的生命，即宇宙天地精神是变动不居的，审美者只有德配宇宙，齐天同地，才能臻于审美的极佳境界，而参赞化育，融汇于万物皆流的生命秩序之中。故中国人生美学主张“心斋”“坐忘”；强调“无

① 《文子缵义》卷一。

② 《横渠易说》。

听之以耳，而听之以心，无听之以心，而所之以气”[①]；可以说，正是追求对古往今来、乾旋坤转，以一治万，以万治一,一以化万,万万归一，流转不息的宇宙天地与人的生命精神和美的生命的体验，才使包括禅宗美学在内的中国人生美学把审美的重点指向人的心灵世界，“求返于自己深心的心灵节奏，以体合宇宙内部的生命节奏”[②]，并由此而形成中国人生美学的独特的审美活动方式和传统特色。

是的，禅宗美学是生命美学，它始终关注活生生的人的生命活动，探索活生生的人的生命存在方式及其价值。它认为审美体验活动乃是一种任运自适、去妄存真、圆悟圆觉、圆满具足的生命活动，一种活生生的人的最高审美生存方式。而慧能的“三无”说在实际上就是对这种审美体验活动的自由性、纯真性与圆满性的高度概括。它把人的内在生命提到本体的高度，把宇宙本体与人的本体统一于人们“无念、无相、无住”的当下之心，而这个当下之心是一个圆活流变的过程。其旨归就在于从人们现实的当下存在来寻找自我，揭示人的生命存在及其价值。而其突出当下之心则正是为了除却妄心而见圆明本心，如“云开见月”，使本心光明圆朗，在妄念不起、正念不断的自然任运、绝妄呈真的生命活动中，达到与天地圆融一体的禅境，领悟和把握自己的本来面目。

慧能在论述“三无”时，指出要做到“于念而不念”“于相而离相”，关键在于要“净心”。通过“净心”，则“心量广大，犹如虚空……虚空能含日月星辰、大地山河、一切草木、恶人善人、恶法善法、天堂地狱，尽在空中，世人性空，亦复如是”。他所谓的“性空”，是只“空”虚妄，不“空”真实（真如佛性），而真如、佛性则是“真有”，而不是“空”。这就是说，在他看来，由于“常净自性”具有“净心”，空诸虚妄，“打破五阴烦恼尘劳”，犹如“虚空”，就能以“虚空”之“净心”观照宇宙万物，而体认到宇宙万有的真如本性。

显而易见，慧能这种以“净心”观照宇宙万物的思想，实际上就是通过“静默观照”以体验“活跃生命”，也就是定慧一体，以“禅”求“禅”审美观念的体现。“虚空”圆赅一切，实质上也就是“禅”。“净心”就是审美者以一种高洁的、虚空圆明的审美心胸，也即自由的、纯真的、圆满而充满活力的内在生命去进行审美观照与审美活动，因为高洁的、澄明空彻的审美心胸乃是

① 《庄子・人间世》。
② 宗白华:《艺境》，北京：北京大学出版社，1987年，第118页。

进行审美观照与审美活动的必要前提。正如宏智正觉所指出的:“吾家一片田地，清旷莹明，历历自照”[①]，“人人具足，个个圆成。”只要“磨砻明净”“净治楷磨”““洗磨田地，尘纷净尽”，就能使人的心境“卓卓自神”“净净而明”“事事无碍”，如“露月夜爽，天水秋同”，湛湛灵灵，而“妙穷出没，照彻离微”，如水涵秋，如月夺夜，以“直照环中”，显示“清白圆明之处”，而体验到宇宙人生的微旨，进入“皎然莹明”的禅境。

在禅宗美学看来，“天地与我同根，万物与我一体”，“万象森罗尽我家”，“十方大地是我一个身”，心本自圆明，心物也本自圆融，故而，只要“扫断情尘，沥乾识浪”，“绝言绝虑”，保持心胸的莹彻透明，通过“默照默游”，那么就会使自己的圆明本心“豁明无尘，直下透脱”，如“莲开梦觉”[②]，而达到心物圆融，物我一如，定慧一体，进入人之自性与宇宙法性的冥然合一，生命本体与宇宙本体的圆融一体的最高审美存在态。所以石头希迁说:“圣人无已，靡所不已。法身无象，谁云自他?圆鉴灵照于其间，万象体玄而自现。”[③]无自无他，圣人无心，触目会道，自然与万法为一。无知而无不知，无为而无不为，只有“空虚其怀”，无我无心，从而才能“冥心真境”，“彻见法源”，达到“智法俱同一空”，而万物与我为一的审美极境。所以在禅宗美学看来，禅以及自然宇宙与社会人生的“至理”不是什么别的，都是以“生”为动力的对圆满具足的“本心”之美的不懈追摄。具有圆满之美的禅是众生之本性、生命之灵光，是解脱成佛之圣境、生命的自由境界，也是审美的最高境界。这种美和审美存在态的获得，皆源自“心”。那么，这里的“心”是指什么呢?它既不是真心，也不是妄心，而是集真妄于一身的自心、本性，是妄念不起、正念不断的当下现实之人心。它如“日出连山，月圆当户”[④]“一片凝然光灿灿”，既光明灿烂，又圆满具足，“天真而妙”[⑤]，具有光明圆满之美。所谓以“心”悟“道”，就是“识心见性”以“自成佛道”、自达禅境。而“识心见性”乃是在般若观照的刹那间“识自本性”。“若识本心，即是解脱”，在这“识”“见”“悟”中，并没有识与被识、见与被见、悟与被悟，它只是自心自性的自我呈现、自我显露、自我观照、自我体悟、自达圆成。或者说，识与被识、见与被见、悟

① 《宏智禅师广录》。
② 《宏智禅师广录》。
③ 《五灯会元》卷五《石头希迁禅师》。
④ 《五灯会元》卷五《石头希迁禅师》。
⑤ 《五灯会元》卷十三《龙牙居遁禅师》。

与被悟都消融于自心的一种禅境与审美存在态之中，而达到生命本体与宇宙本体的圆融一体的至美至乐境界。

八

禅宗美学这种“以禅为美”“定慧一体”“道由心悟”“契自心源”“回光就己”“返境观心”的审美观念极具传统美学的民族特色，具有非常深厚的传统美学思想基础。它揭示了中国人生美学精神秘密的一个极其重要的因素，体现着中国人生美学追求自我生命与宇宙生命统一的审美特性，展现出中国人生美学是人生美学注重生命体验的丰富内容。在中国人生美学看来，美的生成与审美存在态的创构，离不开审美者的投入和主导作用，需要审美者的心旌荡荡和心灵领悟，必须“中得心源”，“因心而得”。因此，中国人生美学极为重视人与人生。以人为中心，通过对“人”的透视，妙解人生的奥秘，也揭示宇宙生命的奥秘，是中国人生美学确立思想体系的要旨。也正由于此，所以中国人生美学强调心灵感悟，要求审美者应在一种空明澄澈的审美心境中进入到自己内心世界的深处，去“游心内运”“神游默会”，以把握生命本源。

所谓“游心内运”“神游默会”又称“内游”“心游”“神游”，就是指心灵的览观和体验。它要求审美者必须保持一种玲珑澄澈之心去玄览物象，在静穆的内视中，去参悟宇宙的微旨，与自然的生命节奏妙然契合，在“虚静”中洞彻心灵奥秘，洞见宇宙精神，直视古今，达到无所不想其极的审美存在态。充塞天地之间的元气是物质生命的凭借，人的生命也来源于这种元气；物与人不是相衡相峙的异己对象，而是与人息息相通的生命本体，“守其神，专其一，合造化之功”（张彦远语），人的生命节奏就可以与自然万物的生命韵律相合拍。因此，在中国人生美学所主张的“内游”式审美体验活动中，审美者“身不离于衽席之上，而游于六合之外，生乎千古之下，而游于千古之上”[①]。故郝经主张：“持心御气，明正精一，游于内而不滞于内，应于外而不逐于外。常止而行，常动而静，常诚而不妄，常和而不悖。”[②]这样，人心“如止水，众止不能易；如明镜，众形不能逃，如平衡之权，轻重在我；无偏无倚，

① 郝经：《内游》。
② 郝经：《内游》。

无污无滞，无挠无荡，每寓于物而游焉”，从而则能充养其道德气质，使其心中胸中之“卓尔之道，浩然之气”涌跃澎湃，“巍乎与天地一”，以达到极高的审美存在态。在审美活动中，始能促使深层生命意识的涌动，在无意识中自在自为地让自我情愫飘逸到最渺远的所在，于静中追动，在蹈虚逐无中完成审美构思体验，获得宇宙间最精深的生命隐微，从而创作出艺术的珍品。我们知道，人既是自身活动的审美者，也是自身一切活动的发轫和归依。故中国人生美学认为，作为人掌握世界的一种特殊方式，审美活动实际上是人对自身本质特性与生命奥秘的一种自我发现、自我确证、自我观照和自我体验，是“饮吸无穷于自我之中”（宗白华语）；是“于自性中，万法皆现”；是“吾人而显示其浑然与宇宙万有之本体，则确然直指本心”[①]；是自证自悟，自我解脱；是要恢复本心，以合天人。正如孟子所指出的：“万物皆备于我矣，反身而诚，乐莫大焉。”[②]这里的“诚”，就是指诚明本心，既指一种极高的精神境界，也可以看作一种最高的审美存在态。“反身而诚”，则是指人通过对道德意识的自我体认，以及对实践经验的内心体验，以完成从心理学到哲学、美学境界的超越，而认识自我、体验自我、发现本心并把握本心，由此以体知天理，达到与天道合一，也即达到天人合一的极致审美存在态，从而悟解宇宙万物生命的奥秘。故而《中庸》说：“诚者，天之道也；诚之者，人之道也。诚者，不勉而中，不思而得，从容中道，圣人也。”又说：“唯天下至诚，为能经纶天下之大经，立天下之大本，知天地之化育。”“诚则明矣，明则诚矣。”可见，“诚”也就是“诚明”“大清明”“玄览”“灵明”“兴会”等生命与心灵获得极大自由的境界。我们知道，作为宇宙万物的生命本体与本原，“道”是“视之不可见，听之不可闻，搏之不可得的”，必待“观之以心”，凭审美者自由的心灵去体验，通过“尽心”“思诚”“至诚”“诚之”，始可能超越包罗万象、复杂多样的外界自然物相，超越感观，以体悟到那深邃幽远的美妙生命本原——“道”。故而，可以说，正是由于注重这种对“道”的审美活动，才使中国人生美学把审美的重点指向人的内心世界，并由此影响禅宗美学，形成其“道由心悟”“即心即佛”的审美特性。并且，在中国人生美学看来，人的心、性本体就是一种主客、天人合一的原始统一体，故而“尽心”“思诚”则能使万物皆备于我。

是的，尽性知天，以诚为先，穷神达化，天人合一。正如《中庸》所指出

① 熊十力：《新唯识论》。
② 《孟子·尽心下》。

的："唯天下至诚，为能尽其性；能尽其性，则能尽人之性；能尽人之性，则能尽物之性；能尽物之性，则可赞天地之化育；可以赞天地之化育，则可以与天地参矣。"人在审美活动中的内心体验，乃是全身心参与其中的感悟和穿透活动，它灌注着人的生命，是人的精神在总体上的一种感发和兴会，也是人的精神的自由和解放，所以，能使人在一种切入和生命的挥发中把握到自己的本心，认识自我，体验到自然之道与宇宙精神，达到与万物合一，体悟到"参赞天地之化育"的生命创造的乐境，进入"与天地参"的审美极境。应该说，所谓"反身而诚"，亦就是中国人生美学所推崇的"游心内运""收视反听"这种审美活动方式的具体体现。唐李翱《复性书》说："其心寂然，光照天地，是诚之明也。"又说："道者至诚而不息者也，至诚而不息则虚，虚而不息则明，明而不息则照天地而无遗。"在他看来，"诚"是"道"，也是至静至灵、寂然不动的本心，人们只要通过自我体认，"反身内游"，以归复"诚明"的本心——内在生命，那么就能够让内在生命之光照亮天地万物，领悟到天地万物生命的微旨妙谛。不难看出，这里的"其心寂然，光照天地"与禅宗美学所谓的"默游内观""神静心空""皎然莹明""彻见法源"；所谓的"缄默之妙，本光自照""廓落无依，灵明自照"等命题的审美意旨是根本一致的。审美活动中，审美者要保持自由心灵的飞翔，必须依靠人体脏腑的"和"与有机体的有序，而这"和"与有序又必须依靠生命之"气"的"静"。故而要达到"光照天地"、以天合天，使人体生命之气融合自然万物之心，则必须保持"其心寂然""神静心空"，使心境"皎然莹明"，才能"神凝气聚，浑融为一"[①]，而使"本光自照""灵明自照"，以"彻见法源"，而进入"内不觉其一身，外不知其宇宙，与道冥一,万虑俱遗，溟溟一如"[②]，物我贯通，天人合一的审美存在态。

道家美学认为，人的本心即赤子之心，亦即童心，是未受过世俗杂念染化的本初之心。禅宗美学则谓"本心"为"清净本原"之地，宋明理学美学谓"本心"为"明莹无滞"之所。人的自然本心原是直通自然宇宙的生命底蕴的。审美活动中，审美者必须"观之以心"，通过心灵体验，尽心、尽诚、持气、御气，从而始可能超越包罗万象、复杂丰富的外在自然物象，超越感观，以体悟到那种深邃幽远的宇宙万物的生命本体与美的本原"道"（气）。

---

① 王廷相:《雅述》上篇。

② 《易参同契发挥》。

我们知道，中国人生美学所标举的审美活动是审美者自我生命与客体生命的契合和认同。在这种由本心意蕴深沉的物我交融所达到的深深认同中，开通了人心与物象之间的生命通道，由“能体天下之物”而臻于“视天下，无一物非我”，最终审美者将宇宙生命化入自我生命，“以合天心”，从而获得生命的超升与审美的升华。人与自然万物都是“气”化所生，以“气”为生命根本，“游气纷扰，合而成质者，生人物之万殊”，因此，在审美活动中，人能归于本心，通过自我调节、自我完善，去除人的生理所带来的种种欲望，以创造出一个虚明空静的审美心灵本体；归复自然的本真，泯灭物我之间的界限，就能使人与天地万物合一。审美活动的最高境界是人的自得，自得其心，自得其性，自得其情。用庄子的话来说，就是“任其性命之情而已矣”[①](《骈拇》)所谓“任其性命之情”即是无拘无束、自由自在的率性生活.只有“任其性命之情”才能“自适其适”，任随其情之所由，心之所向、性之所致，让审美心灵在人的纯真本性中徜徉，则可以从中体验到生命的真谛与宇宙的微旨，达到与天性合一的宇宙之境。孟子说得最为明确：“尽其心者，知其性也，知其性，则知天也。”[②]人性乃人心之本性，本之于天，故人性与天性是合一的。作为宇宙生命与美的本原的“气”（道）早就孕育在人的本心之中。即如熊十力所说：“本心亦云性智，是吾人与万物同具之本然。”[③]人原本能够灵光独耀，迥脱根尘，如此，则能体露真常，臻于本心，以真达生命的本原。但由于受外界事物的干扰与世俗杂念的侵扰，使人放弃了本心，要想重新达到人性与天性合一，则必须摆脱世俗杂念，超越自我的形体与心智，消除物我、意象、情景、主客之间的对立和差别，建立起物我统一、意象一体、情景交一、主客一致的关系，才能在静穆的观照中与宇宙万物活跃生命的节奏韵律冥然契会，以达到同天地相参，同化育相赞，即“人与天地万物为一体”，与万物同致的境界。只有这样，始能认识万物，把握万物之道，从发现万物之道中发现自身生命之美，妙悟宇宙人生的秘密。

---

① 郭庆藩:《庄子集释》，北京：中华书局，1978年。

② 赵岐注，孙奭疏:《孟子注疏》（十三经注疏本），北京：中华书局，1980年。

③ 熊十力:《新唯识论·语体文本》，北京：中华书局，1994年，第548页。

第九章　以避世求独乐的隐逸审美风尚

中国现代著名作家林语堂在谈论中国人的民族特性时，曾有过一个比较精辟的见解，说，中国人都是天生一半道家主义者和一半儒家主义者，他们把道家的出世哲学和儒家的入世哲学有机地结合在一起，形成了自己既超时又超脱的生活态度和生活方式。前者表现为中国人在现实生活中弘毅进取，积极入世，以天下兴亡为己任；后者则表现为心不为物役，对功名利禄、荣辱得失抱一种超然洒脱的态度，既不斤斤计较、患得患失，也不为金钱、地位、荣誉所感、所动、所累，视功利如粪土，看富贵如浮云。也正是由此，从而形成极具民族特色的中国隐士文化。

一

作为中国人生美学的重要组成，隐士文化的形成与道家思想的影响分不开。老子推崇“见喜抱朴，少私寡欲”的生活方式。在他看来，文采使人目眩，音乐使人耳聋，美味使人败坏口味，驰骋狩猎则会令人心发狂。因此，他推崇“柔”，认为最好的人生态度就是像水一样，“利万物而不争”，以柔弱胜刚强。基于此，老子认为最高的“人”之审美生存方式与生存态势就是“知足”，说：“祸莫大于不知足，咎莫大于欲得。故知足之足，常足矣。”[①]这就是说，没有

① 朱谦之:《老子校释》，北京：中华书局，1984年。

比不知足更大的祸害了，没有比贪得无厌更大的罪过了。知道什么地步就该满足了的人，永远会自得其乐。所谓“知足者常乐”。也就是说，人要使自己一生愉悦欢乐就得与世无争，以退为进。自然无为。

庄子进一步发展了老子的这种思想。庄子认为，人来自自然，本性是自由的，文化束缚、扭曲和摧残了人的本性，使人的精神失去自由，陷入痛苦的深渊而不能自拔。在他看来，精神自由和个人尊严远远地高于金钱、权力和荣誉，才是人的最高存在价值，因此，人生应努力追求人格的尊严和维护自己独特的个性，使它们免遭物欲享乐主义的摧残。在现实生活中，人应当采取一种非常豁达超脱的生活态度，以面对生活中非人力所能消除的各种不幸，提高自己的精神境界，摆脱低级趣味，开拓自己的胸襟，净化自己的灵魂。能以这样态度来对待人生，那么，什么名誉地位、荣辱进退，都可以淡然处之。庄子认为，宇宙万物的本性就是自由自在，自然万有都是自由存在的，“尽管“吹万不同”，窍响各异，但都各得其所，凫不羡鹤胫之长，鹤亦不慕凫之胫短，泽雉“十步一啄，百步一饮”[1]（《养生主》），不求养在笼中成为精神贵族。故而，自由自在，无拘无束，天马行空，独往独来，与大道同在，与天地为一，没有好恶、是非、美丑，忘掉利害、得失、生死，就是顺乎自然本性，也就是人应该追求的最高“人”之审美生存方式与生存态势。要达到此，庄子主张必须采取“隐”的人生态度，即不与统治阶级合作，超越种种世俗的价值观念，以维护自己的人格尊严，获得精神上的绝对自由。《庄子·缮性》篇说：“隐，故不自隐。古之所谓隐士也，非伏身而弗见也，非闭其言而不出也，非藏其知而不发也，时命大谬也。”在《秋水》篇中，庄子则以神龟自比，表明自己甘心“曳尾于涂中”，还以鹤雏自况，明己甘处之心志。在《刻意》篇，庄子更是明确表示自己要“就薮泽，处闲旷，钓鱼闲处，无为而已矣”。

道家哲人所标举的这种人生的诗意生存态度，对后来的士大夫文人产生了深刻的影响，尤其是仕途不顺，理想与抱负不能实现时，他们则独善其身，走向山间林野，以摆脱功名利禄的诱惑与尘世的喧嚣，超越世间的种种污浊与是非。如东方朔在《七谏》中就多次提及：“怀计谋而不见用兮，岩穴处而隐藏。”严忌在《哀时命》中也感叹说：“身既不容于浊世兮，不知进退之宜当”，“时厌饫而不用兮，且隐伏而远身。”“伯夷死于首阳兮，卒夭隐而不荣”。隐居是

① 郭庆藩：《庄子集释》，北京：中华书局，1978年。

由于不得已而为之。世风日下，纲纪失坠，王道不见，霸道横行，大义不存，人欲横流，对此，保持自身的高洁，急流勇退，乘一叶扁舟游于五湖之上就成了中国士大夫文人的最佳选择。并且，居官仕出者也有不尽如人意处，因为他们如班固《两都赋序》所言，毕竟只是帝王的“言语侍从之臣”而已，为“主上所戏弄，倡优畜之”（司马迁《报任安书》）。于是像东方朔《答客难》《悲有先生论》等仍牢骚不断。董仲舒、司马迁则作《士不遇赋》《悲士不遇赋》等，抒发竞于仕进却无法真正将才华识略展露出来的时代悲哀。并且功臣显宦大量被杀，仕进风险不免令人深有所感。《紫芝歌》言：“唐虞世远，吾将何归？驷马高盖，其忧甚大，富贵之畏人兮，贫贱之肆志。”还有一些作者托名许由、箕子、曾子、庄周所作的《箕山操》《归耕操》《引声歌》等所表现的都是这种情调。汉乐府《满歌行》：“为乐未几时，遭时崄巇，逢此百罹，零丁荼毒，愁苦难为。遥望极辰，天晓月移。忧来填心，谁当我知。戚戚多思虑，耿耿殊不宁。祸福无形，唯念古人，逊位躬耕。遂我所愿，以兹自宁。自鄙栖栖，守此末荣。”乐府最盛的时代也正是屠戮大臣最多的武帝时期。如《汉书·公孙弘传》载：“其后李蔡、严青翟、赵周、石庆、公孙贺、刘屈氂继踵为丞相……唯庆以惇谨，复终相位，其余尽伏诛云。”又《汉书·匡张孔马传赞》谓：“其后蔡义、韦贤、玄成、匡衡、张禹、翟方进、孔光、平当、马宫及当子晏咸以儒宗居宰相位，服儒衣冠，传先王语，其酝藉可也，然皆持禄保位，被阿谀之讥。”统治者滥施淫威造成对士大夫文人人格的摧折，更免不了让人痛苦不已。

东汉中叶以后，仕进的察举之权已为门阀世族所操纵和利用。他们左右了当时的乡闾舆论，使察举滋生了种种腐败的现象，与要求参与政治的中小地主及其知识分子产生了尖锐的矛盾，加上政局不稳，居官者险象环生，从而迫使部分文人拒绝出仕为官，甘愿隐于田园，或纵情山水，以求身心的自由自在。《后汉书·符融传》载当时豪右名士控制乡里清议：“三公所辟召者辄以询问之，随后臧否，以为定夺。”这种情形，显然在人慑于仕进风险的同时，加重了标榜退处隐居、以清高自重的风气。如班固就在《汉书》中称：“自园公、绮里季、夏黄公、郑子真、严君平皆未尝仕，然其风声足以激贪厉俗，近古之逸民也。若王吉、贡禹、两龚之属，皆以礼证进退云。”[①]

可见，儒家“以礼节情”的伦理道德思想在处理人与社会关系的关系之

① 《汉书·王贡两龚鲍传》;《后汉书》中的《周党传》《仲长统传》等也有类似记载。

中逐渐强固，重名务虚乃是务实明智之举。直至魏晋时的九品中正制，后进学子若要显达，必须有前辈称誉，社会才肯定承认。如冯胄“常慕周伯况、闵伯叔之为人，隐处山泽，不应征辟”。[①] 又张衡在其《七辩》中，则以隐逸的“无为先生”和相劝出山的“七子”各为一方，“无为先生，祖述列仙，背世绝俗，唯诵道篇。形虚年衰，志犹不迁”，他终日“淹在幽隅，藏声隐景，划迹穷居”。其志趣、行为均与世俗相乖。于是“七辩”相谋，前来劝说。负责招隐的“七辩”是由“七子”组成的群体，即虚然子、雕华子、安存子、阙丘子、空桐子、依卫子、仿无子等。他们轮番上场，规劝无为先生结束隐逸生活。前六子分别对无为先生大讲宫室之丽、滋味之丽、音乐之丽、女色之丽、舆服之丽与神仙之丽六事，意在呼唤无为先生归来享受。前五人之言均未能动摇隐士之心，而当依卫子讲到神仙之丽时，无为先生乃兴而言曰：“吁，美哉！ 吾子之诲，穆如清风。启乃嘉猷，实慰我心。”虽发此言，可依然是“矫然倾首，邪睨玄圃。轩臂矫翼，将飞未举”。他似乎仍有疑虑，不想放弃隐逸生活。最后是仿无子登场，彻底感化了无为先生。仿无子曰：“在我圣皇，躬劳至思。参天两地，匪怠厥司。率由旧章，遵彼前谋。正邪理谬，靡有所疑。旁窥《八索》，仰镜《三坟》。讲礼习乐，仪则彬彬。是以英人底材，不赏而劝，学而不厌，教而不倦。于是二八之俦，列乎帝庭。揆事施教，地平天成。然后建明堂而班辟雍，和邦国而悦远人。化明如日，下应如神。汉虽旧邦，其政惟新。”而先生乃幡然回面曰：“君子一言，于是观智。先民有言，谈何容易。予虽蒙蔽，不敏指趣，敬授教命，敢不是务。”

不难看出，仿无子之所以能说服无为先生，在于他构设了一派礼乐文明的盛世景象。在这里，明君躬劳至思，唯遵先王之道，讲礼习乐，仪则彬彬；天下英才，亦专心于名教，共事朝廷；于是，邦国和而远人悦。如此祥和的盛世景象，倘若夫子在世亦必生羡慕。故无为先生听后，幡然回面，终于回心转意，接受教命。尽管隐者最终得出，却备见其难。必须有明君与美政的出现。

这种审美价值诉求在张衡的《归田赋》表述得最为明显，赋中索性直言：“苟纵心于物外，安知荣辱之所如？”《文选》李善注云：“《归田赋》者，张衡仕不得志，欲归于田，因作此赋。”《归田赋》是张衡晚年写的。随着政治环境的进一步恶化，张衡身在帷幄，终日如履薄冰。《后汉书》本传记载他迁任侍

① 《后汉书·方术传》，又《主文传》多有记载。

中之时的一件事："帝引在帷幄，讽议左右，尝问衡天下所疾恶者。宦官惧其毁己，皆共目之，衡乃诡对而出。阉竖恐终为其患，遂共谗之。"在这样的处境中，张衡感到身心疲惫，连朝隐都不想继续下去了。永和初，出任河间相，视事三年，张衡便上书乞骸骨，同时写下了这篇《归田赋》以宣寄情志。《归田赋》集中表达了张衡厌倦官场、向往离世绝俗的田园生活。赋作开篇交待自游历京师以来仕不得志的境况，并由此而产生超尘绝世之志。赋曰："游都邑以永久，无明略以佐时；徒临川以羡鱼，俟河清乎未期。感蔡子之慷慨，从唐生以决疑；谅天道之微昧，追渔父以同嬉。超埃尘以遐逝，与世事乎长辞。"张衡既感天道微昧，便想到追嬉渔父而超尘绝俗，遐逝长辞。正是因为有了与世事长辞的决绝之心，所以张衡能彻底摈弃世俗功利，用审美的眼光来欣赏田园美景。于是，《归田赋》中就有了那段被后人推崇的写景文字：于是仲春令月，时和气清。原隰郁茂，百草滋荣。王雎鼓翼，鸧鹒哀鸣，交颈颉颃，关关嘤嘤。于焉逍遥，聊以娱情。真正是"纵心于物外"，寄情于美景之中。不仅如此，《归田赋》还具体描写自己优游闲适的田园生活以及荣辱两忘的心境："尔乃龙吟方泽，虎啸山丘。仰飞纤缴，俯钓长流。触矢而毙，贪饵吞钩。落云间之逸禽，悬渊沉之魦鰡。于时曜灵俄景，系以望舒。极般游之至乐，虽日夕而忘劬。感老氏之遗诫，将回驾乎蓬庐。弹五弦之妙指，咏周孔之图书。挥翰墨以奋藻，陈三皇之轨模，苟纵心于物外，安知荣辱之所如！"与险恶的官场相比，这里没有了尔虞我诈，也无须摧眉折腰；或仰飞俯钓，或弹琴挥墨，一切皆随心所欲。置身于此，张衡心中便有了前所未有的解脱与愉悦，并由衷地发出"苟纵心于物外，安知荣辱之所如"！对于隐逸生存方式，东汉末年有不少文人在赋作中表述了一种向往。如赵壹《刺世疾邪赋》云："邪夫显进，直士幽藏。"在外戚与宦官相互倾轧的时代，既然不能立德立功，那么就选择隐逸生存方式，以"避害"。对此，蔡邕在《述行赋》也有蒿目时艰，"复邦族以自绥"之叹。

宦途险恶，对严酷的政治和压抑人的个性的社会现实的不满甚至使贵为王侯的曹植也不免有出处之嗟，追求与世隔绝的隐士生活，以求身心宁静的向往。他一方面表露自己积极进取的人生观，在《求自试表》中他流露了"功存于竹帛，名光于后嗣"的人之生存态，另一方面又不甘违心屈节，何况他心中也清楚地知道当道者无论如何也不会见用于他，于是《九愁赋》不禁以屈原自诩："宁作清水之沉泥，不为浊路之飞尘。"尽管他时时高呼"闲居非吾志，甘心赴国忧！”(《杂诗》) 但“时俗薄朱颜，谁为发皓齿？”(《杂诗》) 无奈只得“盛年处房室，中夜起长叹”(《美女篇》)。至于《七启》中隐士的悔悟：“至闻天下穆清，明君莅国。览盈虚之正义，知顽素之迷惑，今予廓尔，身轻若飞。愿反初服，从子而归”(出仕)。就更是明白地表现了他对超脱的人格理想与人之审美生存方式与生存态势的追求。日本学者兴膳宏就曾指出，东汉后“七”体作者把劝说对象从枚乘原作中的诸侯太子改成隐士，“是一种时代精神的反映”①。

正始之际司马氏专权下的政治酷劣，使嵇康、阮籍等人有了更清醒的归隐选择。阮籍《咏怀》中屡称自己，云：“宁与燕雀翔，不随黄鹄飞。”(之八) 又云：“岂与鹑鹑鷃游，连翩戏中庭。”(之二十一) 嵇康也承认终因出处殊途而与旧友分手②。他还提倡只有“循性而动，各附所安”，就可以“处朝廷而不出，入山林而不反”，实质上还是想全身存性，如同野生禽鹿，“虽饰以金镳，飨以嘉肴，逾思长林而志在丰草也”③。他在《四言赠兄秀才入军》组诗中更以远游无累为乐：“安能服御，劳形苦心？”“安得反初服，抱玉宝六奇？”强烈地表现了归隐山林、以清高自重的志向。自嵇康始撰《蜀圣高士传》，皇甫谧《高士传》《逸士传》，张显《逸民传》，虞槃佑《高士传》、孙绰《至人高士传》，又阮存《续高隐传》、周弘让《续高士传》等累累问世。《后汉书》始创《独行列传》《逸民列传》，其后《宋书》《晋书》《南史》《北史》《隋书》等均辟有《隐逸列传》。专心思处，以隐逸自得的情趣给两晋诗文增添了不少乐观与自觉色彩。“是时王政陵迟，官才失实，君子多退而穷处。”(《晋书·文苑传》) 许多已入仕途的文人亦不免宦路蹭蹬。以至于在朝为官的潘岳也低沉而轻松地吟出：“器非廊庙姿，屡出(外放)固其宜。徒怀越鸟志，眷恋想南枝。”④ 幻灭的左思转念自慰：“被褐出阊阖，高步追许由。振衣千仞冈，濯足万里流。”⑤ 失意的陆机虽凄然自叹：“盛门无再入，衰房莫苦开。人生固已短，出处鲜为谐。”⑥ 离京的谢朓则庆幸地写道：“既欢怀禄情，复协沧洲趣……虽无玄豹姿，终隐

---

① ［日］兴膳宏：《六朝文学论稿》，彭恩华译，长沙：岳麓书社，1986年，第410页。
② 《与吕长悌绝交书》《与山巨源绝交书》，《全三国文》，第1322页，第1321页。
③ 《与吕长悌绝交书》《与山巨源绝交书》，《全三国文》，第1322页，第1321页。
④ 《在怀县作诗》，《先秦汉魏晋南北朝诗》，第634页。
⑤ 《咏史》，《先秦汉魏晋南北朝诗》，第733页。
⑥ 《折杨柳行》，《先秦汉魏晋南北朝诗》，第659页。

南山雾。”[①]成公绥《啸赋》、挚虞《思游赋》等将此时士大夫文人的群体心理描绘得出神入化。如后者的“借之以身，假之以事，先陈处世不遇之难，遂弃彝伦，轻举远游……”傅咸《申怀赋》也谓：“塞贤哲之显路”，遂欲“永收迹于蓬庐”。而“屡借山水以化其郁结”[②]的孙绰，在《遂初赋》中表白其幼就倾慕庄、老，“带长阜，倚茂林，孰与坐华幕，击钟鼓者同年而语其乐哉！”缘其山林之乐中蕴含着自然美价值，归隐山林、以避世求独乐，让人“澄怀味道”，“神超形越”，愈益成为人们追求的人之审美生存方式与生存态势。

正是在这种隐逸文化传统与时代氛围中，陶渊明和谢灵运将“归隐田园，纵情山水”，避世求独乐的审美情趣发展到极致。

官宦世家天然的优越感，使谢灵运具有浓重的念故恋国之情，晋亡宋兴也使他的心灵遭受极大的创伤：“韩亡子房奋，秦帝鲁连耻。本自江海人，忠义感君子”[③]；他自己认为：“君子有爱物之情，有救物之能。”[④]于是谢灵运是身不由己，唯有“空对尺素迁，独视寸阴灭……语默寄前哲”[⑤]（《折杨柳行》其二）。化入世与出世两难为入世与出世两便：“达人贵自我，高情属天云。兼抱济物性，而不缨垢氛。”[⑥]（《述祖德诗》）就主观方面讲，谢灵运的寄情山水是暂时的，是以隐逸为进入仕途的捷径；就客观方面看，作为贵族后裔的他更为当时的统治者所注意，其隐居山林是受外力逼迫。因此这位一生中两次归隐三次出仕的诗人在《山居赋》中自注道：“性情各有所便，山居是其宜也。”[⑦]显而易见，他是以隐居山林暂时性地立命安身，一有机会便还要“出仕为官”。

躬耕南亩的陶渊明居处田园则带有永久性。他到后来基本弃绝了仕进。渊明虽也受某些外力胁迫才归隐，但在这外力下的深层结构变化较大，对整个官场仕途的否定意识甚为强烈。弃官归里时言：“误落尘网中，一去三十年。”[⑧]（《归园田居五首》其一）满是挣脱樊笼的快意；“高操非所攀，谬得固穷节。平津苟不由，栖迟讵为拙。”[⑨]是隐居田园，以达观的态度对待生活，节制自己

---

① 《之宣城郡出新林浦向板桥》，《先秦汉魏晋南北朝诗》，第1429页。

② 《三月三日兰亭诗序》，《全晋文》，第1808页。

③ 《临川被收》，《折杨柳行》，《述祖德诗》，《先秦汉魏晋南北朝诗》。

④ 《游名山志》，《全宋文》，第2616页。

⑤ 《先秦汉魏晋南北朝诗》。

⑥ 《先秦汉魏晋南北朝诗》。

⑦ 《全宋文》，第2604页。

⑧ 逯钦立校注：《陶渊明集》，北京：中华书局1979年，第40页。

⑨ 逯钦立校注：《陶渊明集》，北京：中华书局1979年，第78页。

的无穷物欲，不追求自己难以达到的东西，获得身心放松、精神愉快后的肺腑之语。所谓“目倦川途异，心念山泽居……聊且凭化迁，终返班生庐”[①]（《癸卯岁十二月中作与从弟敬远》）。则是借班固赋中之语明己心志。“园田日梦想，安得久离析”[②]（《乙巳岁三月为建威参军使都经钱溪》）；“吾生梦幻间，何事绁尘羁？”[③]（《饮酒其八》）超脱于滚滚红尘，过上自然、质朴的生活，以求得身心的自由自在乃是“质性自然，非矫厉所得”。在对个体生命价值认真审视后，诗人终于顿悟：“何不委心任去留，胡为乎惶惶欲何之，富贵非吾愿，帝乡不可期。”（《归去来兮辞》）唯其如此，陶渊明的归隐田园的选择才更决断。看他所作虽平心静气，却吐出了骚动于心的郁勃垒块。为维护个体人格尊严，陶渊明归隐田园，保持内心的宁静平和，追求更高的超越流俗的精神价值，处于不仕，仕而辞官。极颂隐居的快悦，正为消减的烦恼，避世求独乐，以隐居的有价值反照趋时为官的无价值。

二

到自然山水中去，敞开自己的心扉，与自然相融相合，以忘掉自我、消解自我，是中国隐逸文化所推崇的避世求独乐，消解悲剧意识，化悲为乐的重要途径之一，也是中国人生美学中以避世求独乐的隐士文化的一种生动体现。如李白在对入世与求仙失望之后，就曾想投入纯粹的自然怀抱：“空谒苍梧帝，徒寻溟海仙。已闻蓬海浅，岂见三桃圆。倚剑增浩叹，扪襟还自怜。终当游五湖，濯足沧浪泉。”[④]（《郢门秋怀》）的确，如前所说，儒家“修身、齐家、治国、平天下”是中国士大夫文人所追求的万世不变的理想，但是，为了安抚那些失败的追求者，平衡其心态，士大夫文人还有一条后路，这就是“达则兼济天下，穷则独善其身”。“穷”，仕途不顺达本是悲剧，但也不能乱来，应独善其身，管好自己，保持本来也许应该对之询问的节操。要较好地独善其身，自然山水是具有物质实体性的精神寄托。我们曾经提到，孔子就曾一方面提出

① 逯钦立校注：《陶渊明集》，北京：中华书局1979年，第71页。
② 逯钦立校注：《陶渊明集》，北京：中华书局1979年，第79页。
③ 逯钦立校注：《陶渊明集》，北京：中华书局1979年，第91页。
④ 逯钦立校注：《陶渊明集》，北京：中华书局1979年，第159页。

"知(智)者乐水，仁者乐山"[①](《论语·雍也》)的理论，另一方面对其弟子"暮春者，咏而归"(《论语·先进》)的逸情非常欣赏。仕途失意时，甚至世人皆醉你独醒，举世皆浊你独清，你也并不是孤独的，你可以在自然山水中获得安慰和支持。

受道家的影响，隐士文化以一种与天合德的自由精神抬高了自然物的意义。特别经过魏晋玄学，山水自然成为以形媚道的畅神之物。仕途失意之人，渴望一种清闲；超脱生活之士，可以在与局促的社会政治圈相比，自由度显得相当宽阔的自然山水中去发现一个快乐悦神的境界。隐居田园山水的生活方式以一种新鲜活跃的姿态向失意之人提醒一种新的人生观。仕途顺利，则可以信奉儒家理想去治国平天下；政治失意，则转向道家的人生观，归璞返真，回到自然的怀抱，与自然相亲相和，以平息自己心中的愤激和牢骚，这样，反而能更好地做到儒家圣人所要你做的安贫乐道。佛教禅宗在其修行观上与隐士的生活态度相接近，也崇尚自然山水。《六祖大师缘起外传》说惠能"游境内。山水胜处，辄憩止。遂成兰若十三所"。禅宗的精义也往往用自然形象来表达"青青翠竹，总是法身，郁郁黄花，无非般若"(《大珠禅师语录卷下》)。"问：语默涉离微，如何通不犯？师曰：常忆江南三月里，鹧鸪啼处百花春。"(《五灯会元》卷十一)禅宗从一丘一壑、一草一木中体会到宇宙生命的最深处。它和道家一样，以气韵生动的自然向失意之人昭示一种新的人生观，使失意之人转悲为乐。并且以其特有的超脱的修行方式显示了独特的魅力和价值，给中国避世为乐的隐逸文化增添了新的内容与色彩。

道家和禅宗都以儒家所必然会出现的"穷"为契机渗入士大夫的心中，这就是中国文化所谓儒道释互补。道释都以自然作为宽失意者之心的精神食粮，趋时无望则转而退隐超脱，避世求独乐。儒家本也是将自然用于此途的。从起源来说，儒家的自然是象征的自然(比德)，道家的自然是天然的自然(自然)，释家的自然是禅意的自然。从历史发展看，魏晋始，儒道自然融合为一，唐，儒道释三家自然融合为一，构成了中国文化中避世为独乐的隐逸文化。这种隐逸文化，集儒道释三家之精义，形成中国文化稳定结构的重要因素，成为中国悲剧意识的消解因素。

前面已经提及，谢灵运就主张通过自然山水来消解自己的悲剧情怀。《宋

---

① 程树德:《论语集释》，北京：中华书局，1990年。

书·谢灵运传》载:“谢灵运生云:六经典文,本在济俗为治耳;必求性灵真实,岂得不以佛经为指南耶!”这就是说,谢灵运既在六经与玄学之间游转,又在玄学与佛教之间徘徊。入世不得意,就转向山水,以避世求独乐。他是世族大家,“因父祖之资,生业甚厚,奴僮既众,又故门生数百,凿山浚湖,功力无已。”他游山“伐木开径,从者数百人”。由于他的贵族气质,他游山玩水,寓目则书,体物精工,深得自然之美。诗中景物的一一罗列、出现、转换,他所获得的山水,与他生活中的获得物一样,显得“繁富”“富丽精工”。然而他纵情山水,采取一种与世无争的生活方式,又是为了排泄、平息自己的政治悲剧意识,以求得在一种超脱的心态下,使外物的诱惑力被内心的平静所化解,被更高的精神价值所超越。依玄学,“山水以形媚道,而仁者乐”(宗炳《山水画序》)。他也主动地在山水中去体悟玄学之道。谢灵运又是信佛的,他要在山水中去体悟的,还有佛学之境。当时的玄与佛,有分别,又有交叉、融通处。但谢灵运无论是为悟玄还是为体禅,都是要以一种价值的转换来消解悲剧意识。他的山水虽然像他的人格一样具有多重性,但毕竟是以消解悲剧意识,化悲为“乐”为主的。

禅宗在修行方式上有所谓“法不孤生,仗境而起”(《杂阿含经》);“心须不孤生,心缘外境”之说(《俱舍论》)。谢灵运要获得自我安慰,转忧为喜,化悲为乐,要寻求精神解脱,这就需要山水自然,也只有依靠山水自然,到自然的山水中去摆脱功名利禄的困扰,去过一种自然、质朴的生活,才能获得心灵自由。他的山水诗开篇总是显出自己的主动寻求,这是一颗未脱世俗之心,想要追求山水自然,靠境进入“禅室”。参禅进入禅室后,即开始对外物的观照、会悟。僧肇《般若无知论》云:“虚其心,实其照。”道安《安般注序》云:“即万物而自彼。”进入山水之后总是左右顾看,仰观俯察,远近游目,使自己整个身心都投入到自然山水中,去游心于宇宙万物,求得精神的自由与高蹈。在这种虚心观物中,谢灵运获得了不少山水的美景,“名章迥句,处处间起,丽典新声,络绎奔会”(钟嵘《诗品》)。“昏旦变气候,山水含清辉”。“密林含余清,远峰隐半规”。“初篁苞绿箨,新薄含紫茸”。“白云抱幽石,绿筱媚清涟”。似乎纯客观的景物描写中显示了诗人心情的平静,清词丽句本身透出了心情的愉悦,而山水中色彩、时间、生命、气韵的自然生发、流动、变蕊又给心灵带来超脱的欢悦。

在禅宗哲人看来,“从对外物观照中获得的认识,仍是一种恍惚凑泊的悟解，要达到完全的般若，还须把认识抽明上升到理念。'理者是佛'转变理念就是所谓'显法相以明本'。进而以'般若婆罗密'——'智渡'的功夫，'照'于自己身上，得以'圆常大觉'，最终解脱。"[①] 同样，谢灵运的山水诗总是在展示了令人赏心悦目的景色后，来两句亦禅亦玄的总结，以表现自己处于山水自然中，所达到的心物交融、身心自由愉悦、俯视宇宙人生的超然境界及其感受。通过山水的游历、欣赏，诗人在情景交融、心物一体，生命之流沟通相汇中，犹如经过一次参禅和玄谈一样，获得了宇宙人生之道。在他圆常大觉之时，悲剧意识全被消解了。从而他的山水诗总显出一种时间过程性，情感大都依时间的流动形成一个固定的程序：开始时，诗人总是怀着各种强烈的失落感与忧患意识进自然山水，通过对自然景物的观照，情感渐渐趋向淡泊，最后直至自己的整个生命都完全融进山水自然生生不已的生命韵律中，尔后再由叹赏（有些则通过问答式的物我交流）转为思考。最后明确表示已经转悲为喜，化忧为乐，心灵业已自由自在。

如果说，在谢灵运那里，山水是山水，玄禅是玄禅，因此山水的消解功能未能完全发挥出来的话，那么到王维，则将山水、禅意、艺术、审美融为一体，在中国人生美学中最充分地显出了山水化悲为乐的消解功能。王维也曾有过青春热血激荡的年华，这从他写的边塞诗非常慷慨激昂可以见出。但是很快他就转入悲观失望，由入世到出世，转入佛教和与佛教宇宙观相通的自然。用他自己的话说，是"一生几许伤心事，不向空门何处销"（《叹白发》）。佛教和自然确实平息了他渴望建功立业的焦灼心理，在避世求独乐中消解了他的悲剧意识。他先是在终南山，后又在蓝田辋川过自己的虽官实隐的生活。"虽与人境接，闭门成隐居"（《济州过赵叟家宴》）。闭门既是生活中的动作，又是心灵的象征。他要退出现实世界，不仅在生活里，而且在思想中与现实隔开来。由入世到出世，由官场到山林，这个心灵的大门不是那么容易一下就截然关上的。王维诗中离别写得特别情深意柔，但是这些都是生活中的离别，在情绪的隐层，也共振着与现世相别的暗绪，而且别情都以青山、绿水、春草、春色等浓烈的自然气息来渲染。他也确实要在自然中寻获一个不同于世俗和政治的人生，要在自然中去体察宇宙的本心。世俗与政治充满着拥挤和倾轧，自然里却是另一番情味："独坐幽篁里，弹琴复长啸，深林人不知，明月来相照。"

① 张国星：《佛学与谢灵运的山水诗》，《学术月刊》1986年第11期。

（《竹里馆》）“空山不见人，但闻人语响，返景入深林，复照青苔上。”（《鹿柴》）“人闲桂花落，夜静春山空，月出惊山鸟，时鸣春涧中。”（《鸟鸣涧》）这里，人是孤独的，是自我选择的孤独，就是要获得离开尘世的孤独。其实并不孤独，诗人与自然为侣，桂花、山鸟、幽篁、明月都是他的伴侣。通过此，诗人与尘世生活保持了一定距离，超脱金钱、地位、荣誉的诱惑，安心于孤独与寂寞。他正是在这孤独与寂寞中体味着自然和自我。他的自我也渐渐融入自然之中，与自然一体，达到一种无我的境界。无我之心已经和自然之心融为一体了。以无我之心观物，才能在一片静谧幽寂中体味到自然的生机、生动和热闹。

自然甚至可以说是火热闹艳的。自然本身的火热闹艳，完全不同于尘世和政治的火热闹艳，它再火热闹艳也还是静谧、幽寂的。人由自然之静幽冷寂体味到自然的生动闹艳，以超脱的情怀战胜了自身的孤独和寂寞感，进而体味到这极大的动闹之中的极大的静。由此，他获得了一颗宇宙之心，同时也获得了人生之情趣。人自身和自然一样即使在动闹中也可以显出感受到极大的静寂幽邃。自然界就是在色彩、音响、运动、节律中显出自己庄严而闲散，神秘而可亲的宁静幽邃的。而处于这样的自然中，在神秘的宁静幽邃气氛的熏陶下，人自然就放下了争逐之心、功利之念、贪欲之情，而达到一种与自然纯然合一的闲散悠悠的境界。人从自然山水中体会到宇宙的生命韵律，直达生命的本原，以获得宇宙之心；又以这宇宙之心去体味自然和人生，就领悟一种超越尘世和政治的哲理，进入一种自然真趣之中：“桃红复含宿雨，柳绿更带春烟。花落家僮未扫，莺啼山客犹眠。”（《田园乐七首》其六）这是诗人身心的宁静。“兴来每独往，胜事空自知。行到水穷处，坐看云起时。偶然值林叟，谈笑无还期。”（《终南别业》）这是诗人生命的律动，无论动与静都含着一片禅机，一份悠意，一种超然，一种洗净烦恼的人生的情趣，怡然自得。人生的悲剧意识已被消解殆尽了。

唐代诗人白居易也喜欢走向自然，通过对自然山水的游历来消解自己的悲剧意识，以化悲为乐。但是尽管白居易曾在庐山香炉峰下林寺边筑起草堂、修仙学佛，但他骨子里始终信奉的是儒家穷达之道。他虽然未像王维那样通过价值转换，在自然里获得彻悟，却从自然那里获得了真正的安慰。西方哲人喜欢“拿别人的痛苦来取乐”，以消解自己的悲剧意识。西方的勇士在外面战得遍体鳞伤，就逃到爱人身边，得到一份温存，一种安慰。中国士大夫在政治上受到重创之后，往往逃到自然身边，避世以求独乐，从自然里得到温存和安慰。在这种安慰中，白居易已经真正地闲适起来了。面对温存美丽的自然，他吟出了“死生无可无不可，达哉达哉白乐天”（《达哉乐天行》）的诗句。然而，其审美价值观未能转换，从自然中悟道，只是安时处顺，从自然里乐天的人，内心最深处，总会有一丝苦味的。因此在一些时刻，他会沉痛地感慨：“外容闲暇中心苦，似是而非谁得知！”（《池上寓兴二绝》其二）自然要彻底地消解人的悲剧意识是不容易的，但可以大体消解人的悲剧意识。白居易不管有多少心中苦，在避世以求独乐中他基本上已通过在自然山水中游悦使自己整个身心都投入到自然的怀抱中去来达到身心的愉悦、闲适。

如果说白居易是从现实的悲剧中带着一颗要求平静自己的心走向自然、避世以求独乐的，自然也像慈母一样以温存的柔爱安慰了他痛苦的心灵，那么柳宗元则是带着一腔愤懑之情奔向自然、以避世求独乐的：“投迹山水地，放情咏《离骚》。”（《游南亭夜还叙志十七词》）自然成为他情感的投射物。柳宗元所贬之地柳州，本就是偏远的夷蛮之地，那里的景色犹如他的命运，是荒蛮凄硬的，又如他的心境，荒凉凄怆。环境、命运、心境合铸了他的山水文学的特色。而且，从艺术气质讲，柳宗元是一个主观的诗人，当他避世求独乐，以自然来消解自己的悲剧意识的时候，主要采取一种移情的方式。只有这些荒凉凄寂的自然才能承受得起他的荒凉之心、凄寂之情。因此这些荒凉凄硬的自然显出疏远性、刺激性的一面时，是他的命运感的投射。柳宗元诗文中的自然山水并不是与人对立的，而是人心人情的表现和象征，他以山水来表现自己的愤郁：“城上高楼接大荒，海天愁思正茫茫。惊风乱飐芙蓉水，密雨斜侵薜荔墙。岭树重遮千里目，江流曲似九回肠……”（《登柳州城楼寄漳汀封连四刺史》）这里所展现的自然山水既是眼下的景色，又含命运的隐喻，也是情感的旋律。芙蓉水、薜荔墙遭惊风密雨的乱飐斜侵，正如二王八司马遭反动势力的无情打击。他们的理想之路好像回肠一般的江流，曲折难通；他们的前途，也正被重重岭树一样的势力所遮掩……山水惊风乱飐，密雨斜侵，正合情绪的激烈，岭树遮目，江流九回，恰如心情的迷茫……自然山水在柳宗元的眼中，明显的是一种移情的自然。然而柳宗元奔向自然是为了避世求独乐，以山水消解自己的悲剧意识，这种移情方式发泄多，安慰少，悲剧意识难以消解。于是在柳州八记中，他想走另一条道路，去寻找美好的景物，以便更好地达到自己避世求独乐的愿望，进而消解自己的悲剧意识。他确实寻到了美好的景物：西山、钴鉧潭，钴鉧潭西的小丘，小丘西的小石潭、袁家碣、石渠、石涧、小石城山……然而，每当他寻到了一处美丽所在之时，就同时发现美丽的景物都有与自己惊人的相似之处。它们小巧，小丘仅一亩方圆，“可以拢而有之”，钴鉧潭“其清而平者且十余亩”；石渠“或咫尺，或倍尺，其长可十许步”……它们奇丽，有争为各种奇状的奇石；有“全石以为底”的奇潭；嘉木美树，虽未长在肥沃之土，却“益奇而坚，其疏数偃仰，类智者所施设也”。然而这些小巧奇丽的风物又都偏偏处于被人遗忘的角落，空有出众的形态、动人的神韵而无人赏识。

很明显，柳宗元想避世以求独乐，虽然寻到了美丽的景物，却还是摆脱不了自己观物的移情方式。他为这样的美景美物被置于偏僻无人之地而感叹、而询问:“噫，吾疑造物者之有无久矣。及是，愈以为诚有。又怪其不为之于中州，而列是夷狄，更千百年不得一售其伎！”(《小石城山记》)这既是伤景物，又是自伤，既是为景物叹息，又是为自己叹息。然而这些与自己遭遇相似的景物又毕竟是独立于自己之外的自然景物，他又的确在自然山水中找到了知己。于是抒情主人公对着这幽清奇丽之景“枕席而卧，则清冷之状与目谋，瀯瀯之声与耳谋，悠然而虚者与神谋，渊然而静者与心谋”(《小丘记》)。在避世求独乐中悲剧意识通过移情的山水自然得到了消解，并且移情的山水把自然的山水化为我之山水。人虽然在山水中因找到同类而获得知己的安慰，但山水却失却了高于人的性质，也失却了自己本有的、不以人的情感为转移的巨大力量。它不是高于人的安慰者，而是与人处于同一水平上的同病相怜者、知音者。移情的山水必须随人之情而变形。因此在避世求独乐中移情的山水消解悲剧意识的能力是最低的。

柳宗元是避世求独乐、以山水自然作为悲剧意识消解因素由盛转衰的一个关键人物。他的名诗《江雪》最典型地表现了隐逸文化中，那些士大夫文人采取避世以求独乐的生活方式，和在自然中去消解悲剧意识时心境的二重性及其转化的可能性:“千山鸟飞绝，万径人踪灭。孤舟蓑笠翁，独钓寒江雪。”热闹的千山万径，鸟飞人行一下子消失了，寒冷的江面上，孤舟独钓，一方面是离开了社会的巨大的孤独，另一方面又是社会上的凡夫俗子难以理解的一种独得的境界。既是最高的境界，又是最大的孤独，这两方面好像是非常对立的，又非常容易从一方面转入另一方面。最高的境界是最大的乐，最大的孤独又是最大的悲。山林隐逸之士的平衡心境，就是由这阴阳互含的两极构成的，它是最高境界的孤独，又是孤独的最高境界，从最大的孤独中体会到一种最高的境界，这是王维之路，从最高的境界中体会到一种最大的孤独，这是谢灵运之路。以这两极为核心，扩散，转换生成，就是各种各样的山水境界。

总而言之，在中国人生美学天人合一的总格局中，自然山水总是作为避世求独乐与悲剧意识的消解因素发挥作用。这在辛弃疾的诗词中，自然山水是作为诗人的至爱亲朋在发挥作用："甚矣吾衰矣，怅平生，交游零落，只今余几？白发空垂三千丈，一笑人间万事，问何物能令公喜？我见青山多妩媚，料青山见我应如是。情与貌，略相似……"（《贺新郎》）"宁做我，岂其卿，人间走遍却归耕，一松一竹真朋友，山鸟山花好兄弟。"——（《鹧鸪天》）投向自然的怀抱，犹如投向友人的怀抱，只有朋友一般的自然能使诗人转悲为喜。以自然为朋友，自然也具有人一般的性情，人就像对待朋友那样与自然交往起来："红莲相倚浑如醉，白鸟无言定自愁"（《鹧鸪天》）。这是对朋友心理的判断。"凡我同盟鸥鹭，今日既盟之后，来往莫相猜"（《水调歌头》）。这是对朋友的叮嘱。"窥鱼笑汝痴计，不解举吾杯"（《水调歌头》）。这是对朋友的嬉笑。"却怪白鸥，觑着人，欲下未下。旧盟都在，新来莫是，别有话说"（《丑奴儿近》）。这是对好友的猜问。"昨夜松边醉倒，问松：'我醉何如？'只疑松动要来扶，以手推松曰：'去！'"（《西江月》）这是与好友的醉戏。"青山意气峥嵘，似为我归来妩媚生。解频教花鸟，前歌后舞，更催云水，暮送朝迎。"（《沁园春》）。"午醉醒时，松窗竹户，万千潇洒，野鸟飞来，又是一般闲暇"（《丑奴儿近》）。"高歌谁和余？空谷清音起。非鬼亦非仙，一曲桃花水"（《生查子》）。这是与好友共乐。人与自然是亲朋好友。自然安慰了人，人也关心着自然："也莫向，竹边孤负雪，也莫向，柳边孤负月。"当自然落难时，人也为之忧愁："断肠片片飞红，都无人管，更谁劝，啼莺声住。"（《祝英台近》）。以自然为朋友，自然之愁，实际上是自己的愁。以自然为友，日暮春晚，秋风秋雨，总会牵出自己的愁。这是很容易走向柳宗元式的钟情自然山水："湖海早知身汗漫，谁伴？只甘松竹共凄凉"（《定风波》）。以自然为友，必然失去自然的超然性（如王维的禅境的自然），而化为一般人之性。那么，自然当然也像社会人一样，出现好坏之分，犹如花草在屈原那里一样。以自然为友暗含着自然之性以人之性为转移，于是在辛词中也会看到这类词句："昨日春如十三女儿学绣，一枝枝不教花瘦。甚无情便下得雨僝风僽，向园林铺作地衣红绉。而今春似轻薄荡子难久，记前时送春归后，把春波都酿作一江醇酎，约清愁，

扬柳岸边相候。”(《粉蝶儿》)

三

通过游历神仙世界以逃避与消解痛苦，也是隐逸文化中士大夫文人避世以求独乐、化悲为乐的重要途径。以老庄哲学为理论基础的道教继承了老庄的忘物、忘我、忘知、忘天下的功夫，同时又发明了神仙世界来避世独乐、消解人生的悲剧意识，化悲为乐[①]。道教的神仙世界主要是以《山海经》《庄子》《楚辞》等书中的神话故事为基础而建构起来的。《山海经》《楚辞》提供了各种禽兽模样及人面兽身、飞龙奔雀之类的神人原型，《庄子》提供了人形的至人、真人，“肌肤若冰雪，绰约如处子”的童颜俊生。从这些神人的性格特征看，《山海经》的神怪勇猛恶狠，《楚辞》的神富丽辉煌，《庄子》的真人至人淡泊逍遥。勇猛恶狠精致化为神仙们的各种法术力量，富丽辉煌扩展为神仙们的富贵和享乐，这就是天宫、三岛、十洲，十八洞天、三十六小洞天，七十二福地的富贵繁华之处。这些神仙避世以独乐，生活得自由无拘，不受生老病死的威胁，逍遥适意。道教在中国封建社会发挥的作用主要是以求福免灾驱鬼压邪来吸引广大下层民众，以长生不死，羽化登仙，永享富贵来赢得皇帝王侯。然而与道教相关的庄子的避世的自由精神和屈子愤而超越世俗的远游心态吸引着中国的士大夫，并与中国隐逸文化的避世以求独乐、化悲为乐意识有较深的关联。

老庄哲人强调的是神人一般的精神自由、超然物外的逸情。这种享有自由的神人，对于处于现实悲剧困境的士人来说，是有很大吸引力的，只要他们能够相信至人真人神人的存在，相信人通过一定的方式能达到至人真人之境界，那么他们就可以在精神上战胜物欲并消解自我，以获得心灵的超越。屈原的《远游》明显地写诗人自己如何由悲剧意识开始，又如何通过游仙来避世，以化悲为乐，并消解自己的悲剧意识，还展示了诗人自己内心不断矛盾的过程。远游的起因是巨大的悲剧意识“悲时俗之迫厄兮，愿轻举以远游”。而在雨师左侍，雷公右卫，忽儿召云师隆为先导，忽儿唤风伯飞廉为前驱的远游中，也还“忽临睨夫旧乡”，而且立即“思旧都以想象兮，长叹息而掩涕”。不过，这次是一番矛盾之后继续远行，游遍上下四方之后，终于在避世中求独

① 张法:《中国文化与悲剧意识》，北京：中国人民大学出版社，1989年。

乐："超无为以至清兮，与泰初而为邻"，化"悲"为"乐"，转忧为喜，获得审美的愉悦 。

秦以后，随着神话背景的消失，虽然生活在繁华富贵中的帝王们宠幸方士，炼丹服药，希望长生成仙，将富贵繁华的生活永远地延续下去，秦始皇甚至派人到海外去寻找蓬莱仙岛。然而士大夫文人是不太相信有真正的神仙世界的，但他们也不去认真探究其有无，而是采取存而不论的态度，顶多是"祭神如神在"。但屈原和庄子在士大夫文人的心中又始终占有一席之地，因此，当他们仕途不顺，陷入悲剧困境之时，他们就真心希望确实存在一个神仙世界，从而使他们能避世以独乐，让自己的心灵有一个平静的安顿处。因此我们看到一些典型的悲剧人物往往也写一点"神仙诗"，他们的悲剧心灵在寻求解脱。曹植就正是以《升天行》《五游咏》《远游篇》《仙人篇》《游仙诗》等作品构成了游仙的交响组诗。和《远游》一样，他所表现的是现实的局促、人生的不如意和世上的失落感。《游仙诗》云："人生不满百，戚戚少欢娱，意欲奋六翮，排雾陵紫虚。"《五游咏》："九州不足步，愿得凌云翔，逍遥八纮外，游目历遐荒。"于是诗人通过他飞升、轻举、远游，到蓬莱，抵昆仑，达文昌殿、太微堂，过王田庐……看到的是桂兰、玉树、琼瑶、玄豹、翔鹍、白虎……遇到的是仙人、玉女、湘娥、河伯、韩终、王乔……飘飘然逍遥自由，"东观扶桑曜，西临弱水流，北极登玄渚，南翔陟丹邱"（《游仙诗》）。

曹植是一个充满悲剧意识的人，他不断地用弃妇、游子，用离情来哭吟自己的悲剧情怀。"游仙"不过是他的心灵在极端痛苦中欲求解脱的一种挣扎罢了。他可以算作渴望通过神仙来避世以独乐，以消解现实痛苦的代表诗人。郭璞认真地研究过神仙。他为之作注的众多典籍有《穆天子传》《山海经》《楚辞》，因此他能够熟练地通过仙的形式来避世，以抒发自己的悲剧情怀。不过，正如何焯《义门读书记》所指出的："景纯《游仙》，当与屈子《远游》同旨。盖自伤坎壈，不成匡济，寓旨怀生，用以写郁。"

曹植在强迫自己相信神仙世界时的游仙避世中写出了自己飞升的快乐，郭璞的《游仙诗》则反复吟咏自己在世的悲伤："运流有代谢，时变感人思"（其四）。"静叹亦何念，悲此妙龄逝"（其十四）。"悲来恻丹心，零泪缘缨流"（其五）。他不像曹植那样一来就可以轻举飞升，而是想得多，游得少："逸翮思拂霄，迅足羡远游"（其五）。"悠然心永怀，眇尔自遐想"（其八）。很多时候，还觉得自己是不行的："虽欲思灵化，龙津未易上"（其十七）。"虽欲腾丹，云螭非我驾”（其四）。因此他的寻仙也充满了痛苦和艰辛。“寻仙万余日，今乃见子乔”（其十）。当他能够挽龙驷，乘奔雷，逐电驱风，在天上飞翔时，也还是免不了悲戚：“东海犹蹄涔，昆仑蝼蚁堆，遐邈冥茫中，俯视令人哀”（其九）。

如果说，曹植在强迫自己相信神仙世界的时候，的确做到了避世以独乐，以化“悲”为“乐”，完成了心理价值的转换，屈原《远游》在不断矛盾斗争中，寄托其政治抱负，避世以独乐，以转“悲”为“乐”，也完成了价值转换，而郭璞却似乎始终未完成这一转换，因此他的游仙十九首，只有三首（第六、九、十）算是仙境，还不如写山林隐士的篇数多。从《游仙诗》“其三”看，在郭璞的心中，山林隐士与仙是可以等同的：“翡翠戏兰苕，容色更相鲜，绿萝结高林，蒙笼盖一山。中有冥寂士，静啸抚清弦，放情凌霄外，嚼蕊挹飞泉。赤松临上游，驾鸿乘紫烟。左挹浮丘袖，右拍洪崖肩。借问蜉蝣辈，宁知龟鹤年。”在这首诗中山林冥寂士与赤松、浮丘、洪崖三仙人拍肩挹袖，犹如兄弟。从郭璞的《游仙诗》中，可以看出，仙人的特征是自由安闲的，隐士的特征则是安闲冥寂的。而自由无拘，孤寂安闲正是郭璞心灵的写照。因此《游仙诗》中三大情感特征：现世的悲忧、自由的精神、孤寂的心境，正是郭璞内心的三大真实写照。正因为如此，王夫之才强调指出：“步兵一切皆委之《咏怀》，弘农一切皆委之《游仙》。”（《古诗评选》卷四）认为郭璞的《游仙诗》与阮籍的《咏怀诗》一样，主要是抒发自己的悲剧情怀。钟嵘也说郭璞的《游仙诗》“乃是坎壈咏怀，非列仙之趣也”（《诗品》）。正因为郭璞内心并未完成人生价值的转换，而是以仙写愁，有的学者因此要把它作为中国悲剧意识的表达形式之一。陈祚明说：“《游仙》之作，明属寄托之词。”（《采菽堂古诗选》卷十二）刘熙载说：“《游仙诗》假栖遁之言，而激烈悲愤，自在言外。”（《艺概·诗概》）朱乾说：“游仙诸诗，嫌九州之局促，思假道于天衢，大抵骚人才士不得志于时，藉此以写胸中之牢落，故君子有取焉。”（《乐府正义》卷十二）

到了唐代，统治者把道教的祖师爷老子认作自己的祖宗，道教兴盛起来，从初唐到盛唐，国家强盛、富庶，现实生活对人有较强的吸引力。达官贵人特别希望长生不长、好永享荣华富贵，也特别希望羽化登仙，好在天上享受比地上更幸福的生活。在社会对神仙世界的普遍信仰中，很多士大夫都对神仙感兴趣，卢照邻、王勃、陈子昂、孟浩然、储光羲等人都写过梦仙或游仙之作。国势的强盛，生活的多彩，既刺激着士人的功名心，又召唤着士人对神仙的向往。正是在这个氛围中，产生了诗仙李白。中国的李白和西方的莎士比亚一样是说不完的。以中国人生美学转悲为乐意识的角度来看李白，他既有非常强烈的功名心，又对神仙非常有兴趣，他的功名心在现实面前破灭了，于是追求仙境，渴望避世成仙，以忘掉现实的不幸，转悲为乐。他对神仙境界的向往和追求，最典型地显示了中国人生美学中通过游仙以避世求独乐与化悲为乐的消解途径。

李白和中国的大多数士大夫文人一样，看得最重的是积极用世，建功立业。李白崇仰姜太公、鲁仲连、张良、诸葛亮，同时也非常崇仰孔子，未出蜀时写的《上李邕》表明了他对孔子的敬意。遭遇困厄、身陷囹圄时，他呼唤的是孔子（见《上崔相百忧章》），他临终时呼唤的，也是孔子（见《临路歌》）。对孔子的崇敬内含的是积极用世观念在心灵的主导作用，在诗中他经常抒发自己的理想志向："一生欲报主，百代期荣亲"（《赠张相镐》）。"身没期不朽，荣名在麟阁"（《拟古》其七）。对姜太公、张良、诸葛亮、谢安的倾仰，构成他积极用世的方式和特征。"他不象一般的读书人，走的是科举的道路，求的是一官半职，李白'不求小官，以当世之务自负'。他采取的是游说人主，直取卿相，一鸣惊人的非常手段，要达到的是'济苍生''安社稷''环区大定，海县清一'，济国安邦的大事业，要做的是像管仲、晏婴一类的'辅弼'大臣"。"为了猎取功名，引起皇帝的重视，得以召见，李白在未遇之前，可以说除了科举之外，他运用了一切手段：如任侠交游，纵横干谒，求仙学道，结社隐居等"[①]。终于在天宝元年，由东鲁入京，得到玄宗的召见。然而李白要想当的是诸葛亮，玄宗却只要他做司马相如。这种君臣意识上的根本差错，再加上最得盛唐之气的李白平素傲气侠风，道风仙骨，有不少"天子呼来不上船，自称臣是酒中仙"之类的趣事，终于弄得个"赐金放还"。这意味着李白"荣名在麟阁"之梦的破灭。很多时候，李白想能够像张良、鲁仲连那样功成身退，风流潇洒，而今却是功不成身先退。每念及此，李白内心就充满恋主的悲戚。他的功名意识非常强烈，也使其失落感异常浓重。每当这种时候，他心灵深处已有的求仙学道的兴趣又高涨起来。然而，以前的求仙学道是为了获得皇帝的注意和召见，而今的求仙学道却是为了消解因皇帝"放逐"而来的沉重的失落感及其悲剧意识。现世的功名是人的一生值得追求的东西，超世的神仙同样是人的

① 葛景春：《儒道释结合熔铸百家的开放刑思想》，《中州学刊》1986年第2期。

一生值得追求的东西。现世功名的失落感增添了追求神仙世界的热情："东风随春归，发我枝上花。花落时欲暮，见此令人嗟，愿游名山去，学道飞丹砂。"（《落日忆山中》）"吾将营丹砂，永与世人别"（《古风》其五）。

必须指出，与其他人不同一样，李白对神仙世界的存在是深信不疑的，他是真心地把道教编的神仙故事认作历史的事实，好像他们和姜太公、诸葛亮一般确实存在过似的，对之再三吟咏，心驰神往："吾爱王子晋，得道伊洛滨。金骨既不毁，玉颜长自春。"（《感遇上首》其一）"丁令辞世人，拂衣向仙路，伏炼九丹成，方随五云去。"（《灵墟山》）因此他"五岳寻仙不辞远，一生好入名山游"，自称是"十五游神仙，仙游未曾歇"。功名失望之后，当然就更是"而我乐名山……永愿辞人间"。由于李白的神仙信仰，自然山水在他的心目中起了变化，成为仙境式的，或曰道教式的自然。他心目中的自然，都是道士神仙灵迹出没的自然，他常常在这些壮丽宏美的自然中希望出现仙迹，或者在眼前把远处的仙境想象出来，宛如业已目睹。一面尽情地希望，一面努力地服药，一面任性地想象。这种痴心的希望和想象进一步就是和屈原一样，真的看见仙人了。《登太白峰》云："西上太白峰，夕阳穷登攀，太白与我语，为我开天关。愿乘泠风去，直出浮云间，举手可近月，前行若无山……"《庐山谣寄侍御虚丹》："庐山秀出南斗傍，屏风九垒云锦张，影没明湖青黛光，金阙前开二峰长。遥见仙人彩云里，手把芙蓉朝玉京……"《至陵阳登天柱石酬韩侍御见招隐黄山》云："黄山过石柱，巘崿上攒丛。因巢翠玉树，忽见浮丘公。又引王子乔，吹笙舞松风。朗咏紫霞篇，请开蕊珠宫。步纲绕碧落，倚树招青童。何日可携手，遗形入无穷。"这完全是想仙入迷而做的白日梦，虽梦而似真。但似真毕竟不是真。于是他白天有白日梦，夜里也有寻仙遇仙之梦："余尝学道穷冥鉴，梦中往往游仙山。"（《途归石门旧居》）"我欲因之梦吴越，一夜飞渡镜湖月。"（《梦游天姥吟留别》）。

然而无论是青天白日遐想中的见仙遇仙，还是漫漫黑夜睡梦中的遇仙见仙，毕竟不是现实中真正地遇见神仙。李白相信神仙，但又和中国的大多数士人一样，是具有实用理性心理的。他采药、炼丹、学道、受篆……能干的都干过，但并未能成仙，高山幽谷，名山大川，他都游寻过了，除了在想象里、在梦里，并未见过真正的仙人。他的这些经历使他由信仙开始疑仙了。求仙本是为转移其失落感，避世求独乐，化悲为"乐"，为消解也确实消解了功名失落的悲剧意识，现在却又带来了求仙不得的悲剧意识："仙人殊恍惚，未若醉中真。”（《拟古》十二首其三）“云车来何迟，抚几空叹息。”（《日夕山中忽然有怀》）“二仙已远去，梦想空殷勤。”（《感遇》四首其一）神仙世界要能真正达到避世求独乐的目的，消解现实的悲剧意识，就必须使人相信神仙世界的存在。曹植在一瞬间希望相信神仙存在，只能在一瞬间忘掉自己的悲剧意识；李白真正在用游仙来消解自己的悲剧意识，忘掉自我，然而寻的结果并不能证明神仙的存在，很可能只说明神仙的不存在。他求仙不得之悲必然带出他最初想用仙去解脱的现实之悲。在他对神仙虽已失望，但余绪未尽的时候，现实的变故——安史之乱——像一个巨大的磁石又把他的思想吸引过来，以致他会一面想象自己如仙飞行，一面马上想到现实的苦难：“西上莲花山，迢迢见明星，素手把芙蓉，虚步蹑太清。霓裳曳广带，飘拂升天行……俯视洛阳川，茫茫走胡兵，流血涂野草，豺狼尽冠缨。”（《古风其十九》）李白那曾为寻仙而激动以避世求独乐的心很快就转为“中夜四五叹，常为大国忧”（《赠江夏韦太守良宰》）。他自身也很快投进现实政治中去了。可以说李白是在屈原、庄子的神话背景消失之后，第一个也是最后一个真正地、系统地想通过游仙来忘掉自我，来避世求独乐，以消解自我，消解悲剧意识的人。

第十章　世俗人生“以物欲求快乐”的审美诉求

在明朝中后期，中国发生了一场具有广泛影响的思想解放运动。如果说西方文艺复兴所反对的是基督教所宣扬的神性以及在这种神性掩盖下的禁欲主义，那么中国明朝中后期的这场思想解放运动所批判的就是程朱理学信仰的天理和这种天理对人欲的禁锢。当时的学者王艮针对“存天理，灭人欲”的说教，提出了“百姓日用即道”“天理者，天然自有之理也，才欲安排如何，便是人欲”[①]的思想，想试着调和天理和人欲的对立。而学者李贽则从自己所主张的个性解放和人人平等的思想出发，去除了理学加在“天理”和“道”上面的神秘色彩，认为圣人和普通人一样要饮食男女，住房穿衣，这是人的自然天性。他说：“穿衣吃饭即是人伦物理。”[②]认为理已经融化进入人的日常生活。明朝后期的学者王夫之在批判程朱理学的道路上走得更远，他宣称：“随处见人欲，即随处见天理。”[③]显而易见，在他这里，天理和人欲之间的对立已经完全被取消了。

对程朱理学的猛烈批判和对人的感性欲望的充分肯定像一股清新的风吹进了那些长期受礼教束缚的中下层人民的心田，那种以感性欲望的满足为人生快乐的享乐主义人生态度迅速被他们所接受。从《金瓶梅》、“三言二拍”等白话小说和明朝中后期文人学士的大量诗文、笔记中，我们可以看到当时文人

---

① 黄宗羲：《明儒学案》卷三十二。

② 李贽：《焚书》卷一《答邓石阳》。

③ 王夫之：《读四书大全说》卷三。

墨客、地主、手工业者、农民、妓女、尼姑、和尚等社会各阶层对感性欢愉生活的追求，及其享乐主义生活的概况。他们毫无顾忌地追求金钱，追求声色口腹之乐，与此相应，商业、手工业、烹饪术、房中术等得到了空前的发展。尤其值得指出的是，一向被儒家思想禁锢得最为厉害的性成了明朝中后期各阶层享乐主义生活的核心内容，大家都不以纵谈闺帏方药之事为耻，文人嫖妓、小姐私奔、寡妇再嫁、和尚偷情、尼姑淫乱等现象屡见不鲜。“世俗以纵欲为尚，人情以放荡为快”。在这种弥漫整个社会的享乐主义氛围中，死守儒家教条的假道学的市场明显地缩小了。可以说，这种挣脱对人性的束缚、追求充满感性欢愉的生活社会文化心理，以及由享乐主义变成纵欲主义的社会生活现象，已经在其时形成一种社会思潮，并作其为一种文化现象，在中国人生美学史上成为一个分支，即我们在这里将要论及的以物欲求快乐的世俗文化。

一

明代中后期，尤其是明中叶，中国社会经济的进化、政治的动荡、文化的发展，都走着自己的典型道路。马克思说：“世界商业与世界市场是在十六世纪开始资本的近代生活的。”[①] 中国也是这样，中国社会从这时起已经处于封建解体的缓慢过程中。从马克思主义的唯物史观来看，判定一个社会形态处于一个什么样的历史阶段，起决定作用的是生产力发展的一定水平和社会生产关系与它相适应的程度。“资本主义社会的经济结构是从封建社会的经济结构中产生的。后者的解体使前者的要素得到解放。”[②] 反过来讲，资本主义生产关系的萌芽在封建社会母体内的孕育和发展，是封建社会开始解体并进入末期的最根本的标志。

大量可靠史料表明，一方面，早在明朝的正德、嘉靖年间，即公元15—16世纪，资本主义生产关系的萌芽就已经产生了。到万历年间这种生产关系有了较大的发展，当时城市经济日趋活跃，出现了许多规模宏大的手工工场，有的城市仅织染工人就有近万人。这些人大都是从农村逃离出来的。其时，国内社会矛盾尖锐复杂，康熙十一年（1672年）《景州志》卷一载：“明季启、祯

① 马克思：《资本论》第1卷，北京：中国社会科学出版社，1983年，第149页。
② 马克思：《资本论》第1卷，北京：中国社会科学出版社，1983年，第149页。

间，有赤子无立锥之地而包赔数十亩空粮者，有一乡屯而包赔数十顷空粮者。”明朝廷的穷奢极欲，以及无能地镇压少数民族的战争需要大量的财力、物力和人力，使国家的财政陷入无法摆脱的危机。同时，频繁的灾荒和水利失修严重地削弱了农民抵御自然灾害的能力，而政府的强迫性征税，加重了灾荒的破坏性。《明经世文编》卷四四〇载：“数年以来，灾警荐至。秦晋先被之，民食土矣；河洛继之，民食雁粪矣；齐鲁继之，吴越荆楚又继之，三辅又继之。老弱填委沟壑，壮者展转就食，东西顾而不知所往。”康熙十二年（1673年）《青州府志》卷二十载，万历四十三年（1615年），山东青州府推官黄槐开的申文：“自古饥年，止闻道殣相望与易子而食、析骸而爨耳。今屠割活人以供朝夕，父子不问矣，夫妇不问矣，兄弟不问矣。剖腹剜心，支解作脍，且以人心味为美，小儿味尤为美。”崇祯年间，灾荒更加频繁。马懋才《备陈灾变疏》较为详细地描述了崇祯元年（1628年）延安地区天灾人祸的情况：“臣乡延安府，自去岁一年无雨，草木枯焦。八、九月间，民争采山间蓬草而食，其粒类糠皮，其味苦而涩，食之仅可延以不死。至十月后而蓬尽矣，则剥树皮而食。诸树唯榆树差善，杂他树皮以为食，亦可稍缓其死。殆年终而树皮又尽矣，则又掘山中石块而食。”内忧外患，农民无法生存，只有背井离乡。这正是资本形成的第一阶段，即农业劳动和手工业劳动在农村市镇中的分离。据《明实录》记载：“染房罢而染工散者数千人，机房罢而织工散者又数千人。此皆自食其力之良民也。”在顾炎武的《天下郡国利病书》中记载有：“正嘉之际，外繇猥集，民病而不知恤，职生厉阶……嘉靖末年，户口尚及正德之半，而今才及五分之一……大都赋役日增，则逃窜日众。”

另一方面，为适应商品经济的发展，土地的私有化和商业化程度有所提高，万历时流行“以田为母，以人为子”的说法，可见买卖土地已相当普遍了。封建大地主兼并土地，也使大量的农民失去了生存的手段，从而由农村来到城市。同时，商业资本的发展，使国内外贸易额迅速增加。故《天下郡国利病书》有这样的记载：“吴中风俗，农事之获利倍而劳最，愚懦之民为之；工之获利二而劳多，雕巧之民为之；商贾之获利三而劳轻，心计之民为之。”尽管这些生产关系中新的因素当时的影响力还比较弱小，且发展之初便受到了封建专制制度的重重束缚。但它对封建经济毕竟有一定冲击作用，从发展看，也代表着历史前进的方向。

社会政治方面的变化，值得一提的首先是统治者的腐败。封建君主的倒行逆施、穷奢极欲，加以阉党专权，横行全国，厂卫统治，无孔不入，使得国内“三家之村，鸡犬悉尽，五都之市，丝粟皆空”。其次是由于土地畸形集中造成的农民与地主之间阶级矛盾的激化，促进了农民起义的此起彼伏，愈演愈烈。从万历年间起，各地的农民曾经举行过多次起义。例如，万历十六年（1588年），刘汝国在安徽太湖宿松地区领导起义，自称济贫王，铸“替天大元帅”的。同年春，在湖北等地也发生过饥民抢米的风潮。万历二十七年（1599年），白莲教徒赵古元在徐州一带组织起义。万历三十四年（1606年），南京又有无为教徒刘天绪等人密谋起义。天启二年（1622年），山东白莲教徒在徐鸿儒领导下举行起义。天启四年九月，安徽颍州、砀山以及河南永城一带，有杨从儒等人的密谋起义。从万历后期到天启年间，中小规模的地区性农民起义不断，但是都相继被明王朝血腥镇压下去。这样的倒行逆施，势必会激起更大规模的反抗。明朝的内外交困，互为因果，加速了明王朝的崩溃。杨嗣昌在崇祯十年（1637年）的一个奏疏中讲得很明确：“流贼之祸，起于万历已未（1619年）。辽东四路进兵，三路大溃，于是杜松、王宣、赵梦麟部下之卒相率西逃。其时河南抚臣张我续、道臣王景邀击于孟津，斩首二十余级，飞捷上闻。于是不入潼关，而走山西以至延绥，不敢归伍而落草。庙堂之上，初因辽事孔棘，精神全注东方，将谓陕西一偶（隅）不足深虑。不期调援不至，逃溃转多。饥馑荐臻，胁从弥众。星星之火，至今十九年。”（《杨文弱先生集》卷十）农民起义正式爆发后，全国很快形成割据的局面，明王朝如坐火炉之上。从天启七年（1627年）起到崇祯十七年（1637年）10年时间，明王朝就灭亡了。再次是伴随资本主义萌芽出现的作为封建统治的对立面的新兴市民的崛起。最后是面对空前严重的社会危机，地主阶级发生政治分化，部分在野开明地主及知识分子，不满朝政的腐败，要求改革现状，组结了各种类型的政治、文化党社，他们四出活动，借讲学之机，激烈抨击当朝权贵，不仅代表了地主阶级革新派的政治要求，而且也反映了市民阶层争取平等权利和发展自由经济的愿望。值得注意的是，在封建社会日益没落之际，在新的阶级和阶级意识尚未形成以前，地主阶级中下层中的政治革新派反对封建腐朽统治集团的斗争，乃是当时进步思潮所依存的主要社会基础。

思想文化方面对人生美学的影响，包括伦理学思想、哲学思想的变化尤为值得注意。中国伦理思想的演进，明代中后期是一个关键的时期。我们知道，道德行为应该是自觉与自愿、理性与意志的统一，然而，从特定历史条件出发，中国古代伦理思想家较多地考察了“自觉”原则。孔子讲“顺天命”“知天命”，就是出自这种对自觉原则的偏颇。但这种自觉原则倘若不同自愿原则相结合，这种理性的自觉行为倘若不与意志的自由选择相结合，就会走向宿命论。程朱理学就是如此：“君臣、父子天下之定理，无所逃于天地之间”，于是，人们只能自觉顺从。因此，后期封建社会的“存天理，灭人欲”，“浑然与物同体”的“无我”境界，都不过是要求人们自觉屈服于既定统治，屈服于命运而已。因此都是影响极坏、极为腐朽的东西，迄至金、元、明，这种情况急遽转变，道德行为的自愿原则开始被广泛瞩目。王艮指出：“我命虽在天，造命却由我”，王栋认为意志为“心之主宰”，李贽断言情欲“天在”，都是典型的例子，而其中细微的嬗变轨迹，不难从元杂剧中窥见。王国维对此早有察觉：元杂剧，“其最有悲剧之性质者，则如关汉卿之《窦娥冤》、纪君祥之《赵氏孤儿》，剧中虽有恶人交构其间，而其蹈汤赴火者，仍出于其主人翁之意志，即列之于世界大悲剧中，亦无愧色也。”自然，元代属少数民族统治，伦理思想嬗变的现象似乎还不大具有说服力。但是在明中叶，我们同样可以看到这样一种伦理原则从自觉转向自愿的嬗变。《鸣凤记》在《灯前修本》一折中，描写杨继盛决定弹劾奸相严嵩时的意志斗争的过程，就远比《窦娥冤》《赵氏孤儿》中的描写细致而又具体。作者借“披发赤身，满面流血”的鬼与主人公的冲突，实际写的是主人公本人的内心冲突，正像主人公自己坦露的：“我理会得了，你也不是甚么鬼，我忠魂游荡……”一方面，宁愿“多将颈血溅地，感悟君心”，另一方面，又时时惧怕“恐有祸临”。这种激烈的意志斗争实在是明代中晚期社会生活中人们道德行为原则嬗变的缩影。正像明末清初吴伟业说的：“今之传奇，即古者歌舞之变也。然其感动人心，较昔之歌舞更显而畅矣。盖士之不遇者，郁积其无聊不平之慨于胸中，无所发抒，因借古人之歌哭笑骂以陶写我之抑郁牢骚。”毋庸讳言，这种伦理原则的嬗变深深潜藏着时代推移、思想更替的秘密。

哲学思想方面，值得一提的是陆王心学。陆王心学是在对程朱理学的批判中产生的。理学作为后期封建社会的官方哲学，十分强调在与人的功利、幸福、感性快乐相对峙相冲突中显现出来的超感性，超经验的先验理性的“天理”。认为“道心为主，人心听命”，主张用“无所逃于天地之间”（朱熹语）的封建天理（伦理）来主宰感性，统治人心。这种思想在其诞生之初虽有历史的合理性，但在其流行于后期封建社会的几百年中，给整个中华民族带来的苦难是巨大的。同样出于维护封建统治，建立伦理学主体性的本体论的目的，但同时又有见于程朱的以理为本体，偏重超感性现实的先验规范的不足之处，陆王心学转而强调以心为本体，更多地与感性血肉密切相连。这样，虽然“心”“良知”在心学中被抽象提升到超越形体物质的先验高度，但却毕竟不同于“理”。它或多或少地掺入了感性自然的内容和性质，具有较多的经验性和较少的先验性。“心”“良知”俨然成了“性”“理”的依据和基础；而原来处于主宰地位的“性”“理”反而成为人“心”“良知”的引申和衍生物，从而“天理”也就愈益与感性血肉纠缠以至不能分别，显示出为陆王心学初所不料的由理性统治逐渐过渡到感性统治的趋向。具体言之，心学对理学那一套烦琐的省、察、克、诲一为修养方法加以修正，天理被还原成良知，人的良知成为衡量一切是非的标准，这实际上也就取消了是非标准；既然人们遵自己的良知行事，“百姓日用是道”，就必然认为“满街人都是圣人”，圣人便被还原为凡人，这样圣人实际上也就不存在了；封建道德是地主阶级制定的行为规范，陆王心学把人的视、听、行等一切日常活动都说成是“良知”的表现，什么都是道，也就什么都不是道了，这又存在实际上取消封建道德规范的可能，人的生理本能和人的道德观念并不是一回事，心学偏偏把两者混淆起来，把人的生命本能也看作“良知”，这样道德便被还原为欲望；由于对本体的思辨探索转化为“不识不知”的良知，《六经》等书都成了“吾心之注脚”，圣经不必多看，贤能也不必细读，这样，对思维探索还原为“不识不知”……一种理论被推到极端，往往也就会起到一种相反的作用，明末东林党人顾宪成《小心斋札记》云：“阳明先生开发有余，收束不足。当士人桎梏于训诂词章间，骤而闻良知之说，一时心目俱醒，恍若拨云雾而见白日，岂不大快！然而此窍一凿，混沌几亡。”这段语极有见识。因之，陆王心学的实际作用是把在他们之前由外的信仰支配的人，明确地变为由个体内在心理伦理要求所自觉支配的人，变为在社会的人伦日用的实践之中去积极寻求自身欲望的合理满足的人。这就显示着继先秦、魏晋之后，中国人生美学关于人的观念将要出现的第三次深刻变化，这将不再是人类凭借大自然，而是凭借自身而获得的又一次大解放。

二

为了准确把握明代中后期享乐主义社会审美心态的形成，不仅要研究当时社会政治、经济、思想方面的重大变化，还要进而研究一下社会审美心态的变化。就社会存在和社会审美心态的相互关系而论，正如人们所熟知的那样，社会审美心态是社会存在的反映，它以后者为源，而把先于自己的社会审美心态当作流。但是在人类的精神范围内，某一时代的审美心态却往往以当时的社会审美心态为源，而以先于自己的时代所创造的审美心态为流。普列汉诺夫的告诫是十分重要的："要了解某一国家的科学思想史或艺术史，只知道它的经济是不够的。必须知道如何从经济进而研究社会心理；对于社会心理若没有精细的研究与了解，思想体系的历史的唯物主义解释根本就不可能。……因此社会心理学异常重要。甚至在法律和政治制度的历史中都必须估计到它，而在文学、艺术、哲学等学科的历史中，如果没有它，就一步也动不得。"这里所谓的社会心理，是指在特定时期、特定国家的群体中广泛流行而又未经过系统加工的社会意识，其中包括他们的理想、要求、愿望、情感习惯、道德风尚和审美趣味与审美心态等。在本章中，主要侧重审美趣味与审美指向，亦即社会审美心态的介绍。从当时记载的史料来看，社会审美心态的显著变化，大体可以认为是发端于明代的嘉靖年间（1520年前后）。在此之前，社会审美心态基本上没有什么变化。

据《关江县志》卷38载："明初风尚诚朴，非世家不架高堂，衣饰器皿不敢奢侈。"又据《肇城志》山西的记载："国初民无他嗜，率尚简质，中产之家，犹躬薪水之役，积千金者，宫墙服饰，窘若寒素。"这或许与明初继大乱之后的社会状况（社会生产力处在恢复阶段；商品经济不活跃；政治上的严刑峻法；道德礼仪上的严格控制；文化上的复主古义）有着密切的关系。但是，到嘉靖年间，社会审美心态却陡然巨变，享乐主义人生态度成为社会时尚。清人龚自珍曾经指出："有明中叶嘉靖及万历之世，朝正不纲，而江左承平，斗米七钱。……风气渊雅……俗土耳食，徒见明中叶气运不振，以为衰世无足留意。其实尔时优伶之见闻，商贾之气习，有后世士大夫所必不能攀跻者。不贤识其小者，明史氏之旁支也夫。"他的所见是十分精到的。鉴于问题的重要性，不妨再举出明代各地享乐主义盛行的一些史料以资佐证：山东的情况是："至正德嘉靖间而古风渐渺……乡社村保中无酒肆，亦无游民。由嘉靖中叶以抵于今，流风愈趋愈下，惯习骄吝，互尚荒佚。以欢宴放饮为豁达，以珍味艳色为盛礼。"在福建，"正德末嘉靖初则稍异矣，商贾既多，土田不重，操赀交接，起落不常。……高下失均，锱铢共竞；互相凌辱，各自张皇。"在江南，"正（德）

嘉（靖）以前，南部风尚最为醇厚”，以后，“风俗自淳而趋于薄也，犹江河之走下，而不可返”。在湖北，“盖在壬午、癸未（嘉靖一、二年）之间，县之风欲实一变矣。自后密迩郡邑，车马繁会，五方奇巧之选，杂然并集”。

嘉靖之后，社会审美心态嬗变，最为鲜明的一点在于，对于人的价值评价有了深刻变化，在中下层老百姓中，享乐主义生活成为时尚，并形成一种社会思潮。伦常身份和社会地位，曾经是封建社会的一项基本评价标准。人们的美丑贵贱，均与此相连。而随着商品经济的发达，商人和金钱日益成为主宰社会的力量和衡量人的价值的砝码，以感性欲望的满足为人生快乐的享乐主义生活态度成为社会普遍的追求。

徽州，已经一变而为“以经商为第一等生业，科第反在其次”。而在景德镇，市民子弟热衷瓷窑，竟然数年无登第之人，直到因为徐万年起义，镇上瓷窑停了五个月，才有一人中举，但此后瓷窑一开，又是数年“无一举者”。李贽在《焚书》中也曾经竭力为商人张目：商人“挟数万之资，经风涛之险，受辱于关吏，忍诟于市易，辛勤万状”。这种看法的变化是值得注意的。正像马克思所说：“商人对于以前一切都停滞不变，可以说，由于世袭而停滞不变的社会来说，是一个革命的要素……现在商人来到了这个世界，他当我是这个世界发生变革的起点。”自然，对商人看法的变化同样会是社会审美心态“发生变革的起点”。进而言之，对商人看法的变化内在地潜伏着对财富、金钱的推崇和对享乐主义的追求。“凡是商人归家，外而宗族朋友，内而妻妾家属，只看你所得归来的利息多少为重轻，得利多的，尽皆爱敬趋奉；得利少的，尽皆轻薄鄙笑，犹如读书求名的中与不中归来的光景一般。”世人惊呼“以富贵相高而左旧族”的现象，金钱超过了门第观念，比家世赫赫的没落贵族更具魅力。这样一种社会审美心态，是中国历史上从未出现过的。在明代中后期，金钱、财富已经成为人们为之钻营、倾倒的内在力量。对享乐主义的追求遍及社会各个阶层。正像一首民歌中唱的：“人为你跋山渡海，人为你觅虎寻豺，人为你把命倾，人为你将身卖。细思量多少伤怀，铜臭明知是祸胎，吃紧处极难布摆。”这种观念深深浸透了社会的每一个细胞，在社会审美心态的各个方面，都产生了强烈的影响。

在伦理道德方面，明代中后期社会审美心态挣脱了封建伦理规范的束缚，表现出一种放荡不羁、为所欲为的坦率。婚姻爱情上，封建意识荡然消失，被一种倾泻而出的人的感情所取代，“结识私情弗要慌，捉着子奸情奴自去当！

拼得到官双膝馒头跪子从实说，咬钉嚼铁我偷郎。”纯真的爱情和肉欲横流这两股潮流汇聚一体，剥蚀着封建“存天理，去人欲”的阴森殿堂。“两种感情都是真实的并且能够并存在同一个人的身上……近代的人像古代的人一样，在这方面就是一个小天地，而中世纪的人则不是而且也不可能是这样”。孝悌、尊师，以贱事贵等观念也风吹云散。在江南地区，儿孙掘祖坟、焚祖尸，“鬻其地，利其藏中之物”。以弟子礼事师长的也极少见，倒是“所称门生者亦如路人，出门而不入者多矣”；而“民间之卑胁尊，少凌长，后生侮前辈，奴婢叛家长之变态百出”。

在衣食住行诸生活方式上，也传递出社会审美心态的嬗变。衣食住行诸生活方式，是社会审美心态的物质内容，统治阶级曾经采取教育的、道德的、法律的种种手段加以制约和管理，违反者罪为逾制或僭越，将受到严厉制裁，甚至处以极刑。即便这样，明代中后期之后，这些方面仍然产生了剧变。正像顾起元在《客座赘语》中说的：“今则服舍违式，婚宴无节，白屋之家，侈僭无忌。”在生活上，明代中后期以奢侈为美为荣，感快欢愉，追求声色犬马的纵欲生活。山西太原居民“靡然向奢”；山东滕县“竞相尚以靡侈”；而缙绅士大夫最集中的苏州城，更是号称“奢靡为天下最”。明末冒襄大宴天下名士于水绘园，一席羊羹用羊三百只，还是中席，上席竟须用羊五百只之多，大概也是如此炮制的吧。除了用料之精，烹饪也极细。熊掌向称难熟，阮葵生《茶余客话》中记载有煮熊掌法：“熊掌用石灰沸汤剥净，以布缠煮熟，或糟尤佳。曩见陈春晖邦彦故第墙外，砖砌烟筒，高四五尺，上口仅容一碗，不知何用，云是当日制熊掌处。以掌入碗封固，置口上，其下点蜡烛一枝，微火熏一昼夜，汤汁不耗，而掌已化矣。”如此精细，怎不令人叹为观止呢！如果说，大观园的“茄鲞”是《红楼梦》作者的文学描写，那么，就让我们从史料中随意采摘数例来看看吧。清代的河道总督府是以美食名闻天下的。薛福成《庸庵笔记》上有一则记载：“道光年间，南河河道总督驻扎清江浦，凡饮食衣服车马玩好之类，莫不斗奇竞巧，务极奢侈。尝食豚脯，众客无不叹赏，但觉其精美而已。一客偶起如厕，忽见数十死豚，枕藉于此，问其故，则向所食豚脯一碗，即此数十豚之背肉也。其法闭豚于室，每人手执竹竿，追而抶之，豚叫号奔绕，以至于死，亟划取其背肉一片，萃数十豚，仅供一席之宴。盖豚被抶将死，其全体菁华萃于背脊，割而烹之，甘脆无比。而其余肉皆腥恶失味，不堪复食，尽委之沟渠矣。客骤睹之，不免太息。宰夫熟视而笑曰：‘何处来此穷措大，眼光如豆。我到才数月，手扶数千豚，委之如蝼蚁，岂惜此区区者乎？’”这是吃豚。还有食鹅，“又有鹅掌者，其法：笼铁于地，而炽炭于下，驱鹅践之，环奔数周而死，其菁华萃于两掌，而全鹅可弃也，每一席所需不下数十百鹅”；吃驼峰，“有驼峰者，其法：选壮健骆驼，缚之于柱，以沸汤灌其背立死，其菁华萃于一峰，而全驼可弃。每一席所需不下三四驼”；吃猴脑，“有猴脑者，豫选俊猴，被以绣衣，凿圆孔于方桌，以猴首入桌中，而拄之以木，使不得出，然后以刀剃其毛，复剖其皮，猴叫号声甚哀，亟以热汤灌其顶，以铁椎破其头骨，诸客各以银勺入猴首中探脑嚼之。每客所吸不过一两勺而已”；吃鱼羹，“有鱼羹者，取河鲤最大且活者，倒悬于梁，而以釜炽水于其下，并敲碎鱼首，使其血滴入水中，鱼尚未死，为蒸气所逼则摆首摇尾，无一息停。其血益从头中滴出，比鱼死，而血已尽在水中，红丝一缕连绵不断。然后再易一鱼，如法滴血，约十数鱼，庖人乃撩血调羹进之，而全鱼皆无用矣”。此不过略举一二，其他珍怪之品，莫不称是。食品既繁，虽历三昼夜之长，而一席之宴不能毕。这里仅以宴席为例，而其余若衣服，若车马，若玩好，豪侈之风，莫不称是。各厅署内，自元旦至除夕，无日不演剧。为了附庸时尚，不但富人大肆挥霍，市井贫民亦不能免。他们自认为：“余最贫，最尚俭朴，年来亦强服色衣，乃知习俗移人，贤者不免”。以致有人称之曰“贫而若富”；“杭州风，一把葱，花簇簇，里头空”。这种“奢侈”风尚、恣情纵欲的享乐主义人生态度，最鲜明地体现在服饰上。服饰中最高贵的是龙纹，向来只为帝王所用。明中叶后却成为百姓常用的服装花纹。酷肖龙袍的蟒衣，图案令仅比龙袍少一爪，只有内阁大臣才配服用。明代中期以后，不但小小八品官，“系金带、衣麟蟒”，而且连宫廷内管洒扫、烧水的太监也大多“衣蟒腰带”。公服若此，便服则更肆无禁忌。妇女无视禁止穿用大红色和金绣闪光的锦罗丝缎的规定，小康人家“非绣衣大红不服”，大户婢女“非大红里衣不华”；男子也不示弱，白袍、乌帽的生员制服，曾经为人讥讽为“车驾临避雍，诸生尽鞠躬，头乌身上白，米虫！”明代期以后理所当然地被花样翻新的服装所取代。最后竟然发展到穿女式服装的地步，致使道学家们目瞪口呆：“昨日到城市，归来泪满襟，遍身女衣者，尽是读书人。”其他住房、肩舆和日用品方面的巨变，也不亚于服饰，此处不再赘述。

更具魅力的，或许是明代中期以后文学艺术中体现出来的社会审美心态的嬗变。在当时的诗文创作中，反对说假话、作假诗、写假文，反对摹似、剽窃和套用陈词滥调，反对千篇一律、浮泛不切的公式化、拟古化，要求解脱束缚，破除庸腐，独抒性灵，畅所欲言，成为一时的风范。袁宏道便曾称赞当时的诗歌名家徐渭诗中“有一股不可磨灭之气，英雄无路，托足无门之悲，故其为诗如嗔如笑，如水鸣峡，如种出土，如寡妇之夜哭，羁人之寒冷”。这种格调显然是十分个性化的。被鲁迅称为性情“稳实”的袁宗道，则是另一种类型。他同样在诗中吐露出自己的真实思想感情：“爱闲亦爱官，讳讥亦讳钱，一心持两端，一身期万全。”（《咏怀效白》）勇敢地坦露了自己的内心秘密，把那些并不光彩的东西暴露到光天化日之下，娓娓道来而又动人意兴，隽永有味。明人许学夷在《诗源辨体》中说：“初盛唐不离景象，故其意不能尽发。今欲悉离景象，悉发真意，故其诗卑鄙至是。”抛开他对明诗的偏见不谈，这话倒是窥见了明诗与唐诗的区别之所在的。散文创作像诗歌创作一样，无论是描写自然或抒情记事，都失去了寓景于情的传统，不同于唐宋八大家，也不同于“永州八记”或前后《赤壁赋》，它已走进经验感受的天地。一景一物，一人一事，在作家笔下都弥漫着身边日常生活的气息，从题材到表现，都是普普通通的世俗生活，日常情感，清新朴素，平易近人。

小说和戏曲更令人注意。在这里，市井贫民的日常生活得到了全面的表现。没有远大的理想和深刻的内容，也没有具有真正雄伟抱负的主角形象和激昂的热情，有的只是具有现实人情味的世俗日常生活。艺术形式的美感逊色于生活内容的欣赏，高雅的趣味让路于世俗的真实。《喻世明言》《警世通言》《醒世恒言》堪称楷模。作者通过一篇篇题材不同的小说，把这个时代五光十色、悲喜交织的生活画面展现在我们面前。书中表现的各种各样的皇帝、官吏、和尚、侠客、强盗、闺秀、妓女、尼姑、学士、文人、商人、手工业者、店员、地主以及五彩缤纷的生活场景和言语行动，汇集成了一幅幅完整而丰富的风俗人情画，浸透着市民阶层的爱憎和理想，个人的际遇、遭逢、前途和命运逐渐失去独一无二的封建模式，也开始多样化和丰富化。各色人物都在为自己奋斗，现实生活中偶然性与必然性的关系表现得丰富而复杂。

上述都是人们时常论及的。而在我们看来，真正能代表明中期社会审美心态的，应该是《西游记》和《牡丹亭》。

《西游记》的基础是长期流传的民间故事，即《大唐三藏取经诗话》《西游记杂剧》《西游记平话》等，但这些故事形式粗糙，内容充满浓厚宗教色彩。吴承恩的再创造不是偶然的，其中最根本的原因，归根到底，应是明代中期以后社会经济的发展对文学领域所起的最终支配作用的结果，是社会审美心态与现实的各种影响，通过各种复杂的中间环节，这样或那样地决定着西游故事创作的先驱者所提供的现有文学资料的改变和进一步发展的方式的结果。而孙悟空形象在吴承恩笔下的高度理想化及其在全局中绝对主导地位的确立，就充分地体现出这种改变和发展的方式。因此，只要仔细分析，就可以发现在这个"美猴王"身上隐含的社会意蕴。这种社会意蕴不是别的，正是作者从自我感受出发，把从现实生活中观察到的那些与世界不协调又不同于流俗、始终保持着独立个性、追求理想的时代的孤傲者的行为与品性，聚集到孙悟空的形象上，从而赋予他以新的生命。因此，他是时代的产儿，是个有时稚气天真，有时嬉笑乐观，但始终刚毅坚强、敢作敢为、正义无私的奋斗者形象。在人生美学史上，这是一个崇高的形象。

《牡丹亭》同样是浪漫主义的。在作品中，"情"与"理"的尖锐冲突贯穿全剧。"情"不仅仅是指爱情，更是指主人公的审美理想，而"理"则是指以程朱理学为基础的封建道德观念。在《牡丹亭》中，这种冲突既表现为杜丽娘、柳梦梅和封建家长杜宝之间公开的、面对面的斗争，也反映为青年男女为摆脱封建传统势力的影响而做出的努力。这种主要从爱情角度表现的"情"与"理"的冲突，与明中叶进步思想家反对程朱理学以摆脱礼教的束缚的思想解放运动，是一脉相通、遥相呼应的。正是在这个意义上，《牡丹亭》才比过去或同时代的爱情剧在思想上概括得更高，有着更进步、更深远的社会审美心态。作者让一对陌生的青年男女在梦中相会，由梦生情，由情而病，由病而死，死而复生。这种异乎寻常、出死入生的爱情，使全剧从主题情节到人物塑造都富于浪漫主义的色彩，在爱情剧方面形成了前所未有的悲壮的崇高风格。

绘画方面，当时封建士大夫尚沉浸在逸笔草草，不求形似，聊以自娱耳的情境之中，墨戏之作，盖士大夫词翰之余，适一时之兴趣，借线条本身的流动转折，墨色自身的浓淡、位置，来烘托气氛、表述心意。浸透着市井小民追求物欲的俚俗之气的历史故事画、堂画、文学木刻插图、工艺美术品等，突然崛起，以其平易、明丽、朴素、简洁、丰富、粗犷的情趣意味，与强调诗、书、画合一的文人画双峰并峙、二水分流，使士大夫画家们一下子迷失在陌生的艺术世界之中，动辄碰壁，显得不合时宜，增添了很多的"怪"味。

与绘画的节奏相一致，园林建筑也打破了威严庄重的宫殿建筑的严格的对称性。迂回曲折，意趣盎然，以模拟和接近自然山水为标准的建筑美出现了。

体现着后期封建社会形成的更为自由的以物欲求快乐的世俗心态和审美理想，雕塑也一反过去的端庄秀丽，流溢出一股前所未有的世俗气味和日常生活气息（如清代的塑像和云南节竹寺的五百罗汉）。而严格的平面、直线的对称、堂皇富丽的暖色、烦琐细碎的雕琢等则构成明代中后期之后工艺美的俗丽特色。

第十一章　诗家以得道求大乐的审美旨趣

儒、道、禅三家审美理想表现的极致，就是中国美学所标举的意境。“意境”是中国美学的一个极为重要的范畴，其内涵非常宽泛，可以说是包括和、妙、圆审美理想以及由此而构成的审美意象、审美意蕴、审美意趣、审美意味在内的一个集合体。它是中国古代美学思想中风与骨、兴与象、形与神、物与心、学与悟等主要基本范畴的高度抽象结晶。它体现着中国美学以“道”（“气”）为主、天人合一的基本精神，展示着中国美学澄心静怀、遇目辄书、神游默会、兴到神会与物我两忘的审美体验方式，表现着中国美学重直觉、重体验、重感悟的主要审美特征。

一

“意境”的提出，最早见于唐朝，但是，其美学思想的渊源，却要追溯到先秦的老庄美学。我们知道，老子认为：“有物混成，先天地生。”“道”与“气”是宇宙万物的生命本原。作为孕育自然万物的生命本体的“道”“先天地生”，为先天地而生的混沌一团的气体。它是空虚的、恍惚不定的、有机的灵物，连绵不绝，充塞宇宙，“可以为天下母”，是生化天地万物的千变万化、无形无象的大母。它既是宇宙大化最精深的生命隐微，又是宇宙大化运行发展变化的必然及规律性，为美的最高境界，因此，也是审美体验所追求的美学哲理的本原。并且，老子指出“道”又是“虚无”是“无”与“有”的统一体。老子说：

"有无相生。""常无，欲观其妙。""无名，万物之始。"实质上，老子这里所谓的"无"，并非真正的"空无所有"。《广雅·释言》云："莫，无也。""无"，古双唇音，读如"莫"，意也相通。依照汉字的组成与性质，凡属同一语源的字，其字义是相通的。"无"，既然与莫、暮、寞、漠、茫、渺、迷、朦等字出于同一语源，同发双唇音［m］，那么，也就自然具有这类字都含有的遮蔽、冥闭、寂静、广渺、模糊不清等意思。因此，"无"，表面上看似没有什么，实际上却有某种东西蕴藏其中，是"其中有象……其中有物……其中有精"。在老子看来，"无"是孕育天地万物的最初母体，它与"道"一样，是老子所推崇的最高范畴。据此，老子始认为真正永恒绝对的美是"无言之美"。这种美只能心领神会，所谓"知者不言，言者不知"。庄子进一步发展了老子的审美思想，认为视而可见、闻而可听者为"地籁"和"人籁"，只有块然而生，不假人工的"天籁"才是"至乐"，它"听乎无声……无声之中，独闻和焉"（《庄子·天地》）。因此，庄子主张"天乐"。这种"天乐"，是"天机不张而五官皆备……无言而心说……听之不闻其声，视之不见其形，充满天地，苞裹六极。汝欲听之而无接焉"（《庄子·天运》）。具有"无言之美"的"大美""天籁""天乐"，生机勃勃，生气灌注，鼓荡于天地之间，人们只有排除各种干扰，使自己处于"虚静"的心理状态，方能体悟得到。可以见出，老庄所强调与追求的"无言之美"，其实就是一种空白美，一种生命的和谐圆融的艺术表现，故而，也可以说是一种生命美。它和后来中国美学的"意境"所追求的以少总多、小中见大、意蕴含蓄、表现圆融和谐的生命精神等审美特征是相通的。

正是本着这种思想，故老子进而提出"大音希声，大象无形"。认为一般的有声的音乐和有形的图像给人的感受是有限的，而体现着天地生命之美的"大音""大象"则能使人从无声无形中感悟到宇宙的生命意识，以获得无穷的审美意蕴。庄子在《天运》篇中则借黄帝论乐的故事对这种属于心灵观照的意境创构中的审美体验过程做了更为形象、深刻的表述。他说："帝张咸池之乐于洞庭之野，始闻之惧，复闻之怠，卒闻之而惑，荡荡默默，乃不自得。"（郭象注："不自得，坐忘之谓也。"）"始闻之惧"，是人们对音乐的认识还处于一般感知阶段；"复闻之怠"，则已经进入审美感知阶段，"惧"的情感得到慰籍，心灵得到净化；而"卒闻之而惑"，则是在虚静淡泊的心境中体验到那个没有任何声响的宇宙之声——"大音"，从而彻悟到家，直达美的生命本原。

上述老庄的哲学与美学思想，对于中国美学意境理论的发展具有极为深远的影响，可以将其看作唐代意境说的早期源头。唐代，由于审美创作实践经验的丰富积累，加上佛教思想的传播，在文艺美学中，出现了“境”的概念。其影响中国美学，在新的审美实践的基础上，美学家们继承老庄美学，结合以往有关审美创作中主体与客体、心与物、意与象、情与思，以及审美意象和审美境界的生成的思想成果，加以融会贯通，从而形成“意境”这一审美范畴。这里我们选取唐人有关“意境”的代表性论述，按年代先后列举如下：

诗有三境：一曰物境。欲为山水诗，则张泉石云峰之境，极丽绝秀者，神之于心，处身于境，视境于心，莹然掌中，然后用思，了然境象，故得形似。二曰情境。娱乐愁怨，皆张于意，而处于身，然后驰思，深得其情。三曰意境。亦张之于意，而思之于心，则得其真矣。

诗者其文章之蕴邪？义得而言丧，故微而难能，境生于象外，故精而寡和。……缘境不尽曰情。

诗家之景，如蓝田日暖，良玉生烟，可望而不可置于眉睫之前也。象外之象，景外之景，岂容易可谭哉？

唐代著名诗人王昌龄认为诗歌审美创作应“处身于境，视境于心”，要求心与物相“感应”，“景与意相兼始好”，“与深意相惬便道”，强调主客体的相融合一，并率先提出“意境”之说。“神之于心”“张之于意”“思之于心”，表明了“意境”创构中的心灵观照过程，和老庄所主张的通过“虚静”“坐忘”以体道合气的观照方式相对应。而刘禹锡“境生象外”中的“境”，皎然“缘境不尽曰情”的“境”，司空图“象外之象”“景外之景”中的后一个“象”“景”，则是对具体、有限的“象”的超越，尽管它们仍然还是一种“象”，但是，它们却远远超过其自身的构成而指向无限、永恒。它们真实存在，却又无迹可求，如镜花水月，蓝田日暖，良玉生烟，可望而不可即，可意会而不可言传，在有限的形象中暗示出不可穷尽的审美意味。以老庄美学为主的中国美学认为，只有这样，才能表现出创作主体于空明澄澈的心境中所体悟到的最广远幽微的宇宙精神，与自然万物的深沉韵律，也即由“道”或“气”这种生命本原所构成的那种宇宙之美。这也就是我们所认为的“意境”所规定的内容。

“意境”的生成如王昌龄所说，具有“神之于心，处身于境”“视境于心，了然境象”，“张于意而处于身”与“张之于意而思之于心”三个层面，由此三个层面不同的建构过程所构成的一个圆融和谐、微妙精深的艺术系统，则生成“意境”。在王昌龄那里，“境”的意义有四种：“张泉石云峰之境”与“处身于境”中的“境”是指创作主体“眼中之境”，为创作主体观照的对象，既是具体个别的感性形态，又是一般的纯粹观照之客体，为具体之境。“视境于心”与“了然境象”中的“境”则是创作主体“胸中之境”。它是经过“神之于心”的审美观照活动，通过从具体之境到纯粹之境的超升的产物，也是外在观照和内在神思中所产生的圆融和谐、微妙精深的意象。换言之，则它是经由感兴和感触等审美创作的构思活动所带来“思应神彻”的结果，是一种渗透着创作主体思想情感和性格意趣的“境”，是创作主体的心像，并构成渴望表达的意向发展的趋势。“三境”与“物境”“情境”“意境”中的“境”则是物态化于作品中的审美境界。至于“象”外之境与“味”外之旨，则是属于审美鉴赏接受过程中所出现的心灵境界，既是审美鉴赏效应的实现，也是鉴赏者通过审美再创造而获得的精神享受。“皆张于意而处于身”，是指设身处地或易地而处地去体味人们在娱悦、欢乐、哀愁、悲哀时的种种情感，将我心比他心，以我意拟他意，推己及人，人我不分，主客一体，物我两忘。而“张之于意而思之于心”则是一种更为深沉的内心体验和内心观照，是静观默识和神游玄想，由此以解悟到的人生真谛与宇宙生命意识即为“真”。

可见，“意境”理论来源于老庄“道”论，同时在其发展过程中又结合了儒释道的和、妙、圆的审美理想。而在我们看来，“意境”的生成则主要可以归纳为两个来源：一是依附于视听知觉的直接观照，由大自然的万千景物触动主体心怀，从而即目起兴，目想心游，了然于心，莹然掌中，以获得审美感悟，激发起内心的生命冲动，从而运思抒怀的；二则是凭借其“内心观照”，收视反听，冥思默想，心游神会，引起潜意识活动，以激发起心灵远游的动力，突破其有限感官所及的领域，开拓其心灵空间，从而获得自我的升华与神明般的“顿悟”发而为文的。唐以后，宋代的严羽提出“兴趣”说，清代的王士祯则标举“神韵”说，他们分别从“别材”“别趣”“兴到神会”“情景混融”等方面对“意境”说进行了补充与丰富。到王国维，集中国美学“意境”说之大成，并融贯中西美学思想，对“意境”进行了深入探讨，使之更加理论化和系统化，终于使以老庄美学为起源的“意境”说作为中国美学思想的结晶，丰富了世界美学的宝库。

二

从意境生成中所表现出的几种审美心态特征，也要追溯到老庄美学的作用和影响。首先，老子的道论对意境整合心态的形成有着重要的影响，老子认为:“道生一,一生二,三生三,三生万物。”自然万物生于一而归于一，“一”是“道”借以生成宇宙万物的一个中介，“一”其实就是太极、太一、太始，既是生成万物自然的开端和原始，又是一种阴阳未分的混沌的元气。即如王符《潜夫论·本训》所说:“上古之世，太素之时，元气窈冥，未有形兆。万精合并，混而为一，莫制莫御，若斯久之。翻然自化，清浊分别，变成阴阳，阴阳有体，实生两仪。天地壹郁，万物化淳，和气生人，以统理之。”一是万物的起源，“一也者，万物之本也，无敌之道也”。因此老子指出，“天得一以清，地得一以宁，神得一以灵”(《老子》三十九章)。受此影响，中国古代艺术家在进行审美意境的创构中总是以一总万，以少总多，贵悟不贵解，注重整体把握。意境营构中心物交融的审美体验方式的特征就表现为一种整体把握，表现出一种整合心态。意境本身也就是一个整合体。因为所谓意境，就是指主体与客体、意与境、神与象、情与景融合一体所达到的审美境界。而意境的生成则是人与天合，心与物交，景象“相惬”“相兼”(王昌龄语)，“思与境偕”(司空图语)，“神与境合”(王世贞语)，是“贵悟不贵解”与心解妙语，是“心中目中”相互融浃，情景“妙合无垠”(王夫之语)，审美主体个体的生命精神与作为客体的自然万物的宇宙生命精神的高度整合。

可以说，“造境”之初“神之于心”就是一种整合。这里所谓的“神”，既有客体之“神”，又有主体之“神”，是主客体之“神”的整合。作为审美客体之“神”，它是那种给予自然万物以勃勃郁郁的生气，并与主体的生命意识息息相通的，存在于天地之间的宇宙精神，通过“极丽绝秀”的“泉石云峰之境”所传递出的信息。而作为主体之“神”，则是推动主体进行审美静观的内在动力并协助其完成审美观照之“神”。它是一种属于创作主体所特别具有的、能够超越具象以摄取客体之“神”的心灵观照能力，或谓心灵的“穿透力”。这种观照能力中就包含多种因素，是主体审美心理结构中情、志、意、味、才、德、习、气的整合。用现在的话说，则是想象、情感、直觉、智能、感受等多种审美心理因素的有机整合。此外，“神之于心”“视境于心”“思之于心”过程中的“神”“境”“思”与“心”的相互契合，也表现出整合心态。

中国古代审美创作以人与自然、再现与表现、现实与理想的和谐统一、相互圆融整合为最高审美标准。

同时，受强烈的超越意识的影响，中国古代文艺家往往不受利害得失的局限，不以当下的物态人事为重，而总是以“俯仰自得”的精神来欣赏宇宙，跃入大自然的节奏里去“游心太玄”，“处身于境，视境于心”，“了然境象”的。这种属于审美体验一类的创作构思活动，尽管由澄心、感物到心应、神会只是很短暂的瞬间，但其中也有从物理信息到生理神经信息，再到心理信息、审美信息的转变，有创作主体经由审美期待、审美注意、审美感知、审美体悟，到审美创造的过程，也有审美直觉、审美情感、审美理解的参与，还有意识活动、无意识活动、过去经验、现时感受、内心体验、心灵观照等的相互配合与整合。

应该说，意境的创构是一个“联类不穷”的整合过程，须得心“随物以宛转”，物“与心而徘徊”的心物整合、天人合一。只有这样，始能产生巨大的审美效能，于刹那间的顿悟似审美感兴中迸发出“驰思”的灿烂火花，以获得精神与心灵的升华，完成审美创作，并表现出深远的意境。

这种整合心态的形成，除了老子“道”论的影响外，还受老子“冲气为和”与儒家“仁者与万物同体”的圆融和谐审美观念的影响。儒道禅美学都认为“和”既体现了宇宙自然本身的和谐，也体现了人与自然的和谐。所谓“和气流行，三光运，群类生”（董仲舒《春秋繁露》卷十六《循天之道》）。强调“和”则“生”，认为宇宙间任何事物都有着对立两极，二者相辅相成，对立统一，由对立两极组成的事物，在一定范围内又构成相补相济的整体。因此，在以儒道为首的中国古代哲人看来，“阴阳”“乾坤”“天人”“形神”“动静”“刚柔”等各个对立的范畴都是相互联系、相互统一的。“和者，天地之所生成也”（董仲舒《春秋繁露》卷十六《循天之道》）。自然万物都是在相互作用，相互协调，受阴阳二气相摩相荡，而化生化合，生息不已。“万物负阴而抱阳，冲气以为和”（《老子》四十二章）。自然万物的内在生命结构与人的内在心理结构相契合，人与自然处于和谐统一之中，天道与人道、自然与人事都是一个有机的整合体，因而，人们能够从“天人合一”“知行合一”“情景合一”“定慧一如”中整体地把握对象，以达到主客一体、物我两忘的审美境界。在这种深层整合心态的影响之下，中国古代文艺家在进行审美观照时，总是“即我见物，如我寓物，体异性通。物我之相未泯，而物我之情已契。相未泯，故物仍在我身外，可对而赏玩；情已契，故物如同我衷肠，可与之契会”。由这种“与万物同其节奏”（宗白华语），心物交融，物我合一的整合心态所孕育出的晶莹的意境，也就自然而然地表现出“意中有景，景中有意”（姜夔《白石诗话》），“情景相触”（谢榛《四溟诗话》），“意境两浑”（王国维《人间词话》）的整合心态了。意境创构审美活动中重“悟”的审美体验方式也表现为一种整合。中国美学主张审美主体需要进入“悟”的心理状态去体验美和创造美，讲“目击道存”“心知了达”与“妙悟天开”，要求审美主体在心与物会、神与象交、情与景合的浑然统一之中，去体悟宇宙万相的生命意蕴。“贵悟不贵解”（王飞鹗《诗品续解序》）的审美体验方式首先强调心领神会。“心”指澄静空明之心境，“神”则为腾踔万物之神思。审美主体应摒绝理性的束缚，以自己超旷空灵的艺术之心进入审美对象之中，去体悟有关人与自然、社会及宇宙的哲理。如前所说，以老庄为首的中国古代哲人认为“大象无形”“大音希声”“天地有大美而不言”（《庄子·知北游》），这种宇宙之美“有情有信”，“可得而不可见”，“可传而不可受”，它是宇宙自然的生命节奏和旋律的表现，故不许道破，不落言诠。审美主体只有用心灵俯仰的眼睛去追寻与感悟，于空虚明净的心态中让自己的“神”与作为审美对象的万物自然之“神”汇合感应，始能心悟到宇宙间的这种无言无象的“大美”，直达生命的本原。正如明代诗论家安磐所指出的：“思入乎渺忽，神恍乎有无，情极乎真到，才尽乎形声，工夺乎造化者，诗之妙也。”（《颐山诗话》）审美创作主体只有以己心去会物之神，神理凑合，应会感神，始能体验到宇宙之真美。

另外，贵悟不贵解的审美体验方式注重于整体把握。要求取其大旨，讲“可解，不可解，不必解，若水月镜花，勿泥其迹”（谢榛《四溟诗话》卷一）。在意境这种圆融和谐、精深微妙的审美境界创构中，审美主体应努力追求主客体关系的融合，于“物我交融”“物我一体”与“天人浑一”之中整体全面地把握物象，笼而统之地感受宇宙生命本原，以获得心解妙悟。

三

老子说：“视之不见名曰夷，听之不闻名曰希，搏之不得名曰微。此三者，不可致诘，故混而为一。一者，其上不皦，其下不昧；绳绳兮不可名，复归于无物。是谓无状之状，无物之象，是谓惚恍。”（《老子》第十四章）。这里所谓的“夷”“希”“微”都是就作为生命本原的“道”而言的。道化育自然万物，并且作为生命的内核存在于自然万物的底蕴；自然万物可见、可听、可触，所以说有“状”、有“物”；而作为自然万物生命本原的“道”则不可见、不可听、不可触，所以说“无状”“无物”。然而这里所谓的“无”又不是真的什么也没有，而只是“无序”“无形”，“是谓惚恍”，是“夷”“希”“微”。也就是说，“道”实际上存在着，只是幽而不显，“混而为一”。可以说，“无状之状，无物之象”“混而为一”，也就是“道”。

总之，老子美学认为，宇宙万物的生命本原是“道”，这种“道”是不可言传只可意会的。老子说：“知者不言，言者不知”，“大音希声”“大象无形”（《老子》四十一章）。所谓“大音希声”，王弼注云：“听之不闻名曰希，不可得闻之音也。有声则有分，有声则不宫而商矣。分则不能统众，故有声者非大音也。”换言之，即“知”“大音”“大象”之类都是代表着美的生命本原“道”的，因此无论用什么具体的言辞声音都不能把它传达出来；或者反过来说，一旦诉诸任何具体的言辞声音，它就不再是“道”本身了，因而也就不是“知”“大音”与“大象”。庄子在老子这一美学思想上，又有进一步的发展，提出“大美无言”说和“至美”“全美”说，提倡“无言而心悦”（《庄子·天运》）。

庄子推崇生命之“道”——美的最高境界，指出“天地有大美”（《庄子·知北游》）。陆德明《经典释文》云：“大美谓覆载之美也。”庄子的意思是说，天地具有孕育和包容万物之美。庄子又指出，“道”“生天生地”，“覆载天地，刻雕众形”（《庄子·大宗师》）。这就是说，天地万物是由“道”派生出来的，并包容在“道”之中的；“道”孕育和包容了天地万物及天地万物之“大美”，或者说，天地万物的“大美”是“道”的表现，是“道”的外化。庄子还指出：“夫得是（按：指“道”），至美至乐也。”（《庄子·田子方》）就是说，得到了“道”，就会获得美的最大享受，获得最高的美感。可见，庄子是把“道”视为美的最高境界的。“道”是什么？庄子说：“夫道，有情有信，无为无形；可传而不可受，可得而不可见；自本自根，未有天地，自古以固存；神鬼神帝，生天生地；在太极之先而不为高，在六极之下而不为深，先天地生而不为久，长于上古而不为老。”（《庄子·大宗师》）可见，“道”是没有形状的，不可能看见的，然而它又是真实存在的；“道”是超越时空的、绝对的；“道”是世界万物的生命本原。庄子毕生所要追求的正是这至高无上的“道”，因此他是把

"道"作为审美的对象的。

庄子认为，"道"不仅产生了天地万物，而且使天地万物充满着生气，从而使之生机勃勃："夫大块噫气，其名曰风。是唯无作，作则万窍怒号。"（《庄子·齐物论》）成玄英疏："大块者，造物之名，亦自然之称也。言自然之理通生万物，不知所以然而然。大块之中，噫而出气，仍名此气而为风也。""言此大风唯当不起，若其动作，则万殊之穴皆鼓怒号叫也。"（成玄英《庄子疏》）庄子旨在说明"道"是使天地万物充满生气，从而生生不息的根源；而生气勃勃，乃是天地之"大美"的重要因素；对"道"的体味，也就是对"自然之妙气"（同上）的体味与体验。意境模糊心态的形成，还与中国美学"意在言外"的思想有关。依据老子"道"只能意会，不能言传的思想，庄子指出并非言不能传"意"，乃是言不能传达"意之所随者"，而这个"意之所随者"毫无疑问就是道家美学所谓的美的生命本原"道"。不能言传意致、不期精粗的，当然也就是"道"了。庄子说过："道不可闻，闻而非也；道不可见，见而非也；道不可言，言而非也。"（《庄子·知北游》）庄子还说："筌者所以在鱼，得鱼而忘筌；蹄者所以在兔，得兔而忘蹄；言者所以在意，得意而忘言。"（《外物》）这就是说，"言"的目的在于"得意"，前者是工具，后者是目的，因此不能拘泥和执着于工具的"言"而忘却了"得意"的目的。这一点对后世的美学理论影响很大，皎然、司空图、严羽、王士祯等人踵事增华，不断地沿此而进行新的理论开掘，提出了"象外之象""味外之旨""韵外之致""言外之意"，并由此形成中国美学意境创构注重"含蓄""蕴藉"，追求"片言以明百意""万取一收""韵外之致""味外之旨"的审美特点。"意在言外"所表现出的是一种言外之美，具有意蕴的深邃性和不确定性与模糊性，它要刺激人们鉴赏的欲望，并使鉴赏者通过"玩味"，产生"目中恍然别在一境界"的感受与有余不尽的意味，从而获得情感的陶冶与美的享受。其审美特点是似与不似、不即不离、虚实统一并相生相合，给鉴赏者以极大的心理时空。皎然云："但见情性，不睹文字。"（皎然《诗式·重意诗例》）。元遗山则说："情性之外，不知文字。"（《杨叔能小亨集引》）又说："诗家圣处不离文字，不在文字。"（《陶然诗集序》）。在中国古代文艺家看来，审美创作是要把自己内心的感动与自己的情志传达给别人，使别人通过对作品的鉴赏，心中也产生一次同样的感动。构成作品的审美结构是看得见、听得着的，然而熔铸或蕴藏于作品审美结构中的意蕴，即创作主体心灵的感动，却是看不见、听不着的。因而，创作主体要想把自己所感受到的那种不可言说的生命意味传达给鉴赏者，就必须放弃运用言辞直接表达情志的企图，而只能把触发自己情兴的契机用言辞表述出来交给鉴赏者，让鉴赏者的心灵在这契机的诱发下而感受到那曾经摇荡过创作主体心灵的情性。这就是所谓“但见性情，不见文字”“不知文字”“不离文字，不在文字”。必须指出的是，审美意境“意在言外”的审美表现并非不需要语言这种符号载体，而是要求以尽可能少的言辞，凭借一种高度浓缩、紧凑的形式结构以表现深广的意蕴。通过一种启发性，以诱导和调动鉴赏者无穷的思绪和想象。故“不在文字”，并不是有话不说，而是引而不发，是言有尽而意不尽。黑格尔曾经指出：音乐所用的声音，“是在艺术中最不便于造成空间印象的，在感性存在中是随生随灭的，所以音乐凭声音的运动直接渗透到一切心灵运动的内在发源地”。“意在言外”审美意象所要表现的正是这样一种审美境界，它直接向深远的心灵拓展，给人以“无言”之美。这对意境所表现出的模糊性审美心态特点无疑有极大的影响。我们知道，艺术意境总是给人一种模糊美，因此而表现出一种模糊性审美心态。从意境的审美特征看，它要求通过具体、有限的“常境”“万象”，给鉴赏者以无限的想象时空，让其从中体味到一种精细深微的意旨，以获得“寻绎不尽”“味之无穷”、丰富深远、含蓄朦胧的审美感受。由此可见，意境的本身就体现着一种模糊性审美心态。

四

受老庄美学的影响，从中国人生美学所主张的审美境界创构中的心灵体验活动来看，“意境”的构筑，实际上就是创作主体通过审美静观，将个体生命投入到宇宙生命的内核，超越感官所及的具体、有限的表象，超越时空，超越生命的有限，以获得人生、宇宙的生命奥秘，达到精神的无限自由，并将此熔铸进艺术作品的过程。由这种心灵体验而获得的审美感受，就是“意境”内部结构中所潜藏的无穷尽的审美意蕴。只有超越世俗物俗、生死、感官，“外物”“外生”“外天下”，才能“得至美而游乎至乐”，从物中见美，从技中见道，在有限、短促的瞬间领悟到无限、永恒，也才能“心合造化，言含万象。且天地日月，草木烟云，皆随我用，合我晦明”（虚中《流类手鉴序》）。“意境”的感悟是情感的净化和心灵的飞升，通过此，创作主体可以得到精神的升华和情感的慰藉。宗白华先生曾引蔡小石《拜石山房词抄序》所云“夫意以曲而善托，调以杳而弥深。始读之则万萼春深，百色妖露，积雪缟地，余霞绮天，一境也；再读之则烟涛澒洞，霜飙飞摇，骏马下坡，泳鳞出水，又一境也；卒读之而皎皎明月，仙仙白云，鸿雁高翔，坠叶如雨，不知其何以冲然而澹，翛然而远也”一段话来表述艺术意境境界层深的创构。认为第一境只是“直观感相的模写”，第二境才是“活跃生命的传达”，而第三境则是“最高灵境的启示”。并且，他还提出“意境”的创构心态就是“在拈花微笑里领悟色相中微妙至深的禅境”。不但形象生动表明了“意境”创构中，创作主体的心理状态由普通心态到审美心态再到宇宙心态的转化，而且强调提出只有“冲然而淡，翛然而远”的境界，才是“意境”创构所应努力追求的“最高灵境”，展示了“意境”生成中超越心态的作用。

“意境”的创构是大化流衍的生命精神的传达，是宇宙感、历史感和社会人生的哲理进入心灵，化为血肉交融的生命有机力量的显示。审美创作主体要使自己在“意境”的深入发掘和开拓中进入纯精神领域，让心灵任意飞翔，就应该保持心境的平和自得与自由自在，使之物我两遗，超越人世、感官、物欲羁绊，于萧条淡泊、闲适冲和的心理状态中，由“游心”而“合气”（庄子语），顺应宇宙万物的自然之势，使物我合一。只有这样，才能达到“抚玄节于希声，畅微言于象外”（僧卫《十住经合注序》）的审美境界，以酝蓄发酵出独特而隽永的艺术意境。王弼云：“天地任自然，无为无造……无为于万物和万事各适其所用，则莫不赡矣。”（王弼《老子注》二十九章）张彦远云：“不滞于手，不凝于心，不知然而然。”（《历代名画记》）只有达到心灵自由，超越客观物相的局限与人世杂务的干扰，主体才能一无牵挂地去游心万仞，俯仰宇宙，“如太虚片云，寒塘雁迹，舒卷如意，取舍自由”（沈灏《画麈》）。人的生命意识的核心，是对自由与完美的渴望和追求。只有在“意境”创作构思的自由自得的超越心态中，人的这种本性与真情，对深层的心理意蕴，才能得到很好的表露。同时，也只有以人的这种深层的生命意识作为内在活力，才能创构出深广幽邃、焕若神明、生气氤氲、翛然而远的意境。

不难看出，这种超越心态与中国人生美学万物一气、物我相亲的审美意识分不开。既然自然与人都以“气”为生命本体，自然与人完全对应，那么，创作主体要在“意境”创构中“身与事接而境生，境与身接而情生”（祝允明《送蔡子华还关中序》），并从中获得情趣的陶冶与心灵的净化，就必须表现出自得冲和、舒坦自在、优游闲适的心情，超越个体生命有限存在的精神需求，让自己“胸中灵和之气，不傍一人，不依一法，发挥天真”（戴熙《习苦斋题画》），以纯粹自由天放的心境，与自然灵秀之气化合，从而始能陶醉于宇宙万物的生命本原之中，触摸到自然的底蕴，使“天地之境，洞焉可观”（《文镜秘府论·论文意》），并从中把握到宇宙生命的节奏和脉动，获得精神的高蹈与审美的超越，以创构出心灵化的、璀璨的意境。

五

“意境”的完全实现，还必须通过作为作品的审美主体的鉴赏者的阅读接受，由此，则形成“意境”构成的开放心态。从对意境的审美鉴赏而言，所谓意境，事实上是一系列可能性的存在，是一个期待审美再创造的开放系统。它等待着鉴赏者调动自己的审美想象力和全部情感，去想象、补充、认同。因此，可以说意境创构于创作主体，而最终完成于鉴赏者的想象认同之中。并且，从某种意义上看，意境实质上是源于作品而实现于鉴赏者的想象再创造中的一种审美境界。它需要鉴赏者将自己的情感意绪移入，并与之打成一片，融为一体，以深刻体会其中所包容的审美意蕴，并在此基础上展开审美想象，来体验自己心中那些尚未形成、难以言喻的经验和情感。故可以说，鉴赏者对作品意境状态的直接感知是意境实现的开始，而鉴赏者对意境状态的审美想象则是意境实现的进行，鉴赏者对意境状态的积极参与，才是意境实现的完成。

意境实现中的这种开放心态指向无限与永恒。费汉源认为山水画有三远：高远、平远、深远。又说：“深远最难，经使人望之，莫穷其际，不知为几千万重。”（费汉源《山水画式》）李日华则认为画有三次第：“一曰身之所容。凡置身处，非邃密，即旷朗，水边林下，多景所凑处是也。二曰目之所瞩。或奇胜，或渺迷，泉落云生，帆移鸟去是也。三曰意之所游。目力虽穷，而情脉不断处是也。”（李日华《紫桃轩杂缀》）“不知为几千万重与目力虽穷情脉不断”正好形象地表现了艺术“意境”开放心态的无限性。当然，“意境”的这种开放心态亦有其历史渊源，它萌发于老子“有无相生”的思想。老子说：“天下万物生于有，有生于无。”（《老子》五十一章）又说：“常无，欲以观其妙。”（《老子》一章）既与“道”相同，为生命之源，又所谓“妙”，作为一哲学范畴，它体现着“道”的永恒与无限。只有达到“无”的境界，才能“观其妙”。可见，这里的“无”就表现出一种开放心态。同时，中国古代美学“言不尽意”

的思想也影响着这种开放心态的形成。“书不尽言，言不尽意”（《周易·系辞上》）；“盖理之微者，非物象之所举也”。事物的精微玄妙之处，只能通过意会，不能言传。语言的表达功能是有限的，而事物的精义则是没有穷尽的、难以言传的，它为读者所开放。可以看出，“意境”说的“言有尽而意无穷”和“妙解心悟”正是建立于“有无相生”与“言不尽意”的思想之上，受其开放心态的作用。因此，“意境”永远指向读者，向读者开放。它总是留有很大的空白，包括对“意境”的描述，期待着鉴赏者支追索、咀嚼、玩味，并给予进一步的充实。

后记：中国人生美学研究的意义及其诉求

与文化赖以存在和发展的民族经济形态以及其他生存环境相适应，每个民族的文化都有着许多各个相异的特殊性质，展示着各自文化的民族历史品格。异质文化，是孕育、生成与发展其美学思想审美特性的土壤。因时而异，因人而异，因民族文化而异，中西方美学各有自己的文化精神和审美范式、审美特色。故而，研究中国古代环境美学思想，需要深入地探讨其赖以生存的文化背景和文化异质性，由文化异质性到美学生成演化的整体结构，再到源流趋向，即美学的具体问题。

然而，由于某些偏见，或是站在文化中心主义的立场，或是思想偏狭，在对中国古代环境美学思想进行引古用今、中西互渗、中西交融的比较研究中有意或无意地放弃为达到对各种不同美学及其渊源的深刻理解而跨越民族文化界限的目的，仅是对生成于异质文化的美学进行浅层次的比较，歪曲美学的民族和文化精神，亵渎其完整性和本土价值，故而造成对其审美价值的误解，成了一种较为普遍的现象。这种比较显然与我们今天所要坚持的文化的多元共存，力求异质文化之间美学的互识、互证、互补、互用，在异质文化的对话中努力了解他种美学，以使中国美学真正成为世界美学的一个重要组成部分而为人类所认识和利用，并对世界美学的新发展做出应有贡献的目标是相违背的。

一

造成对异质文化背景上生成的美学的误解与歪曲的根源在于对文化异质性认识不足。即如庄子所指出的："宋人资章甫而适诸越，越人断发文身，无所用之。"[①]（《逍遥游》）所谓"山林皋壤，实文思之奥府"[②]（《物色》）。"人之心与天地山川流通。发于声，见于辞，莫不系水土之风而属三光五岳之气"[③]（《诗地理考·序》）。以中国文化为例，南北地理我们知道，中西文化是东西方民族在不同的人文与生态环境条件下创造的，表现出东西方民族特有的生存方式，具有各自不同的特色。从宇宙论看，早期的西方哲人认为，宇宙是空间的存在，是可分的、孤立的、对立的；人也是孤立的个体的存在。由此而形成的实证分析哲学，则把宇宙间事物的存在都看成是独立的，人与亦是对立的，人要探索、认识并征服自然。因此，西方文化的基本特征便表现对个体与自由的追求，并以实证分析的科学精神为文化异向。中国哲人则认为，宇宙自然是和谐统一的，天地间的万事万物包括人与社会都是有机联系不可分割的，"万物同宇而异体"，"万物各得其和以生"，宇宙天地间的自然万物是丰富的、开放与活跃的，而不是单一的、保守和僵化的。单个的物不能孤立存在，单个的人不能独自生存。正如《淮南子·精神训》所指出的："夫天地运而相通，万物总而为一。"宇宙间的自然万物雷动风行，运化万变，不断地运动、变化，同时又处于一个和谐的统一体之中，阴阳的交替，动静的变化，万物的生灭，都必须"致中和"。只要遵循"中和"这种原则，才能使"天地位"，"万物育"，以构成宇宙自然和谐协调的秩序。"和"既是天道，也是人道。

受这种思想的影响，中国古代遂形成一种尚"和"的文化传统，进而影响中国古代环境美学思想，使中国古代环境美学思想也充满着"和"的精神。在中国人的审美意识中，人与自然，人与社会，都是和谐统一的，"和"是一种遍布时空，并充溢万物、社会、人体的普遍和谐关系。可以说，从中国古代环境美学思想看，"和"就是美，就是一种极高的审美境界。就中国古代环境美学思想价值体系的取向而言，所要努力达到的是"天人合一""知行合一""体用不二"的审美理想。受此影响，中国古代环境美学思想充溢着和柔精神，正直而不傲慢，行动而不放纵，欢乐而不狂热，平静而不冲动，执中守和，反对走到"伤""淫""怒"的极端，"柔则不茹"，"刚亦不吐"，心中有激情，表

---

① （清）郭庆藩：《庄子集释》，北京：中华书局，1961年。

② （梁）刘勰著，范文澜注：《文心雕龙注》，北京：人民文学出版社，1960年。

③ （宋）王应麟：《诗地理考》，北京：中华书局，2011年。

面却冲和平静，犹如底部潜藏着激流的平静江面。中国古代环境美学思想所追求的美是一种均衡、稳定、宁静、平和、典雅之美；中国古代环境美学思想所推崇的极高审美境界是求响于弦指之外，如蓝田日暖，良玉生烟，可望而不可置于眉睫之前，弥漫着浓郁的冲淡氛围，深情幽怨，意旨微茫，表现出一种静默、温柔、闲远的和悦美。难以抑制的情感发泄通过以理导情、以理节情而恢复情感与理智上的平衡，百炼钢而化绕指柔。认识不到这点，“会己则嗟讽，异我则沮弃”[①]（《知音》），“私于轻重”，“偏于爱憎”“各得其物之情而肆于心”，则会造成所谓“慷慨者逆声而击节，蕴藉者见密而高蹈，浮慧者观绮而跃心，爱奇者闻诡而惊听”（同上），“识见之精粗，赏会之深浅，其间差异，有同天壤”的现象，也即美学解读中的误解。如美学大师王国维就曾站在西方文化中心的立场，认为中国没有悲剧；而有学者则有感于此，坚持认为中国亦不输于西方的悲剧，并由此而找出中国的“十大悲剧”和“十大喜剧”。显而易见，这两种观点都是基于一种偏见而生的误解，他们的共同误区，都是以西方文化的价值概念为坐标，忽略了中西异质文化的背景差异。

二

对异质文化的美学误解和歪曲更多的是建立在“误读”之上的。所谓“误读”，是指由于文化的差异性，人们对待不同文化时，总难以摆脱自身所处的文化背景、思维模式、生存方式、哲学观念的制约，而往往以自己既定的心理定式来解读异质文化，并由此而获得的见解和看法。乐黛云与叶维廉都曾以青蛙和鱼的寓言来说明这种因为文化差异性使两种文化接触时不可避免地产生的误读现象：一只青蛙无意中来到陆地，见了很多新鲜事，很想与自己的好朋友鱼分享心中所感受到的快乐，然而无论它做出多么大的努力，也不管它描绘得如何的栩栩如生，从来就没有离开过水域的鱼怎么也不可能理解到陆地世界的真实状况，而只能将身穿衣服、头戴帽子、手握拐杖、足履鞋子的人理解为是身穿衣服、头戴帽子、手握拐杖、足履鞋子的一条鱼，所理解的鸟也只能是一条长了翅膀腾空展翼而飞的鱼，所理解的车也只能是一条腹部长着四个圆轮子的鱼。鱼只能按照自己习惯了的思维模式去理解它绝对不可能去的陆地世界。

---

① （梁）刘勰，范文澜注:《文心雕龙注》，北京：人民文学出版社，1960年。

同理，人们按照自身固有的思维模式来对待异质文化，对之加以选择、评判和解读，就不可避免地会产生文化间的误读，以自身文化体系的价值观念去评判另一支体系。我们可以说，“所有的心智活动，不论其创作上或是在学理的推演上以及其最终的决定和判断，都有意无意地必以某一种‘模子’为起点。”①所谓“模子”就是指受文化背景，以及文化根源的差异而形成的传统思维模式，或谓文化模子。“模子”是由文化活动生长出来的，“文化”一词，其含义中就有人为结构行为的意思，它将事物由选择组合为某种可以控制的形态，这种结构行为便自然产生了各种各样因人而异、因地而异、因文化传统而异的“模子”，并决定着人们的思维定式与人们对文学作品文本的理解和解读。

人生活在社会中，是高度社会化的文化生物。人总是处于不同的社会关系与社会地位之中，所进行的社会活动的方式不同，其利益、意志、价值取向和思维方式也有所不同，因此，人们在文化交流、传播，以及文化创造与传承中，总是有“模子”指向与取舍的区别。人们所属的民族、阶层、职业群体、社会、文化背景不一样，那么，他们对各种文化信息的生产、选择、加工、传统、比较，在动力、方式、方向、意向等方面，都具有文化模子的差异。对此，刘勰早就有过论断：“才有庸俊，气有刚柔，学有浅深，习有雅郑；并情性所铄，陶染所凝，是以笔区云谲，文苑波诡者矣。故辞理庸俊，莫能翻其才，风趣刚柔，宁或改其气；事义浅深，未闻乖其学；体式雅郑，鲜有反其习。各师成心，其异如面。”所谓“成心”相异“如面”，《左传·襄公三十一年》云：“人心之不同，如其面焉。”《庄子·齐物论》云：“夫随其成心而师之，谁独且无师乎。”郭象注云：“夫心之足以制一身之用者，谓之成心。”可见，刘勰所谓的“成心”，其实也就是我们所说的在文化交流与引古证今，中西对比，中西互渗的中国古代环境美学思想研究中支配着主体的趣尚取舍的文化心理结构。它决定着文化交流与文学比较中主体对异质文化的认同和同化，决定着主体的指向性和注意点。换言之，这里所谓的“成心”，就与文化“模子”相似，它决定着人们的审美活动与人们对审美活动中文本的理解与解读中的指向与意向，以及审美活动的行为方式和表达方式。可以说，在文化传播与中西环境美学比较中，人们也是根据这种“成心”来决定自己的选择、态度、评价和价值取向上的倾向性特点的。刘知几在《史通·鉴识》中也指出：“夫人识有通塞，

① 叶维廉：《东西比较文学中“模子”的应用》，见《中外比较文学的里程碑》，北京：人民文学出版社1997年，第45页。

神有晦明，毁誉以之不同，爱憎由其各异……物有恒准，而鉴无定识，欲求铨覈得中，其唯千载一遇乎？”所谓“铨覈得中”，指理解与解读的正确与准确。由于人们“识有通塞，神有晦明”，有文化心理结构与认识能力的差异，因此对文本的解读与理解上则会产生差异，难以达到“铨覈得中”，而形成误读与误解。刘攽在《中山诗话》中曾引欧阳修所说的一段话来表述多种对文本解读中的差异现象：“知圣俞诗者莫如某，然圣俞平生所自负者，皆某所不好；圣俞所卑下者，皆某所称赏。”同样是梅尧臣的诗，欧阳修还自认为是梅尧臣（圣俞）的知音密友，但梅尧臣自己认为得意的诗作，欧阳修却不喜欢，而梅不以为然的，欧却极赞其好。这也表明，处在不同文化背景与社会关系中的人必然具有不同的文化模子，文化背景与社会结构制约着人的文化心理定式与行为，并构成其文化模式，从而使人们的审美旨趣、审美意向、审美活动中表现出文化与社会所给予的规定性，影响着人们对文本的解读和理解。

就文化哲学而言，文化模子是一个由多侧面、多层次、多因素构成的集合体。就其大体而言，其构成要素基本上有思维方式、价值观念和行为方式等，既包括历史文化又含有人们由现实语境所决定的当下立场。我们之所以这样认为，是因为我们已表明，所谓文化模子，实际上是指文本理解活动中人们的意向和指向及其心理活动定式，是文本解读活动中人们能够将各种因素整合起来，使其中的经验、信息得以交流、比较、传递、传播、接受、过滤的内在的最一般的文化心理模式和机制，它是历史的，但又是现实的，同人的现实活动密切相关。

思维方式是文化模子构成中的一个重要成分。对于什么是文化思维方式，学术界有过比较深入的讨论。在刘长林看来，文化思维方式是“在民族的文化行为中，那些长久地稳定地普遍地起作用的思维方法、思维习惯、对待事物的审视趋向和众所公认的观点，即可看作是该民族的思维方式。”张岱年则认为：“哲学家运用一些思维方法，形成一定的习惯，自觉地或不自觉地运用的种种思想方法，谓之思维方式。”在他看来，“所谓思维方式包括一些不自觉地经常运用的思维模式”。蒙培元则认为：“当一定的思维方式经过原始选择（这里有复杂的原因，并具有极大的偶然性）正式形成并普遍接受后，它就具有相对稳定性，成为不变的思维结构模式、程式和思维定势，或形成所谓思维惯性，并由此决定着人们看待问题的方式、方法，决定着人们的社会实践和一切文化活动。”姜广辉也认为：“思维方式是一个比较抽象的字眼，说白一点，就是带根本性的思维习惯、思维倾向，它是决定文化样式的比较深层的东西。”（以上引文均见张岱等著《中国思维偏向》，中国社会科学出版社，1991年）可见，文化思维方式是一种持久性、稳定性、普遍性、深层性的思维模式与思维定式。如果从狭义上看，可以说，文化思维方式实际上就是文化模子。

文化思维方式在人们对文本的理解活动中具有控制作用，它隐藏在人们的意识深处，规定着理解的途径、理解的过程和理解的目的。人们对文本的理解与解读总是遵循着一定的秩序、程式和框架进行的，而很少越出规范。这种潜在的、具有不自觉的潜意识心理特征的惯性和规范，就是文化中的思维方式，即文化模子，有时，对文本的理解方式与解读过程看似不同于传统的思维模式，但以深层看，仍然没有超越定型化的潜隐的思维方式的规范。即如殷鼎在《理解的命运》一书中所指出的："当我们带着自己由历史给予的‘视野’（视域）去理解历史作品、哲学，或某种文化时，就一定会出现二（两）个不同的‘视野’或历史背景的问题，我们无法摆脱自由身历史存在而来的‘先见’，这是我们的‘视野’，但我们却又是不可能以自己的‘先见’去任意解释对象。如历史典籍、历史事件、某种哲学，因为它们各自都有历史的特定内容，限制于我们的‘先见’（前理解），只接纳它可能接受的理解。无论是去解释历史、文学作品，以及他人的言论，都会卷入这样两个不同的相互限定的历史背景。只有当这两个历史背景，即解释者的‘先见’和被解释者的内容，能够融合在一起，产生意义，才会出现真正的理解，加达默尔称这种过程为‘视野融合’（视域融合）。”这里所提到的第一个“视域”“先见”“前理解”换句话说，就是文化思维方式、思维模式和文化模子。 我们在前面已经论述过，所谓“前理解”，是海德格尔提出来的。在海德格尔看来，理解的本质是作为“此在”的人把握自身存在的方式，而不仅仅是一种认知的方法。这样，海德格尔就把理解提升到生命存在的本体论高度，是“亲在”的存在方式本身。海德格尔认为:“理解的循环，并非一个由随意的认识方式活动于其中的圆圈，这个词表达的乃是亲在本身的生存论的先行结构。”海德格尔指出理解不可能是客观的，不可能具有客观有效性；理解不仅是主观的，而且其本身还受制于决定它的“前理解”。这里的“前理解”其包容量极为巨大，大体上可分为：①“先有”（vorhide），即人们必然要不由自己选择地出生与生存于某一文化中，历史文化在人理解到它之前就已经控制了人，规定着人，并构成其进行理解的基础；②先见（vorsicht），即人从文化中掌握了语言以及运用语言的方式，得到了语言给予的有关认识自身和世界的知识与局限，并且必然会将这些带进人的理解之中；③前知（vorgriff），即无论在哪种理解之前，积累了一定经验和知识的人都肯定会形成自己的某种意向、指向和假定，并从而构成难以摆脱的先验图式。它体现为既有的语言，构成人们理解的世界，并成为人们存在的有限性。因此，可以说，语言只要对存在意义加以解释，就必然会滞留于时间维度中，既摆不掉“前理解”这一先验自明性，又摆不掉“理解循环”这一内在性。这就是海德格尔后期哲学所显示出来的危机，即解释学所要解释的恰恰是不可解释的。也正是由此，人们才认为海德格尔所谓的“前理解”就是对偏见的一种称呼。

偏见是不可避免的，理解的历史性是构成人的偏见的根源。受“前理解”的作用，理解不可能是客观的，必然带有某种主观的色彩，人绝对没有办法站在某种客观立场上，超越历史时空的跨度去对文本做“客观”的解读和理解，这就肯定要产生偏见。作为认识方式时，理解的目的只是如何克服主体及时空偏见去认识文本所表征的原初意义。但作为本体论，则可以说，从有审美活动至今就从来没有存在过纯客观的理解和意义。因为人总是历史地存在着，绝对不能超越存在于自身的历史特殊性和历史局限性。不管是认识主体还是对象，都内在地处于历史性之中。因此，真正的理解应该是如何去正确评价和适应历史的局限性，而不是去克服它。

所谓“理解的历史性”实际上就是“前理解”，它包含在理解之前已经存在的社会历史因素、理解对象的构成、由社会实践决定的价值观三个方面的内容，并构成人们的偏见。理解是在理解的“偏见”中完成的，没有偏见，没有理解的历史性，理解就不可能发生。即如伽达默尔所指出的：“不是我们的判断，而是我们的偏见构成了我们……偏见未必都是不合理的和错误的，因此不可避免地会歪曲真理。实际上，我们存在的历史性产生着偏见，偏见实实在在地促成了我们全部体验能力的最初直接性。偏见即我们对世界敞开的倾向性。”[①] 在伽达默尔看来，问题并不在于抛弃偏见，因为这根本就做不到，而在于如何正确对待偏见，将加深理解的“合法的偏见”和歪曲理解的错误偏见区别开来，使“合法的偏见”成为理解过程中的积极因素。正是在这些基础之上，伽达默尔进一步把“偏见”合法地归置到主体理解与解读作品文本时其视野得

① 伽达默尔：《真理与方法》，纽约，1975年，第262页。

以展开的历史地平线上。这个“历史地平线”就是伽达默尔所谓的主体在理解中得以展开的“视域”（horizon）。伽达默尔说：“视域属于视力范围，它包括从一个特殊的观点所能见到的一切。”[①] 人倘若不是置身于这样的视域中，则不可能准确地理解任何文本的意义。视域实际上也就是“前理解”与“理解的历史性”。视域具有敞开运动的特点。人的“前理解”发生变化，视域也必然会产生变化，反之亦然。即如伽达默尔所指出的：“人类生活的历史运动在于如下事实，即它绝不会完全束缚于任何一种观点，因此绝不可能有所谓真正封闭的视域。视域是我们悠游其间，而又随我们而移动的东西。”在伽达默尔看来，不管是原作者还是后来的理解者，都有自己的视域。文本中总是含有作者的原初的视域（又称“初始的视域”），而去对这文本进行理解的理解者，则总是带有由现今的具体时代氛围决定的当下视域（又称“现今的视域”）。这两个视域之间由于时间间距和历史情景变化而形成的文化差异，总是存在各种各样的差距。伽达默尔认为，理解的目的，就是争取在理解的过程中，将两种“视域”交融在一起，换言之，即是将理解者自身的视域与其他视域相交相汇、相融相合，在达到“视域融合”（horiazontver-schmelzung），并在此条件下，使理解者和理解对象都超越原来的视域，进入一个更高更新的境界。这个更高、更优越的新视域不仅是历史的，而且是共时性的，既包含了文本与理解者的视域，又超越了这两个视域，是历史与现实，传统与当代的集合体，并由此而给新的经验和新的理解提供了可能性。正是由此出发，所以说，任何视域都是流动生成的，而任何理解都是敞开的过程，是一种历史的、文化的参与和对自我视域的超越。

就引古用今、中西互渗的当代中国古代环境美学思想研究而言，误读的产生与中西环境美学交流离不开“前理解”有很大的关系。作为中西环境美学交流融合、互相激活的桥梁，对中国古代环境美学思想的研究离不开人，人有自己的“人格”和个性；同时，古代环境美学思想所植根的文化土壤，也有独特的品格。故而，美学比较与美学上的碰撞、交流这种文化传播方式也不可能是简单接受，换言之，即绝对不是照搬和拿来，而总是接受者以自身固有的价值尺度来对另一种文化进行选择和改造。用海德格尔的话来说，就是这中间存在一种“前理解”。所谓“前理解”就是在一定的民族文化背景上形成的思维模

① 伽达默尔：《真理与方法》，纽约，1975年，第258页。

式、生存方式、哲学观念以及感知方式等多方面的总和。由于这种“前理解”的作用，在接受外来文化时，主体并非像白板一块那样随意地记录不同文化，而是预先带着设定的心理定式。也就是说，文化交流与传播中，人们对异质文化所进行的理解总是带有自己的看法和偏见，即如德里达在《回忆保尔德曼》中所指出的：“我们只能是先于我们知识景观下的我们。”在这样的前设背景之下，异质文化间的文学理解就难免产生误读。这种误读属于无意误读。由于文化与文化之间存在巨大的差异性，加上审美活动中“人格”或“个性”以及理解中的“前理解”与解释的历史性跨度，所以，无意误读往往是不可能避免的。

我们不反对无意误读，我们反对的是出于偏见和对异质文化缺乏深刻理解的误解。这种误解往往是有意“误读”，或出于政治的需要，或带有某种功利目的，如殖民主义、文化霸权主义对殖民地文化的故意误解和有意歪曲就是有意“误读”中的明显例子。文化交流的具体情况相当复杂，不同类型、不同模式的文化，其价值观念是悬殊的，即使是同一文化内部，也有不同的意识群体，并形成其不同的文化性质与文化立场，如果再掺杂进政治的因素，便往往会人为造成文化冲突与对立，并将“误读”引向误解，甚而至于歪曲。如1866年法国人彼勒梯在《中国戏剧》一书中就认为：“中国戏剧与我们的戏剧之间唯一的不同……是婴儿的呀呀学语与成人言语之间的区别。”1929年，英国的戏剧史家谢尔顿·契尼也认为：“中国戏剧还只能跻身于通俗剧、老套的报道剧，或歌剧唱文之列。”19世纪中叶，曾经担任过法国公使的德·布尔布隆更是既狂妄又无知地认为中国戏剧的唱法如同“猫叫”。在《关于中国的戏曲演出》中，他竟然极霸道地断言“中国人没有艺术感”。显然，这已经不是“误读”，而是戴着政治滤色镜所产生的误解和歪曲。

还有一种误解也应该反对。这就是站在文化中心的立场，认为自己所处的民族文化体系是最优越的，对凡是和自己文化不同的异质文化一律看作异端，称之为未开化的野人与类同禽兽的蛮夷。如欧洲文化中心主义与“华夏中心”思想，就是突出事例。在古代希腊人看来，自己所创造的文明是世界上唯一的，因此，他们以希腊化程度作为文明开化的绝对标准，把非希腊化的民族都看作野蛮民族。古罗马人继承了希腊人的这种观念，并一直传下来，从而在欧洲文明中形成一种欧洲中心意识的文明观，认为欧洲是世界文明的中心，而其余的非欧洲和非基督教民族及其文化则是非中心的、边缘的与野蛮的。在这种文化中心主义观念的支配之下，必然造成文化传播中的偏见、误解与隔膜，甚而造成冲突。在中国古代，由于中华民族的主体汉民族是以黄河流域为生存中心逐渐融合四周的少数民族而形成的。因此，华夏人与汉族很早就形成一种尚“中”意识，以为自己就处于天下的中心，视四周的少数民族为“东夷”“西戎”“南蛮”“北狄”，由此出发，中国自古就有华夷之分之防的说法，从文化优越感出发，标榜自己的文化比那些非汉或非华民族的文化高。如孟子就主张“用夏变夷”，认为通过文化的教化力量，能使夷变为夏。直到19世纪20年代初，梁启超到欧洲游学归来，还将其亲自体察到的欧洲文化现状写成《欧游心影录》，称西方文明濒临严重精神危机，几乎朝不保夕，并大声疾呼，要以中国“精神文明”去拯救西方的“物质疲惫”。

文化中心意识不仅仅存在于欧洲和中国，可以说，世界上各个民族的思想意识深处，都不同程度地存在这种文化中心的意识，认为自己的文化是最高级与最优秀的从而否定其他民族文化的一切价值，甚至于视异质文化为异端与邪恶。如古代的亚述、巴比伦和波斯，作为征服者对被征服民族总是极为歧视的。法显在《佛国记》中就视印度为中央之国，中国则为边地；阿拉伯人也认为自己所处的阿拉伯半岛是世界的中心；法国人则标榜法语是世界上最优美的语言。因此，可以说，文化中心意识是一种普遍存在，尤其是在欧洲与中国表现得最为突出。以这样的文化偏见看待异质文化背景下产生的审美意识和审美意趣，便不仅仅是“误读”，而是根本上的排斥。

三

新的世纪，伴随全球经济一体化的脚步声杂沓而来的是文化的多元化。于是乎，“中心文化”与“边缘文化”“全球化”与“民族化”“区域化”“本土化”等范畴便成了比较美学的热门话题。经济上的全球趋同步调反而激发了各民族要求发展和坚持自身文化特质的强烈呼声，针对这种情势，一些学者提出了“跨文化对话”“文化相对”“全球地方化”等策略，以求保证不同民族文化健康和合理地发展。从促进中西文化对话的角度考虑，一些学者还就中国美学的“失语”现象做了深入分析，指出应继承和发扬传统，应从传统的立场、方法出发来看问题，而没有重视对如何进一步激活中国古代环境美学思想的探讨，对引古用今、中西互渗的中国古代环境美学思想研究的目的和意义也缺乏更加深入的探求。我们认为，中国古代环境美学思想研究从事跨文化对话的目的是推进文化与美学的发展，而不仅仅是“跨越与开放”。这无论是从文化还是从中国古代环境美学思想研究的本身都能说明这一点。并且，由此来看，当前中国古代环境美学思想研究所面临的困境，好多问题都会迎刃而解，不言自明。

在漫长历史发展过程中，不同的民族、国家，都在创造着其自身的文化。地域、历史、传统的差异，各式各样现实因素的作用，区域、时期、传统的不同，决定着社会共同体在生产方式、生活方式和思想方式的不同特色，包括相应的语言、哲学、科学、文学艺术、伦理、宗教等文化体系方面的不同特色，并由此表现出其民族、地域的独特性。著名历史学家汤因比曾经列举了21种文化类型，从现存的西欧文化、远东文化、基督教文化上溯到古代，林林总总，多种多样，以肯定世界文化多样性的存在。而亨廷顿则以不同类型文明的存在为前提，提出文明冲突论，认为:“村落、地域、族群、民族性、宗教团体，在不同层次的文化特殊性上，都有其独特之处。”“尽管文化的界域很少像国界那般鲜明，但是文化的区别却是实实在在的。”世界文化是多元化的，在多元化与多样性中存在，在多样性中发展，在多样性中前进。

多样性与多元化的文化又是相互依存、相互促进、共同发展的。现今，随着科学技术的迅速发展、交通和通信方式的巨大改进、经济全球化的日益推进，整个世界已经越来越紧密地联系在一起。共同发展的文化因子渗透在社会生活的一切方面，也渗透在不同国家、不同民族、不同群体的交往、交流之中。

文化具有多元化特色，自然就存在差异性。正是有种种的差异与差异性存在，文化间才会有交流，才会有相互借鉴和相互学习。只有通过比较，平等交流，互相学习，自然交融，承认差异，正确认识和对待世界文化的多样与多元，在发展的过程中，相互交流、相互影响、相互吸收、相互融合，从其他文化中吸取养分，从而才能使文化得以丰富、融汇、促进和发展。的确，当今世界文化的发展需要文化的多元化与多样性，需要保护不同的文化群落和生态。这种见解无疑是极有见地的。但同时，我们还必须进一步追问，文化的发展为什么需要文化的多元化？我们知道，文化是有生命的，没有生命的文化只能成为历史。只有保持巨大的凝聚力和无穷无尽的生命力，文化才能恒动不已，生生不息。而这种凝聚力和生命力又来自不同文化的互证、互补和互济，来自各种文化之间的沟通、理解、认同与融合，这中间又包含相互吸收与借鉴，要达到沟通、理解与交流就离不开比较，可见比较的目的是通过沟通、理解而促进文化的认同与发展，发展是文化的本质特性，发展才是比较的目的。

关于文化的发展特性，德特里夫·穆勒说得好："文化是一个活跃的机体，它需要不断创新，需要不断地用新的现实去修正它历史的记忆。"[①]作为"一个活跃的机体"，促使其创新与发展的生命力来自多种文化的交往与交流。就西方文化的发展来看，即如罗素所指出的："不同文化之间的交流过去已经证明是人类文化发展的里程碑，希腊学习埃及，罗马借鉴希腊，阿拉伯参照罗马帝国，中世纪的欧洲又模仿阿拉伯，而文艺复兴时欧洲则仿拜占庭帝国。"[②]就中国文化发展史看，可以说，中国文化能够于四大文明古国中唯一长存于世，仍然保持着永不衰竭的生命力，其中一个重要原因就是多种文化不断的交流与整合。首先，中国是一个多民族国家，幅员辽阔，区域众多，而中国文化则正是在各民族、各区域文化的不断交流、碰撞与融合中发展起来的。同时，中国文化的发展更离不开外来文化的冲击与促动。据现存史书记载，早在汉桓帝延熹九年，即公元166年，中国就有了与被称为"大秦"的罗马帝国的文化交流。尽管有喜马拉雅山的阻隔，中国与以印度为代表的南亚国家的文化交流也从未被阻断。佛教的传入与中国陆地上的丝绸之路，就是中外文化交流的证明。佛教文化传入中国之后，古代学者在大量翻译佛经的过程之中，吸收印度古代音韵学"声明"原理，创造了中国的音韵学，促进了唐以后诗歌的发展。同时，佛学与中国儒道之学的结合，又创生了中国禅宗，使佛学最终成为中国文化的重要组成，并由此而建构了中华民族儒、道、释互补的文化精神。到了近现代，包括改革开放的今天，正是在中外文化的不断交流、碰撞、融合与互补中，中国文化才能得以长久地发展。文化发展的事实证明，异质文化的互补与融合是促进文化发展的新的生命力，没有不同文化体系之间的交流与传播，则不能保证文化不断健康地向前发展。文化的发展需要从异质文化的相互碰撞、相互交流中触发新的生机，衍生新的生命活力。

我们既然承认文化是一个活跃的机体，需要不断创新，那么我们就必须承认异质文化的并存，要推崇异质文化间的相互理解、交融与汇通。具体到美学的界域，我们首先应该明确，各民族美学差异性的形成与其文化背景、文化根源有直接关系，要对生成于异质异源文化体系中的不同美学进行比较、交流与借鉴，就必须注意同与异两个方面的内容，既要注意其可比的共同性，更要注

① 穆勒：《跨文化对话》（2），上海：上海文艺出版社，1999年，第45页。

② 罗素：《中西文明比较》，载《中国文化的现代化与世界化》，北京：国际文化出版公司，1987年。

意其因不同文化背景而形成的差异性，考察其文化背景以及由此而产生的民族特性。换句话说，为了美学发展的目的，要从求同出发，展开寻根探源的辨异活动，进一步研究与考察形成其差异性的深层文化原因；并且，在同与异的跨文化比较研究中，去揭示中西环境美学的各自不同的民族特点和独特价值，才能于交流、理解、认同与整合中达到融化出新的目的。

文化的相互理解，首先是通过对话来实现的。不同文化间的对话必须有共同的话题。而属于不同文化体系中的异质文化间的共同话题是极为丰富的，尽管世界上有各种各样的民族，不同民族间千差万别，但从客观上看，各民族间总会有构成“人类”这一概念的许多共同之处。仅就美学领域来看，因为人类具有大体相同的生命形态及其体验形式，而这一切必定会在以关注人类生命与体验的美学中表现出来，并由此而使其具有许多相通与共同的层面，如“入世出世”“思故怀乡”“时空恐惧”“死亡意识”“生命环境”“乌托邦现象”等。处于不同文化背景中的人们会遵从自己所亲身经历的不同文化，以及其思维方式、价值观念、行为方式对这些问题做出不同的回答。这些回答既包含民族传统文化精神，又同时受到当代人和当代语境的选择与解释。因此，通过异质文化之间的交流与比较，通过对话加深彼此的理解与认同，从而促使双方获得进一步的发展和提高。

从中国哲人的有关论述中，我们可以得到一些对于上述观点的学理上的支持。可以说，中国哲人就主张事物间或异质文化间通过交流与沟通以求得变易与发展。如老子就认为，“万物负阴而抱阳”（以下所引老子语均见《老子》一书），既对立又统一，处于互生、共生之中。在老子看来，世界上存在多种多样的“对立”关系，其范围包括宇宙天地、自然万物和人类社会生活、文化艺术的方方面面。同时，事物之间的这些“对立”关系，并不是绝对对立的，在其对立中还包含相互平等、相互对应、相互贯通和相互交融的成分与机遇。老子说：“天下皆知美之为美，斯恶矣，皆知善之为善，斯不善已。故有无相生，难易相成。”这就是说，天下都知道美之所以为美，丑的观念也就产生了，人们都知道善之所以为善，不善的观念也就有了。有与无是相互生成的，没有“有”，也就没有“无”，难和易相因而成。并且，这种有无相生，难易相成的互对互应、相辅相成，既相互对立又相互依存、相互发展的现象是永远存在的，是事物的根本特性。因此，我们在看待宇宙间与文化的这种“对立”关系与异质现象时，决不能将其绝对化。

异质文化之间所以既相互对立又相互依存，相互促进，这是因为双方之间存在一种中介，有一由此达彼的桥梁，即对方的内核存在一种同一性。在老子看来，许多表面上看是对立的事物，其实质上则是同一的，它们内在相通，都以“道”为本源，各事物间互相依存，失去一方则另一方不存在。事物的运动，最终都要回到当初的出发点，而这个出发点就是清虚渊深的大道。老子说：“万物并作，吾以观复。夫物芸芸，各复归其根，归根曰静，静曰复合。复命曰常，知常曰明”，“知常容，容乃公，公乃全，全乃天，天乃道，道乃久，没身不殆”。宇宙天地之间的万物，都是生生不已、不断发展变化的，其发展变化是“复”，即向静态复归，因为有起于虚，动起于静，所以万物最后归于虚静，然后才能得到生命真谛和人生的奥秘。人如果能知此殊途同归之理，则必能包容而无所不通，合于自然，同于大道，则可以超越个人生命有限的体验，超越地域的局限，而共同发展。

依照中国传统的宇宙意识，世界上的一切，包括自然、社会、人生，以及由人所创造的文化艺术，所谓天、地、人三才，均为阴阳二气交感化合的产物。诚如老子说：“万物负阴而抱阳，冲气以为和。”“气”连绵不绝，冲塞宇宙，施生万物而又不滞于万物。大自然中的云光霞彩、高山大海、小桥流水、珠宝贝壳、花草鸟兽，从自然、社会到人事以至人的道德、情感、心态，等等，都是由气所化生化合，都包含阴阳的属性。阴阳二气相互补充，相互转化，才能生育化合出万物。也正是由于阴阳二气的互待、互透、互补，相互激荡，循环往复，从而形成万物生生不息的属性。在中国美学看来，宇宙大化的生命节奏与律动，人们心灵深处的节律与脉动，都是源于阴阳二气的相互化合作用。这种“阴阳”意识与观念渗透在整个中国传统文化之中，使其充溢着一种和谐精神。正是由于作为生命之源的“道”（气）有阴阳的对立统一、互存与共生特性，从而才构成氤氲、聚散、动静而运动变化，并由此以生成自然万物与人类以及由人所创造的文化，故而，当中国古代哲人面对世界进行沉思时，往往把万物与人的生存放在阴阳对立的矛盾中去考察，从阴阳与“气化”的运动中去描绘。天地万物与人都借阴阳而生，而阴阳又都存在于万物之中，故而在审美活动中，天与人、心与物都相渗相透，相互沟通与融合。

自然与社会的生成与发展需要相辅相成，相互对立又相互对话，从而相互促进，由人所创构的文化的发展也应如此。目前，人类已经迈进一个新的纪元，面对一个多元文化同生共存的时代，文化交流日趋全球化，各文化间的对话与沟通对其自身的发展便显得愈益重要。恰如乐黛云所说:“多种文化相遇,最重要的问题是能够相互理解。人的思想感情都是一定文化的产物,要排除自身文化的局限,完全像生活于他种文化的人那样去理解其文化几乎不可能。但如果我们只用自身的框架去切割和解读另一种文化,那么我们得到的仍然只是一种文化的独白,而不可能真正理解两种不同文化的特点。要达到上述目的,就必须有一条充满探索精神的平等对话,对寻求某种答案而进行多视角、多层次的反复对谈。”① 文化的本质属性是发展,对中国古代环境美学思想进行研究的目的与宗旨也是促使美学更为健康地变易与发展。对中西环境美学进行比较、交流与借鉴中的文化寻根探源的目的更是要加深理解以增进美学发展。要发展则必须沟通,必须通过对话。只有通过对话,通过“反复对谈”才能达到东西两大文化体系的美学的互相理解,以推动当代中国美学向着全球化、现代化的方向发展。

① 乐黛云:《中西诗学对话中的话语问题》,见《多元文化语境中的美学》,长沙:湖南文艺出版社,1999年,第11页。